NF文庫
ノンフィクション

陸軍派閥

その発生と軍人相互のダイナミズム

藤井非三四

潮書房光人新社

はじめに

大正期から昭和二十年の敗戦までにおける日本陸軍を総括する次のような史観がある。すなわち、長州閥に対抗する地域閥としての薩肥閥が生まれ、それが皇道派に発展する。反長州閥の中から省部（陸軍省と参謀本部）の中堅幕僚が中心となる統制派と称される機能集団が生まれ、皇道派との暗闘が繰り広げられ、昭和十一年の二・二六事件によって統制派一色となる。それがまさに軍閥となって政治や外交までを壟断し、日本を亡国に導いたというものだ。明快な論理の運びであるし、それを全面的に否定する材料も持ち合わせていない。しかし、単純に模式図化し過ぎていると誰もが感じているはずだ。

帝国陸軍は、そう簡単には捉えられない巨大な組織だった。毎年、国家予算の四分の一を振り向けられ、平時の最後となる昭和十一年度末で総兵力二四万人、うち陸軍士官学校出身の現役将校は一万三〇〇〇人だった。常設部隊は朝鮮半島を含む全国九三個の衛戍地に展開している。そして五七個の連隊区司令部が置かれ、徴兵や動員の業務を所掌していた。さらには国民皆兵だ。

組織の巨大さもさることながら、これを構成するヒトも多様だった。少なくとも陸軍士官学校の出身者ならば、純粋培養の画一的な集団のように思われようが、そういうことでもない。まず、幼年学校から進んできた者、中学四年を修了して入校する者とがある。これを将校という鋳型にはめ込むのだが、なかなか同じようにはなるものではない。幼年学校ではドイツ語とフランス語、一部でロシア語を教え、中学出身者はほぼすべて英語を履修しており、この違いからして大きい。歩兵科、騎兵科、砲兵科、工兵科、輜重兵科、憲兵科、大正十四年からの航空兵科とに分かれ、それぞれの識能は分化する。陸軍大学校修了の天保銭組と、そこに入校しなかった無天組の間にも壁があったのは事実だ。

武装集団を支配する特異な論理も、一般社会の常識では理解しにくい。階級があり、命令と服従という単純明快な関係で律せられるのが軍隊だ。民間の会社や一般官公庁でもそういった関係はあるにしても、軍隊ほど厳格ではない。階級が同じならば同格かと思えば、まず、先任と後任の順がある。士官学校の同期で同時に進級しても、職務によって格の違いが意識される。同時に大佐に進級したが、一方は中央官衙の課長、他方は田舎の連隊長、人の見る目が違ってくる社会なのだ。

軍隊ほど同期の絆を大切にする組織はないと語られてきた。しかし、戦時歌謡にあるような美しい関係にあると思い込むと、大きな誤りにつながる。どの国の軍隊でもそうなのだろうが、帝国陸軍は凄まじいまでの競争社会だった。競争させることによって、統率、統御を図るという手法を採っていた。となると同期こそ永遠のライバルであって、大将にまで上り詰めてもその意識は抜けない。空前の敗北を喫し、軍隊解散となってようやく、「同期の桜」の意識が生まれ、同期生会でわだかまりもなく語り合えるようになったのが実情だといわれる。

　そして陸軍についての理解を阻んでいるのが、時代背景の違いだ。陸軍大佐に進んだ最後は、陸士三九期の一選抜（トップグループ）で、昭和二十年六月の進級だった。すなわち陸軍の中枢部を支えたのは、明治三十年代生まれまでの人達だったことになる。戊辰戦争がようやく歴史となった頃だから、誰にも旧藩の意識が色濃く残っていた。そしてより重要なことは、天皇に帰一する集団だったことだ。この武装集団は自らを「国軍」と称していたが、それが「国民の軍隊」なのか、「国家の軍隊」なのかは人によって捉え方が違っていたようだ。ただ、命令系統をたどって行くと、最後には大元帥である現役の陸軍大将、海軍大将の天皇に行き着く。そこから自分達は天皇直属だという誇りが生まれる。

　戦後生まれの者にとって、この陸軍という組織は得体の知れない動物が潜む密林のような存在だ。森より大きな猛獣が飛び出しかねないという気持ちにさせられる。しかし、その理解なしに戦前の歴史を語ることはできないはずだ。そこで、「派閥」というよりも「閥」と「派」の発生という社会的な現象、さらには相互の緊張関係という視座を設けて、ヒトから旧陸軍を探る、そして帝国陸軍はどのようなヒトによって構成された集団なのかを知る、それがこの拙著の目的とするところだ。

なお、本文中で記述すると繁雑となるので、登場人物の略歴などは、巻末の人名索引に記載した。これは秦郁彦編『日本陸海軍総合事典』の第一部を簡略化したものに、一部を追加している。

最後になったが、幅広い読者を持つＮＦ文庫の一冊に加えていただいた、同編集部の藤井利郎氏、小野塚康弘氏に深謝申し上げたい。

二〇一八年正月

藤井非三四

陸軍派閥——目次

第三章　陸士の期、原隊、兵科閥

第四章　天保銭組と無天組

第五章　中央三官衙の緊張関係

陸軍派閥

その発生と軍人相互のダイナミズム

序章にかえて　辻政信はなぜ生き延びたのか

名古屋陸軍幼年学校二一期首席、士官学校予科次席、同本科三六期歩兵科首席、陸軍大学校四三期三席、これが辻政信の学業成績だ。高等小学校修了だけの学歴で、この成績を残すとはと早くから辻は部内の有名人だった。陸大恩賜の軍刀組ともなれば、中央官衙や高級司令部の勤務が主となり、弾の下を潜ることは滅多にない。ところが辻には潜在意識に自殺願望があったようで、自ら進んで戦場を往来した。自己申告ながら、負傷は七回、戦後になっても体内に二十数個の弾片が残っていたそうだ。

これで話は上手、筆も立つとなれば、英雄視する向きも生まれる。そうでなければ、昭和二十七年十月の総選挙で当選するはずがない。ところが、この辻政信の実像となると問題児で、行く先々で波乱を巻き起こし、その責任を取ることなく要職を転々とした。どうして彼は生き延びられたのか、そこには複雑で陸軍独特な人間関係があった。

＊

第一次上海事変で戦死した
歩兵第７連隊長林大八大佐

金沢の歩兵第七連隊が辻政信の原隊だ。連隊番号からもわかるように、第七連隊は明治八年九月に軍旗親授、西南戦争以来の古豪連隊だが、ここが原隊であることが彼にとって最大の財産となった。陸大を卒業してすぐの昭和七年二月、辻は第七連隊第二中隊長として第一次上海事変に出征した。連隊長の林大八が戦死するほどの激戦の中で辻も負傷している。帰国後の昭和七年九月、辻は参謀本部第一課（編制動員課）の勤務将校となる。この時の第一課長が東條英機で、この縁は辻の軍歴に大きく影響する。

昭和八年八月に辻政信は、第一課の部員となるが、翌九年八月の定期異動で陸士本科生徒隊中隊長に転じた。このポストは無天組（陸大卒業生の天保銭組に対する非卒業生組）の優秀者の指定席だったから、この人事は注目を集めた。昭和九年九月に三笠宮崇仁が陸士本科に入校するので、受け入れ態勢を充実させるための施策ともされた。また当時、陸士幹事だった東條英機が皇道派の牙城と見られていた陸士に一石を投じるために、辻を引っ張ったとも語られていた。なんであれ、辻本人が強く望まなければ、この人事は形にならない。

陸士の中隊長に転出することは、陸大成績優秀者の特権である海外駐在を自ら放棄することでもある。あえて栄達のコースからはずれてまでして、陸士中隊長を望んだ辻政信の真意はどこにあったのか。辻は閑院宮春仁と陸士同期、秩父宮雍仁と陸大同期だ。三笠宮崇仁の中隊長とならなくとも、三笠宮が在学中の中隊長となれば、皇族とのつながりは完璧なものとなる。そこが辻の狙いだったともっぱらだった。

ここまでならば、「そこまでやるか、辻は……」で終わる話だった。ところが昭和九年十一月、辻政信が陸士に勤務していなければ起きなかったはずの事件が突発した。「十一月事件（士官学校事件）」だ。二・二六事件で刑死する西田税、村中孝次、磯部浅一らに感化された士官候補生が、昭和七年の五・一五事件の拡大版を夢想するようになったとされる。これに勧誘された士官候補生の一人が、心服している辻中隊長に相談したところ、辻はこれを密偵として使い、謀議の内容を探らせた。このことは生徒隊長の北野憲造に報告をして了承を得ていた。

おそらくは、はやり立つ士官候補生を落ち着かせるため、村中孝次らは図上の想定を示しただけだったろうが、真に受けた士官候補生は第六六臨時議会の開会日に陸士の中隊二個を動員して決起するとなり、それが辻政信に通報された。

中佐当時の辻政信

ここで辻が生徒隊長の北野憲造に報告して、あとは陸士から教育総監部、さらに東京憲兵隊へと通報されていれば、大きな騒動に発展しなかっただろう。東京憲兵隊としては、「またその手の話か、もう聞き飽きたよ」となんの手も打たなかったはずだからだ。

十一月十九日、密偵の士官候補生から報告を受けた辻政信は、翌朝にでも上司に報告しようと帰宅したが、そこへたまたま訪ねてきた陸士同期で憲兵司令部付の塚本誠に話し、これは大変だ、決起は明朝かも知れないと陸軍次官だった橋本虎之助の自宅にご注進に及んだ。なぜ、憲兵隊に通報しなかったのか。東京憲兵隊は相手にしないことを塚本は知っていたからだ。ではどうして、橋本次官のもとに駆け込んだのか。辻が参謀本部第一課に勤務していた時、上司の総務部長が橋本だったからだ。これで陸軍省は大騒ぎとなり、東京憲兵隊も重い腰を上げて容疑者の身柄を拘束し、第一師団の軍法会議が開かれることとなった。

軍法会議の判決では、村中孝次、磯部浅一、陸士予科区隊長の片岡太郎は停職、通報者を含めて士官候補生五人は退校処分となった。士官候補生をスパイに使うとは、教育する立場の者としてあるまじき行為となり、辻は停職一歩手前の重謹慎三〇日、そして昭和十年四月に水戸の歩兵第二連隊に飛ばされた。これで一件落着とはならなかった。村中と磯部は、辻を誣告罪で告発した。この訴状がなかなか受理されないことに憤慨した二人は、昭和十年七月に怪文書「粛軍に関する意見書」を配布して免官となる。これで軍革新運動の理論的主柱と最急進分子が野に放たれ、昭和十一年の二・二六事件は不可避となった。

*

二・二六事件後、水戸で逼塞している辻政信をどうするかが問題となった。この頃、辻はまだ大尉だったから、第一四師団の中で異動させれば済むことだが、陸大を卒業した参謀適格者となると、参謀本部庶務課の扱いとなる。とにかく恩賜の軍刀組となると、転属先は絞られ、関東軍司令部付に落ち着いた。この受け皿を用意したのは、元の上司で関東憲兵隊司令官の東條英機だとすれば平仄は合う。これは昭和十一年四月の人事で、関東軍司令官が植田謙吉、参謀長が板垣征四郎、参謀副長が今村均の時で、三人とも着任早々だった。

案の定というべきか、辻政信はすぐに司令部のある新京（長春）で騒動を引き起こした。あれこれ理由を付けて、司令部の幕僚が中心となって連日、料理屋で公費の宴会を重ねているが、これを禁止すべきだと辻は今村均参謀副長に意見具申した。宴席にはべる女性の口から軍の機密が漏れていると言われれば、今村も聞き逃せない。そこで「できる限り公費の会食はしない、どうしても必要な場合は軍人会館に限る」との通達が出された。公費を使っての宴会ぐらいしか楽しみのない連中は猛反発した。しかし、軍司令官の植田謙吉は、「辻は若いのによく気が付く」と感心しているし、今村も軍紀には厳しいから黙って従うほかない。植田は第一次上海事変時の第九師団長、勇戦した辻の名前を覚えており、公費会食自粛の一件でますます評価するようになった。この紅灯の巷の粛清で、大尉参謀にすぎない辻が評判になった。

昭和十二年七月、支那事変が始まるとすぐに北支那方面軍司令部が編成された。ここと関東軍司令部の連絡のため辻政信が派遣されたが、そんな任務は彼の性分に合わない。すぐさま山西省に入る第五師団司令部へ向かった。前線勤務を求める気概となるが、そこには辻ならではの計算があった。第五師団長は板垣征四郎、この正面に向かって南下する関東軍の兵団を指揮するのは関東軍参謀長の東條英機だ。将来の大物を嗅ぎ分ける辻の嗅覚はたいした

辻を擁護し続けた
関東軍のトップ

関東軍司令官植田謙吉

関東軍参謀長磯谷廉介

ものだ。そして戦場を往来する中で混成第二旅団長の本多政材と出会い、これまた辻の将来にプラスとなった。そんな計算はさておき、本来ならば安全な北京にいられるのに、進んで第一線と苦楽を共にする辻の姿勢は評価されるべきだ。しかし、逆から見れば現地指導と称して部隊を動かすものの、その責任は取る立場にはないという幕僚統帥に陥る。それが極端な形となったのがノモンハン事件だった。

第五師団の山西作戦が一段落した昭和十二年十一月、辻政信は関東軍司令部に復帰し、十四年九月まで第一課（作戦課）で勤務した。軍司令官は植田謙吉のまま、参謀長は東條英機から磯谷廉介、参謀副長は石原莞爾から矢野音三郎の時期となる。磯谷は辻が陸大に入校する時の歩兵第七連隊長、矢野の原隊は第七連隊だ。こういう関係ならば、かなり我がままがきく。また、石原の謦咳に接したというのも辻の売りとなり、相手によっては東亜連盟に強く共鳴していると語っていた。

*

昭和十三年中、日本軍は中国各地で積極的な進攻作戦を展開したものの、支那事変解決の見込みは立たなかった。その頃、関東軍は精強な常設師団七個と臨時編成師団一個を抱えていた。この戦力をもって中国戦線に寄与したいという気持ちがあっても、北辺の守りを揺るがせにはできない。どうにも動けないといった閉塞感が漂う中、昭和十四年三月の異動で、参謀本部第三課（編制動員課）編制班長の寺田雅雄が関東軍司令部第一課長に、同編制班員だった服部卓四郎が同作戦班長となり、これで関東軍司令部の雰囲気が先制主動といった積極的なものに変わって行く。これはまさしく辻政信の望むところだった。そして昭和十四年五月からのノモンハン事件でこのトリオが暴走することとなる。

満州国とモンゴルの国境が未画定だったために起きた局地紛争が、第二三師団が壊滅するほどの戦闘になぜ発展したのか。関東軍に「満ソ国境処理要綱」があったからだ。これは昭和十三年七月に起きた張鼓峰事件を現地視察した辻政信が立案したものとされる。それによると国境線が明瞭でない地域では、防衛司令官が自主的に国境線を設定し、それを侵犯されたならば必勝を期せとなっていた。この要綱は昭和十四年四月、関東軍に示達され、参謀本部にも報告したが、中央部はこれを黙認する形となっていた。そこに関東軍が独断専行する芽があった。

中央部は局地的な国境紛争が日ソ戦にまで発展することを恐れ、モンゴル領内への航空攻撃を絶対に許さないとの方針を固めていた。これを正式に関東軍に伝えていなかったという

関東軍と鋭く対立した
参謀本部第２課長の稲田正純

が、その意図は衆知徹底されていたと中央部は理解していた。ところが関東軍は先制航空攻撃こそが越境ソ蒙軍撃破の第一歩だとして、昭和十四年六月二十三日、第二飛行集団に対してモンゴル領内のタムスク（タムサブラク）、マタット、サンベースにあるソ連軍の航空基地を攻撃するよう命令した。参謀本部に通報すれば、作戦中止を厳命されることはわかっているから黙っている。ところが東京に出張していた関東軍参謀の話から露見し、参謀次長の中島鉄蔵が電報で自発的に中止するよう伝え、さらに念のため参謀本部第二課高級部員の有末次を派遣して、作戦中止を徹底するよう措置した。

ところが、この参謀次長の電報を関東軍司令部第一課が握り潰した。そして参謀本部の急使が到着する前にやってしまえと、六月二十七日の朝にモンゴル領内への先制航空攻撃が強行された。これを第一課長の寺田雅雄が同期で参謀本部第二課長の稲田正純に電話で報告したから、東京は大騒ぎになった。すぐさま強い調子の詰問電が関東軍司令部に入った。すると、すぐさま弁明の返電が打たれた。

それも弁明になっておらず、開き直りの内容だ。「……根本方針トシテ……今次支那事変ノ根本解決ニ貢献セントスルニアリ。唯現状ノ認識ト手段ニ於テハ貴部ト聊カ其ノ見解ヲ異ニシテアルガ如キモ、北辺ノ些事ハ当軍ニ信頼シテ安心セラレ度。右依命」とあり、この

「右依命」とは司令官の命令で参謀長が打電したことを意味する。「なんという言い草か」と中央部はいきり立ち、関東軍司令部の全員を罷免せよとの声も上がった。後刻の調査によると、参謀本部からの電報には司令官以下の捺印はあるが、誰も読んではいないし、関東軍からの弁明電が発信されたことも知らない。一切、辻政信がやったことが判明した。

　どうして少佐参謀にすぎない辻政信が、こんなとんでもないことを仕出かしたのか。辻には彼らしい計算があった。この弁明電の内容は関東軍の本音であり、「自分が犠牲になって言ってやる」との気負いから始まっている。しかも前述したように、関東軍の首脳部とは人間関係ができており、かばってくれるだろうという読みもある。問題は人事権を握っている陸軍省だが、板垣征四郎が陸相である限り、即刻罷免で予備役編入とならないだろうし、東条英機も航空本部長で東京にいるから、援護射撃も期待できる。そもそも陸大恩賜の辻としては、関東軍の参謀など捨てるに惜しい職務ではない。

　独断爆撃や弁明電が大きな問題に発展しつつあった昭和十四年七月に入ると、ソ連軍の攻勢が本格化し、真相解明、責任追及どころではなくなった。辻政信は連隊本部の線にまで進出して現地指導に当たっていた。もし、ノモンハン事件が快勝に終わっていれば、満州事変がそうであったように、「結果オーライ」で問責どころか、この寺田雅雄、服部卓四郎、辻のトリオは称賛されたことだろう。どうにも理解しがたいことだが、それが当時の陸軍を支配していた思潮だったのだ。

　ところがノモンハン事件は惨敗、戦略単位となる第二三師団が消し飛んだ。こうなると問責人事が吹き荒れる。中央部と関東軍に責任があるとされ、参謀次長の中島鉄蔵と第一部長の橋本群は予備役編入、第二課長の稲田正純は化学戦を扱う習志野学校付となった。関東軍では司令官の植田謙吉、参謀長の磯谷廉介は予備役編入、参謀副長の矢野音三郎は参謀本部付から鎮海湾要塞司令官に転出となった。寺田雅雄は戦車学校付、服部卓四郎は歩兵学校付となった。

さて、問題の辻政信はどうなったのか。真相究明のため現地に入った人事局の課員は、てっきり辻は新京の司令部で謹慎していると思っていた。ところが彼の姿が見えない。まだハイラル付近にいて自決の場所でも探しているのかと思えば、国境線の視察とかで満州東部に出張しているという。これではもうかばいきれないとなった。第二三師団からも「勝手に部隊を指揮した辻だけは許せない」との声が上がり、彼の転役（予備役編入）はほぼ決まった。頼みの綱の板垣征四郎は、昭和十四年八月三十日に陸相から支那派遣軍総参謀長に転出していたから、もう助け舟は出ない。

ところが今度は、参謀本部から救いの手が差し伸べられた。中国戦線が拡大して訓練された参謀が払底する中、恩賜の軍刀組を転役させるのはいかがなものかというわけだ。辻政信の能力は衆知の通り、しっかりした上司の下に置けば問題はないとなった。では辻をどこに押し込めて、ほとぼりが冷めるのを待つかだ。中国戦線にある各級司令部となるが、これだけの問題児となると受け入れてもよいと言う人がいるのか。ところが辻は幸運で受け入れ先があった。漢口にあった第一一軍司令部だ。当時、第一一軍は六個師団を擁する最大の野戦軍だから参謀がいくらいてもよい。しかも、参謀長だった青木重誠は石川県出身、名古屋幼年、原隊は歩兵第七連隊と、まさに辻の直系の先輩で頼み込まれれば引き受けざるをえない。

＊

こうして辻政信は、昭和十四年九月に第一一軍司令部付となった。青木重誠という同郷、同窓で一一期も上の大先輩の下で神妙にしているような辻ではない。早速、司令部がある漢口で柳暗花明の征伐を始めた。第一線が辛苦を重ねているのに、なんというざまかというわけだ。これには誰も正面きって反対できない。調子に乗った辻は、機密費にまでくちばしを入れた。これは大きな問題となり、経理の担当者が東京に喚問されたが、途上で自決する騒ぎとなった。こんな爆弾男を抱えておけないと、軍司令官の岡村寧次は同期で支那派遣軍総参謀長の板垣征四郎に頼んで、支那派遣軍総司令部に引き取ってもらうこととなった。

大陸的な太っ腹さがあって面倒見の良い板垣征四郎は、辻政信を快く引き取ったばかりか、総司令部第四課（政策課）に思想戦班という新しい部署を設け、そこに辻を配置した。統帥系統から離せば問題ないと考えたのだろう。昭和十五年二月、南京に着任した辻にとって好都合だったのは、総参謀副長が山西省の戦場でたまたま会った本多政材だったことだ。板垣と本多の知遇を良いことに、辻は華北の第一軍に飛び、山西軍閥の閻錫山帰順工作を一人でやると息巻いた。これには困った第一軍は、早く辻に帰還命令を出してくれと願う騒ぎとなった。

南京で監視下にあればおとなしくしていると思われたが、辻政信という人は一筋縄では行

支那派遣軍総司令官西尾寿造

支那派遣軍総参謀長
板垣征四郎

かない。昭和十五年は皇紀二六〇〇年、その佳辰に合わせて四月二十九日の天長節に「派遣軍将兵に告ぐ」なるパンフレットを配布すると言い出した。そう話した時、すでに草案はできていた。内容は支那事変の原因、戦争目的、さらには解決策にまで及んでおり、なかなかの名文だった。しかし突然、成案を突き付けられて連帯を求められても戸惑うし、反発も生まれる。また、誰の名前で出すのかがはっきりしていない。本来ならば総司令官の西尾寿造となろうが、そうなると中央の同意も必要になるし、慎重な西尾は同意しないだろう。

そこで辻政信は無理がきく板垣征四郎の名前で出すこととし、強引に決定した。辻の話によると一〇〇万部印刷して支那派遣軍全軍に配布としているが、実際は一〇万部でほとんどが梱包のままお蔵入りになったという。あれやこれやで司令部を混乱させ、やはりとんでもない奴との評が定まり、板垣と本多政材の二人もかばいきれなくなった。また昭和十五年八月に陸士三六期の一選抜が中佐に進級するから、これを機に辻を転出させようということになった。

ここでまた辻政信の転出先を探してやらなければならない。支那派遣軍では引き受ける先はないし、関東軍にも戻れない。もちろん中央官衙勤務となるはずもない。残るは朝鮮軍か、台湾軍となる。都合の良いことに、台湾軍司令官は板垣征四郎と陸士同期の牛島実常だったから無理はきく。しかも本多政材の原隊は近衛歩兵第四連隊、台湾軍参謀長の上村幹男は近歩四で大隊長だったから、頼み込める関係にある。しかも台湾軍では、南方作戦の研究のため研究部を設けることになっていた。新設の部署となれば、あまり抵抗なく問題児を受け入れてくれるから好都合だ。

台湾一周は約一二〇〇キロ、これはタイからシンガポールまでの距離とほぼ同じだ。そこで台湾一周の機動演習を行ない、シンガポール攻略作戦を検証することとなった。筆が立つ辻政信は、この演習の成果を『これさえ読めば勝てる』と題するノウハウ本に仕立てた。その内容だが、日本兵が世界で一番強いという前提で、だから日本は負けるはずがないという単純な論旨の運びだ。「毒蛇を恐れるな。その肝を食え。これに勝る精力剤はない」とも説いているが、受け売りとしか思えない。ところがこのような威勢の良い講談は、日本人の琴線に触れるようだ。

*

昭和十六年七月、辻政信は参謀本部第二課（作戦課）の兵站班長（戦力班長）の要職に抜擢された。数少ない南方作戦を研究した一人ということで、この人事になったのだろう。また、陸相は東條英機、人事局長は冨永恭次、第一部長は田中新一という先制主動を旨とする陣容だったから、服部卓四郎を第二課長に、その下に辻を入れたのだろう。ノモンハン事件の反省などどこにもないのだが、これは期別の人事管理の結果でもあった。

昭和六年十一月、辻政信ら陸大四三期生が卒業した時点で陸士三六期の序列では、陸大卒業の序列通りに辻は二番に位置していた。昭和十五年八月、陸士三六期の先頭グループが中佐に進級した時には、辻の序列は七番に下がっていた。これは、度重なる悪行の報いではない。陸軍航空の育成のため、また事故などの損耗があるので、航空兵科は少佐の実役停年二年ですぐに中佐とする「初停年の進級」としていた。辻は少佐を二年五ヵ月務めているから、この差で序列が下がった。実際、辻より上位の六人のうち、五人までが航空兵科だった。

この頃、陸士三六期の配置は次のようになっていた。昭和十四年三月から航空兵科の松下勇三が軍務局軍事課の予算班長、十五年六月から航空兵科の宮子実が駐ソ武官補佐官、十五年八月から歩兵科の鈴木利一が駐米武官補佐官、十五年十二月から航空兵科の久門有文が参謀本部第二課航空班長だった。ここで歩兵科の先頭グループを中央官衙の班長クラスに登用しないと、佐官の人事が回らなくなる。そこで辻政信を兵站班長にとなったわけだ。

衆知のように日本陸軍は、満州から沿海州、シベリアでの対ソ戦を想定し、すべてがそれに沿って動いていた。そこへ戦場の環境も、敵も全く異なる南方作戦となると誰もが戸惑う。とにかく熱帯での兵站は馬匹に頼れないので、自動車輸送に切り替えなければならない。そんなところに八ヵ月にしろ、台湾で熱地作戦を研究した辻政信が飛び込んできたのだから、中央部で主導権を握るようになるのも無理はない。それでも彼に対する不信感には根強いものがあった。

昭和十六年八月二十三日、参謀本部と陸軍省は合同で南方作戦兵棋（図上演習）を行なった。その席で辻政信兵站班長は、次のように発言したとされる。「明治節（十一月三日）に開戦の聖断が下ったならば、香港は二週間以内に、マニラは元旦に、シンガポールは紀元節（二月十一日）までに、ジャワは陸軍記念日（三月十日）に、ラングーンは天長節（四月二十九日）に陥落しますでしょう」。

これを聞いて、なかなかうまいことを言うと思った人が多かっただろう。しかし、冷静に判断する人は、「戦争とは相手があっての話で、こちらの都合だけで事は運ばない。まして祝祭日通りの予定とは、受け狙いの戯言」としたはずだ。そういう雰囲気を敏感に捉えるのが辻政信という人だ。こんな陰険な軍事官僚の世界など、早く抜け出そうと考え出す。建前としては、「俺が起案した作戦なのだから、俺が責任をもって現地で指導する」だ。そもそもが多動性の性格だから、一ヵ所に落ち着いていられず、すぐに転出先を探し始めるが、狙いはシンガポール攻略部隊の第二五軍参謀だ。

参謀本部第二課の兵站班長という要職を二ヵ月ほどで下番するとなると、何か問題を起こしたからだと思われる。そんな爆弾を進んで「うちが引き受ける」という奇特な人はまずいない。ところが世話を焼いてくれる人が現われた。支那事変の緒戦で縁を結び、当時は関東軍で第八師団長を務めていた本多政材だ。本多が教育総監部第一課長の時、同第二課長が鈴木宗作、また本多が支那派遣軍総参謀副長に上番した時の前任者が鈴木だった。鈴木がシンガポール攻略の第二五軍参謀長に内定していたが、本多が鈴木に「辻政信を男にしてやってくれ、名古屋幼年学校の後輩ではないか」と口説けば鈴木は断われない。こうして辻はシンガポール攻略の檜舞台に立つことができた。

辻を引き取った
第25軍参謀長の鈴木宗作

　第二五軍の作戦主任となった辻政信は、奇想天外な作戦を立案した。シンゴラに上陸した第五師団の一個大隊をタイ軍に変装させ、現地で調達した車両に分乗、国境から三五〇キロ南にあるペラ川の橋梁を先取し、師団主力の到着を待つというものだ。これに辻も同行するが、さらに芸は細かい。各車両には現地で徴用したダンサーを乗せてワイワイ、ガヤガヤと進めば、英軍も日本軍とは気づくまいということだった。ところがダンサーどころかトラックも入手できず、この放胆かつ珍妙な突進は形にならなかった。

　緒戦の失敗はご愛嬌だが、シンガポールの英軍は昭和十七年二月十五日に降伏、辻政信が見積もった紀元節の四日後だった。彼らしい押しの一手の作戦指導もこの快勝の要因の一つだったことは認めなければなるまい。しかし、辻は司令部内や隷下部隊との和を乱し続けた。強硬な意見を具申し、若手がこの尻馬に乗る。自分の意見が通らなければ、ふて腐れて動こうとしない。近衛師団の動きが緩慢だとして、師団司令部に発破を掛け過ぎて師団と鋭く対立する。そのため近衛師団の参謀長だった今井亀次郎は、シンガポール占領直後の二月十八日に更迭され、華中の第四〇師団の連隊長に飛ばされた。さらには参謀に拾ってくれた恩人の鈴木宗作にまで楯突く。これには山下奉文軍司令官も呆れ、日記に辻のことを「こすき男、使用上注意を要する」とまで記している。

戦後に戦争犯罪として大問題となったマレー、シンガポールでの反日華僑の粛清は、辻政信が立案して、なかば私物命令の形で部隊に実行させたと語られている。この問題で近衛師団長だった西村琢磨、歩兵第九旅団長だった河村参郎はB級戦犯となり処刑された。また、東京へ帰還の途中、フィリピンに立ち寄った辻は、捕虜やフィリピン要人処刑の私物命令を発して、現地部隊が困惑したとも語られている。辻が本当にこんな行為に及んだのか定かではないが、彼ならやりかねないともっぱらだった。

＊

第二五軍司令部において辻政信がどんな勤務振りかはさておき、シンガポール攻略戦は快勝だったことは間違いない。そこで当局は「官を以て賞に換う」となり、昭和十七年三月に辻を参謀本部第二課の作戦班長に抜擢した。この栄職に満足し、落ち着いて勤務できないのが辻という人だ。昭和十七年七月初旬、日伊連絡ということでイタリア軍機が羽田に飛来した。辻はこれに乗ってヨーロッパに出張したいと東條英機首相兼陸相に直訴した。なにをしたいのかと思えば、独ソ和平、日中和平の交渉をヨーロッパでやるという。この誇大妄想には、東條でなくとも怒鳴りつけて不思議ではない。このあたりから東條は、辻を評価しなくなったと思われる。

もちろん辻政信のヨーロッパ出張は無視されたが、落ち着きのない彼はニューギニアの現地視察に赴いた。乗艦した駆逐艦が空爆を受け、辻は負傷してニューギニアに上陸することなく帰還した。そして東京・戸山の軍医学校に入院中の昭和十七年八月七日、米海兵隊がガダルカナル島に上陸した。大本営は八月十三日、連合艦隊と第一七軍に対してガ島奪還のカ号作戦（奪回の「カ」）を下令した。九月に入ると辻は全快し、作戦班長のままで大本営派遣参謀としてラバウルに入ったのが九月二十日だった。

この時、第一七軍参謀長は二見秋三郎だった。二見は有力な野戦重砲兵部隊に支援された二個師団を一挙に上陸させなければ、カ号作戦は成功しないと力説していた。これが大本営の方針に反するということで、二見は十月一日に更迭、すぐに予備役編入、即日召集で朝鮮北部の羅津要塞司令官に追いやられた。第二師団を主力とする第二次総攻撃は、十月二十二日に発起と定められた。ところが第二師団の機動が間に合わず、二十三日攻撃となり、さらに支隊も遅れ、さらに一日延期を求めた。するとその場で支隊長の川口清健が罷免された。こんなことがどうして起きたかと言えば、第一七軍司令部に大本営派遣参謀の辻政信がいたからだとなる。

たとえ辻政信が作戦の神様であっても、個人の力でどうにかなるものではない。また、依然として作戦班長の要職にあるから、参謀本部から二度、帰還命令がきていた。しかし、責任を取ってガ島の土になると命令を握り潰していた。それを知った第一七軍司令官の百武晴吉が帰還するよう説得すると、すぐに従うというところがいかにも辻らしい。

ガ島における苦戦は大きな影響を及ぼし、昭和十七年十二月末までに参謀本部第一部の陣容は一変した。第一部長は田中新一から綾部橘樹、第二課長は服部卓四郎から真田穣一郎、作戦班長は辻政信から高瀬啓治、兵站班長は高瀬から高山信武となった。この新体制の下でガ島撤収のケ号作戦（捲土重来の「ケ」）が立案され、十二月三十一日の御前会議で決定された。辻は正月に悪性のマラリアで発熱して倒れ、また軍医学校に入院、生死の境をさまよった。それが二月にケ号作戦成功の一報を耳にすると、すぐに平熱に戻ったというのだから、話はうまくできている。

＊

退院した辻政信は、体を慣らすということで陸大の教官に籍を置いていたが、昭和十八年八月の定期異動で大佐進級の上、支那派遣軍総司令部第三課長（後方課長）に上番した。総司令官は畑俊六、総参謀長は松井太久郎、総参謀副長は永津佐比重だった。松井はマレー作戦時の第五師団長だったから、辻とは旧知の間柄となる。この人事は、「中央やガダルカナルでの激務、ご苦労さん」といった慰労の意味が濃い。ところが辻は戦運に恵まれているというべきか、ここでも活躍の場が与えられた。

ケ号作戦を実施した参謀本部
第1部長綾部橘樹

昭和十九年一月二十四日発令の大陸命第九二一号によって、支那派遣軍は中国にある米軍航空基地の覆滅、湘桂線（衡陽～桂林）、粤漢線（武昌～広東）、南部京漢線（鄭州～漢口）の打通、沿線の要域攻略が命じられた。日本陸軍史上、最大規模の作戦とされる一号作戦、大陸打通作戦とも称されるものだ。四〇万人の兵力を投入し、南北一五〇〇キロを打通する構想だから、補給体制を確立しなければならず、その計画立案の責任者が第三課長の辻政信となる。

支那派遣軍は、長年にわたって物資、資材を現地調達してきたが、一号作戦となってその量は膨大なものとなる。それをどうやって集めるか、そこに複雑な問題があった。昭和十七年十一月、拓務省や興亜院などを廃止して、大東亜省が設けられた。汪兆銘政府との折衝、物資や役務の調達は現地の大使館が窓口となって大東亜省が統括することとされた。しかし、新設の省庁ではノウハウはないし、武力を背景にしなければ事が進まないこともあり、以前と同じく支那派遣軍がそれらの業務を行なっていた。

一号作戦が具体化した頃、政府は支那派遣軍があまりに政治、経済に関与しすぎる、本来あるべき姿の野戦軍に立ち戻るべきと強く通告した。好きでやっていたのではないと支那派遣軍は一切手を引いたばかりか、総司令部を南京から漢口に移した。するとすぐさま物価は高騰、物流も滞った。進出企業も悲鳴を上げるし、軍にも支障が及ぶ。そこで政府は、これまでの行き掛かりは忘れてもらい、再び軍が全般の指導を宜しく頼むと下手に出た。これが昭和十九年六月の長沙攻略戦、七月の米軍サイパン上陸の頃だ。

総司令部としては、仕事は増えるにせよ長年にわたってやってきたことでもあるし、相手が折れてきたのだから、まあ良いかといった受け止め方だった。ところが辻政信は納得しない。一度、民衆の信頼を失った大使館や官僚など役に立たない、そもそも大東亜省など必要ないから廃止すべきと返電すると言ってきかない。これを見ればすぐに辻の起案とわかるから、司令部には迷惑が及ばないと反対を押し切って打電してしまった。サイパンの早期失陥が現実なものになり、誰もが苛立っていた時にこの返事だ。そこで東條英機が得意とする懲罰人事となる。

懲罰として激戦地に送るとはおかしな話だが、敗色が濃くなるとそんな退廃した雰囲気が支配するようになるのだろう。問題を起こせば、ニューギニア、ビルマ、フィリピンに回されるのが通例だったが、辻政信はビルマとなった。向かった先は昭和十九年四月に新編された第三三軍で、司令官は辻と因縁浅からぬ本多政材だ。本多ならばあの悍馬を乗りこなすだろうということだった。しかし、辻ほどの大物が突然入ってくると人事が難しくなる。第三三軍の高級参謀（作戦参謀）は陸士三四期で大佐進級は辻よりも五ヵ月早い白崎嘉明だった。本来ならば白崎を師団参謀長か方面軍高級参謀に転出させ、その後任で辻を高級参謀にするものだが、急場のことですぐとはいかない。

懲罰人事で知られた
東條英機

そこで本多政材司令官の裁定で高級参謀はそのまま、辻政信は中佐待遇で作戦主任ということになった。支那派遣軍総司令部の第三課長までやった者の扱い方ではないが、辻本人はむしろ喜んだ。自由に戦線を歩けるからだ。実際、大活躍したためビルマ方面軍は辻に個人感状を出した。生存者への個人感状は珍しい。すると「辻も個人感状をもらうと消極的になった」とかの風評が耳に入ったとかで、感状を焼き捨てたという。これがおそらく彼の武勇伝の結末だろう。連合軍に押しまくられた日本軍は、ビルマからタイへと退却を続けた。辻も第二八軍高級参謀、第一八方面軍作戦課長と異動を重ね、終戦をバンコクで迎えた。そして地下に潜り、中国に逃れ、昭和二十三年五月に日本に入り、潜伏生活を送って二十五年一月に戦犯指定解除となった。

ここまで辻政信の軍歴を見てきた。どこでも問題を起こしながら、生き延びたばかりか、要職を渡り歩いた。どうしてこんなことになったのか、陸軍独特な人間関係、部署の対立関係を無意識のうちに活用した結果ということになるだろう。では、その陸軍の内情とはどんなものかを探って行きたい。

「意志は性格に出づる。性格は行為者にとって精神よりもなお決定的である。
意志なき精神は無価値であり、精神なき意志は危険である」

ハンス・フォン・ゼークト『一軍人の思想』

第一章

地域閥から選択意志による「派」へ

明治三年七月、屠腹死諫した薩摩藩士横山安武の「時弊十ヶ条」その六

「官の為めに人を求めず、人の為めに官を求む。
故に各局の其職を勤むる者、傭工の其主に於けるが如き者あり」

『大西郷正伝』

◆長州閥興亡の背景

帝国陸軍と聞いて思い浮かべるイメージはさまざまだろうが、あえて共通項を探ると、すぐに政治色を帯びる、観念論ばかりの議論倒れ、強すぎる自己顕示欲といったところに落ち着くのだろう。さらに、狷介、威圧的、保身と言い足せば、より納得するはずだ。言い過ぎだと自覚はしているが、これはまさに長州人の特徴ではなかろうか。山県有朋、長谷川好道、寺内正毅らのイメージによるもので、それをもって一括りに長州人の性格だとするのには無理があるとの反論も正しい。しかし、長州人が明治建軍を主導したのだから、その元老の性格が組織に反映しないはずがない。

社会一般が陸軍に対して抱く反感は、軍人勅諭がありながら、すぐに政治に介入してそれを支配しようとしたことが根底にある。しかし、予算を得るには議会の協賛が必要であり、しかも徴兵制となれば政治色を帯びることは仕方がない。そうだとしても、物事には程度というものがある。内閣制度となった明治十八年十二月から昭和初期まで、山口県出身の陸軍軍人だった四人、すなわち山県有朋、桂太郎、寺内正毅、田中義一が首相を務めた期間は一六年にも及ぶ。これに伊藤博文の八年が加わる。日清戦争、日露戦争があったため、長期政権になったと説明できようが、それにしてもやり過ぎの感は強い。そこに長州閥への反発が生まれる。

政治の世界でこれほどの権勢を誇った長州閥だから、その権力基盤の陸軍においては絶対的な存在だった。こうなったのには、ほかの旧藩の失策があったからだ。明治七年二月の佐賀の乱で肥前が自滅し、十年二月からの西南戦争で薩摩の勢力は半減した上に人材の供給に断絶が生まれた。土佐の板垣退助は早くに政界に転身して軍内団結の核を失い、続く土佐の星とされた山地元治は中将のまま明治三十年に早世してしまった。こんなことで「薩長土肥」で残るは長州だけとなったわけだ。

その結果、陸軍はどのような姿となったのか。長州閥の最盛期、明治三十八年九月の日露戦争終結時の人事配置を見てみよう。当時、省部（陸軍省と参謀本部）には、軍医と主計を含めて課長が二八人いたが、そのうち六人が山口県出身だった。師団長以上の高級指揮官は二三人、うち山口県出身は七人となる。軍内勢力図の目安となる大将の数を見ると、長州支配がさらに鮮明だ。昭和二十年の終戦までの陸軍大将は、戦死もしくは殉職後に進級したケースも含めて一三四人を数える。そのうち一九人が山口県出身だった。しかもその一六人までもが明治、大正に進級している。山口県が大きな県ならば納得もするが、人口と面積は共に全国のほぼ真ん中だから、これらの数字は突出している。明治維新と建軍を主導したのは、長州人であることは認めるにしても、そういつまでも遺産で栄耀栄華を謳歌するのはいかがなものかとの声が上がるのも当然だ。

こんなモヤモヤとした雰囲気も、進級、補職、任地など人事がからむと具体的な反発となる。これだけ山口県出身の大将が並ぶと、定員というものがあるから、閥外の者が割りを食ったことになる。大将というゴールでの出来事は雲の上の話にしろ、各階級で同じようなことが起きている。大正十一年まで中尉から大尉への進級は、同期の間で一年の差が設けられていた。陸士の成績や兵科の違いによる差だが、なぜ彼が自分より先に大尉になるのかという疑問への答えは、彼は閥内、己は閥外だからとなる。この問題は、大佐から少将、少将から中将への進級時に顕著となる。

士官候補生や見習士官の際、配置先がその人の原隊となるから、あれこれ話題となる。多くの場合、本人の希望を出させて、本籍地や出身地を考慮して決める。なかには在京連隊、特に近衛師団に配置される恵まれた者もいる。御親兵時代からの流れで、近衛歩兵第一連隊は薩摩と土佐、第二連隊は長州の牙城だと見られていたから、閥外の者は複雑な思いを抱く。佐官になれば全国異動となるが、なかなか希望通りの任地とはならない。ドサ回りを重ねているうちに、人事当局から忘れられたかとの思いにもなる。師団長になると閥に入っている者と、そうでない者との待遇の差がはっきりしてくる。閥外の者は、すぐに近衛師団、第一師団、第四師団、第一二師団といったいわゆる一等師団の長にはなれず、ほかの師団長を務めて合格点をもらい、二度目で一等師団長になれ、大将街道の最終コースに入るという時代が長く続いた。

同時に元帥府に列した２人

川村景明

長谷川好道

閥外という理由だけで有能な人材が埋もれてしまい、それは陸軍全体の損失となったこともあるが、とにかく漠然とした話だから多くは個人の不満の域に止まるだろう。ところが天皇の軍事顧問として元帥府に列すれば、終生現役の大将として影響力を及ぼすこととなるからあれこれ語られる。

日露戦争前、元帥府にあった臣下の陸軍大将は、山県有朋、大山巌、野津道貫だった。日露戦争後の明治四十四年十月、第二軍司令官を務めた奥保鞏が元帥府に入った。なぜこの時、第一軍司令官を務めた黒木為楨と第三軍司令官を務めた乃木希典が元帥府に入らなかったのか。旅順要塞攻略戦で大損害を出した乃木としては固辞したかも知れないし、彼は停職を三回重ねていることが問題にされたのだろう。先鋒の第一軍司令官としての黒木の功績は大なるものがあった。それなのにどうして元帥府に入らなかったのか。黒木は野戦の将であり続け、省部の要職に就かなかったこともあるが、やはり薩摩の出身だからだとなる。

大正三年一月、川村景明と長谷川好道が元帥府に入った。川村は薩摩の出身だが、日露戦争中は鴨緑江軍の司令官だから資格はある。では、長谷川はどうなのか。日露戦争では近衛師団長として出征、野戦軍司令官を務めないまま明治三十七年九月に朝鮮駐劄軍司令官に転じている。長谷川は明治四十五年一月から大正四年十二月まで参謀総長を務めているが、元帥府に列する資格はあるのかとの疑問の声が上がる。しかも長谷川は、豪傑風を吹かせて人を威圧したり、私生活が乱脈と評判は悪い。そんな人が天皇の軍事顧問とはどうしたことか、彼は岩国出身の長州勢、山県有朋から長州閥を引き継ぐためだとなる。

続いて大正五年六月、朝鮮総督を終えて軍事参議官だった寺内正毅が元帥府に入った。日露戦争中、陸相としての寺内の手腕は高く評価されるべきだ。しかし、彼の軍歴はと見ると、近衛歩兵第一連隊の中隊長として西南戦争に出征、歩兵第三旅団長、部隊長はこの二回だけだった。これで全軍の師表と仰がれる軍人なのかという疑問はあってしかるべきだ。しかも

長州閥のプリンス菅野尚一

西南戦争中、寺内は田原坂で負傷して右手が不自由となった。名誉の負傷にしろ、侍ならば依願退役するべきだったのではないかと語られた。ところが寺内は左手で敬礼しながら、大将街道を闊歩するとは、長州閥の一員でなければやれぬことだとなる。

長州人でなければ、早々に退役するはずのところ、大将をものにしたのが菅野尚一だ。彼は歩兵第一一連

反長州閥を鮮明にした
井口省吾

隊付で日清戦争に出征、負傷して左手が不自由となった。明治三十九年からイギリス駐在となった菅野は、今度は自転車事故で歩行に障害が残った。連隊長も務めないまま、中央官衙を渡り歩いて大正十四年八月に大将となった。ちょうど陸相が田中義一の時だから、菅野が長州閥のプリンスでなければ大将などと縁がなかったはずだと広く語られていた。

維新の元勲を擁して専横ともいえる権勢を誇った長州閥だったが、抵抗勢力がなかったわけではない。後述する薩肥閥はさておき、果敢にも個人で長州閥の牙城に挑んだ人もかなりいた。その代表格が静岡県出身の井口省吾だった。井口はまだ大尉の頃、明治二十年五月からベルリンに駐在していた。その時、内務相だった山県有朋が地方制度の調査でベルリンを訪問した。駐在員として山県を丁重に接遇すれば、井口の将来は明るいものとなったろう。ところが硬骨漢の井口には、それができないばかりか、「陸軍中将として、なにかほかにやることはないのか」といった態度に終始し、山県が怒り出したと伝えられている。

若い頃から有能な砲兵科の将校として知られた井口省吾は、反長州の旗幟を鮮明にしつつも、参謀本部第一局（のちの第一部）育ちの作戦屋となり、また陸軍省の軍事課長、参謀本部総務部長も歴任した。日清戦争では大山巌の下で第二軍作戦主任、日露戦争では満州軍参謀として活躍している。大将、参謀総長への道を歩み出してしまった井口をどう扱うかが問題となり、結局は陸軍大学校という象牙の塔にこもっていただくということになる。井口は陸大一期でプロイセン留学もしているし、それまでも陸大の勤務は七年一〇ヵ月と長かったから、陸大校長は適任ではあった。

それにしても井口省吾の陸大校長は、六年一〇ヵ月にも及んだ。その最初の幹事は福岡県出身で井口以上の反長州分子、川上操六の直系とされた松石安治だった。それ以降の幹事は、佐賀県出身の宇都宮太郎、大分県出身の河合操、神奈川県出身の山梨半造、新潟県出身の鈴木荘六と続く。山梨は田中義一と陸士同期の関係で長州閥の亜流とされ、河合も同類と見られていたが、ほかは長州閥とは縁がない。誰と謀ったのかははっきりしないが、井口は反長州の時限爆弾を仕掛けた。できる限り、山口県の出身者を陸大の専任教官には採らないという施策だ。

これが、どれほどの効果があるのか訝しく思われようが、実はじんわりと効いてくる破壊力を秘めている。陸大入校の初審は筆記試験だから、陸大教官でも操作はできない。しかし、再審は口述試験が主だから、試験官となる教官の匙加減でどうにでもなる。さらに恩賜の軍刀組の六人、海外留学の切符を手にするもう六人を選ぶのは、教官の胸三寸で決まる。校長の意を体して、山口県出身者を排除しようと思えば簡単だ。井口省吾は明治三十九年二月から大正元年十一月まで陸大校長を務めたが、その間、恩賜をものにした山口県人はただ一人だけだったはずだ。陸士に入る山口県人が多かった時代、なんらかの作為がなければこうはならない。これが陸大における第一次長州征伐だ。

陸大から山口県人を
閉めだした桑木崇明

大庭二郎教育総監

歴史は繰り返すというべきか、陸大を舞台とする第二次長州征伐が起きた。これはまったく子供じみた話が発端となった。大正十二年頃のことだそうだが、再審のため上京した山口県出身者を激励するため、同郷の先輩が一席もうけた。そこに陸大教官がいたのではという疑いが生まれ、不明朗だという話になった。そのすぐにまた問題が起きた。初審の筆記試験では、受験生が誰かわからないように受験番号だけを記載する決まりだった。ところが回答用紙の裏に小さく氏名を記したものが見つかり、その三人共に山口県出身者だった。長州人はしめし合わせて、裏口入学をしようとしているとの話に発展した。

そんな騒ぎの中、陸大教官で愛知県出身の筒井正雄と広島県出身の桑木崇明らが、できるだけ山口県出身者は陸大に入校させないと申し合わせた。この噂が教育総監で山口県出身の大庭二郎の耳に入った。けしからんと大庭は、陸大に乗り込み再審の試験を視察した。これは大問題だ。陸軍大学校はあくまで参謀本部の一機関であり、いくら大将の教育総監でもその容喙は許されない。この一件で勢い付いた教官は、本当に山口県人をすべて不合格とした。これで陸大三七期から三九期まで、山口県出身者の陸大入校者は皆無となった。登竜門を閉ざされた優秀な山口県人の何人かは、新天地を求めて航空兵科に転じたというが、これもまた悲劇だったし、国軍としても損失だ。

大正十二年二月、山県有朋が死去してからほぼ二〇年、大東亜戦争を迎えた昭和十六年十二月、省部の課長以上五九人のうち山口県出身者は皆無となっていた。師団長以上の高級指揮官は七九人を数えたが、山口県人は六人に止まる。往時の長州閥全盛期を思えば寂しいが、そもそも中規模な県だから、この程度でも健闘したといえよう。ここまで反長州閥の立場かのように語ったが、山口県人は陸軍の発展のために努力してきたこともまた事実で記録されるべきだ。

支那事変が始まって大量採用となる以前は、幼年学校、陸士への入校者は常に山口県がトップだった。同郷の先輩が綺羅星のように並んでいたのだから、自分もひとつやってやるかと武窓に進んだのだろう。そして旧藩主の毛利公爵家が軍人育成に熱心だった。健康で優秀な生徒は武窓に進むよう指導せよと、県下の中学に号令を掛けていた。家庭の事情で中学に進めないでいる者を対象に武学養成所も設けていた。二・二六事件で刑死した磯部浅一は、この武学養成所の出身だった。

東京でも毛利公爵家は、軍人の面倒をよく見ていた。市ケ谷の陸士門前にあった山口県人の日曜下宿、同裳会も毛利公爵家の基金がもとだ。また、正月には幼年学校、陸士の生徒も含めた在京の軍人を品川駅前の毛利邸に招いて御馳走していたが、昭和二十年でもやっていたというのだから驚かされる。また毛利公爵家の嗣子、毛利元道は陸士三七期、昭和十三年に襲爵して貴族院議員となったが、応召して野戦高射砲第三五大隊長となりビルマ戦線に従軍し、終戦時には高射学校の生徒隊長だった。敬服すべき姿勢であり、これだからこそ長州人は団結したのだろう。

◆奮闘を重ねた薩肥閥

西南戦争の痛手はあっても、薩摩勢は陸軍の中でも大きな勢力を保っていた。日露戦争の終結時、鹿児島県出身の陸軍大将は、大山巌を筆頭に六人を数える。ところがすぐ世代交替に直面する。明治四十年十一月に大迫尚敏が、四十二年三月に黒木為楨が、四十四年三月に西寛二郎が退役した。元帥府に列していた野津道貫は明治四十一年十月、大山巌は大正五年十二月、川村景明は十五年四月に死去した。終身現役の川村がいたため、昭和十年八月まで鹿児島県出身の陸軍大将は途絶えることはなかったが、往時と比べると寂寥としたものだった。

薩摩勢の後継者難は、西南戦争の後遺症もあるが、それ以上に将校や参謀の育成体制が確立したことによる。全国から東京に集めて画一的に教育するとなると、鹿児島県人には言葉のハンディーがある。幕末ならいざ知らず、初等教育が充実すれば言葉の壁はなくなったと思うのが間違いだ。昭和十二年四月に陸士に入った五三期生の人の話によると、こんなことがあったそうだ。浅黒い顔の一団が、ひとかたまりになって異国の言葉で話している。てっきりタイの留学生と思ったそうだ。ところがある日、全校生徒で高尾山に登ったところ、異国人と思っていた一団から、「あー、富士山だ」との声が上がり、なんだ日本人かとなり、聞くと鹿児島県人だったという。こうなると最初からハンディーがあり、まして陸大受験での口頭試問が突破できない。

　これも時代の流れかと、西郷隆盛や大山巌らが築いた城を明け渡すしかないが、郷土意識が強い鹿児島県人は諦め切れない。同郷の後輩を引き立て、往時の薩摩の勢いを取り戻してくれとの大任を負ったのが上原勇作だった。彼は宮崎県都城の出身だが、ここは島津家の三男筋の一所持家で、日向ではなく薩摩だ。その縁で上原は野津道貫の書生となり、女婿になったことは広く知られている。上原はまず島津藩の造士館（のちの七高）で学び、大学南校（のちの東大）に進んだが、なにを思ったのか方向転換をして幼年学校に進んだ変わり種だ。読書家としても知られ、洋書の購入はなみの大学教授の比ではなかったとも伝えられている。

「大森の雷親父」上原勇作

　このような美点は、欠点にもつながる。人がバカに見えて仕方がなかったのか、上原勇作はすぐに歯痒くなって大声を出す。大将、元帥に怒鳴られれば、誰もが縮み上がる。そこで付いたあだ名が、住まいをとって「大森の雷親父」で、口の悪い宇垣一成は「気違いじみた老爺」とまで書き残している。

学識を買われて工兵科に回されたことも、上原勇作独特のキャラクターを生んだとも思える。工兵科は数学、物理の素養がないと勤まらないから、草創期は旧幕臣系の人が多かった。これすなわち反長州だ。また、陸士を卒業して工兵科に回されるのは、全体の五パーセント程度と人数は少ない。その上、技術に明るいということで、トップクラスは員外学生に出てから技術畑に進むし、鉄道、通信、船舶、さらに航空にも要員を差し出すから、勢力が弱くなる。そんなことで工兵科出身の大将は上原を含めて三人に止まり、これも上原にとって不満の種だったはずだ。

そして上原勇作は、長州閥専横の犠牲者でもあった。彼は三長官（陸相、教育総監、参謀総長）をそうなめにしたのだから犠牲者もないのだが、閑職、外回り、海外出張と冷遇されたのも事実だった。明治四十一年十月、岳父の野津道貫が死去すると、上原への風当たりが強くなる。大将への第一歩となるのが師団長だが、上原が回されたのが旭川の第七師団だった。明治も末の四十一年十二月のことだが、九州の人が旭川に行くとなれば、これは左遷と受け止めても仕方がない。しかもこの頃、日露戦争でこれといった戦功を上げなかった山口県出身の三人が第六師団、第八師団、第一六師団の師団長になったのだから、上原としては納得できないのも無理はない。

そして第七師団長から宇都宮の第一四師団長となっていた上原勇作は、明治四十五年二月に急死した石本新六の後任として陸相に就任した。石本は旧陸士一期（士官生徒制）、しかも上原と同じ工兵科出身だから、応急の人事としては妥当なところとは思える。しかし、陸軍次官は岡市之助、軍務局長は田中義一、軍事課長は宇垣一成と陸軍省の陣容に変わりはない。これからしても、上原に火中の栗を拾わせようとしたと読める。実際、その後の展開はそれを証明している。

この火中の栗とは、朝鮮増師問題だ。明治四十三年八月、韓国を併合した時から、常設師団二個を朝鮮半島に衛戍させなければならないとされていた。ところが日露戦争は賠償金なしで終結したため、戦後は厳しい緊縮財政となり、朝鮮増師の先行きは危ぶまれていた。これに全軍の要望を担った上原勇作陸相は果敢に突撃した。閣議で説明を求められた上原は、「賛成するならば説明もするが、初めから反対の模様だから説明しない」と最初から喧嘩腰だったという。これでは話にならないと、閣議のレベルで朝鮮増師問題は門前払いとなった。激高した上原は、軍部大臣にのみ認められていた単独上奏（帷幄上奏）して辞職してしまった。しかも陸軍は、後任陸相を推挙しない姿勢を示したので、大正元年十二月に第二次西園寺公望内閣は総辞職となった。

性格というか、工兵魂というか、まさに上原勇作は自爆して政権を倒したことになる。もちろん上原は待命となったが、この一件で岡市之助と田中義一は陸相への道を確実なものとした。しかも、これで第三次桂太郎内閣となったのだから、長州閥の焼け太りといった形となった。上原は大正二年三月、第三師団長として復活、教育総監、参謀総長と栄達するが、彼にとっては後味の悪い思いが残っただろう。

何時の頃からか定かではないが、上原勇作は長州閥の専横をどうにかしなければという考えを抱くようになった。軍人の思考は単純で、相手を圧倒するだけの戦力を集めるということになる。これについて上原には、成功体験から生まれたモデルケースがあった。日露戦争中に彼が参謀長を務めた第四軍司令部だ。ほかの軍司令部では、参謀の間で意思統一に問題があったり、隷下部隊との関係が思わしくなかったりした。ところが第四軍司令部は、理想的だと高く評価されていた。なぜ第四軍司令部は円滑に機能したのか。司令官は野津道貫、参謀長は女婿の上原、参謀副長は福岡県出身の立花小一郎、作戦参謀が鹿児島県出身の町田経宇と九州勢で固めていたからだというのが、上原の結論だったようだ。そこでまず九州勢を糾合して長州勢に対抗するという絵図を描くが、これは上原というよりは、彼を取り巻く一派の構想だったろう。

九州出身の軍人は、全般的に人事には恵まれていなかった。それを表わす言葉が、「佐賀中将、熊本中将」だ。佐賀県出身の海軍中将は多いがなかなか大将が出ない、熊本県出身者は陸軍中将までと両県人を揶揄する言葉だ。佐賀県人で最初の海軍大将は、大正七年七月進級の村上格一だった。熊本県人の最初の陸軍大将は、昭和九年八月に名誉進級した林仙之だった。佐賀県は陸軍でも恵まれておらず、最初の陸軍大将は大正八年十一月進級の宇都宮太郎となる。

これでは討幕の一翼を担った「肥」が泣く。しかも佐賀県は「葉隠武士」と一種独特な気風が支配し、明治七年二月の佐賀の乱を起こした地域だから、重用されないことに不満を鬱積させて蠢動しだす。そして前述したように、ようやく宇都宮太郎が大将となり、これを核に肥前勢が盛り上がった。宇都宮は明治二十九年五月から三十四年一月まで参謀本部第三部（運輸・通信）の部員だったが、上原勇作が第三部長だった時と重なる。宇都宮は明治三十四年一月から三十九年三月まで駐英大使館付武官だったが、この間に上原が訪欧している。日露戦争後に帰国した宇都宮は陸大幹事となるが、この時、校長は前述した反長州の巨魁だった井口省吾だ。

日清戦争前後のことだとされるが、宇都宮太郎などが東京に「左肩党」なるある種の結社を持ち込んだ。「葉隠」の実践ということで、刀を差していなくとも、腰に手挟んでいるかのように左肩を上げる、冬でも素足という一種のスタイリストの集まりだ。時代は幕末から二十数年、この姿は共鳴されて九州勢が集まり、さらには高知県出身者も加わったとされる。そんな武骨な者だけでなく、宇都宮が情報屋の有力者に育つと、海外駐在の経験者や希望者もこの傘下に入り出し、組織に厚みが生まれ、これが薩肥閥に発展する。

「佐賀左肩党」宇都宮太郎

こうして生まれた薩肥閥と長州閥の第一ラウンドは、大正十二年十二月の虎ノ門事件（摂政宮狙撃事件）で第二次山本権兵衛内閣が総辞職となり、田中義一陸相もこれを機に軍事参議官に下がり、宿願の政界進出の準備に入ることとなった時に起きた。後任陸相は長崎

陸相を取り逃がした２人

長崎の福田雅太郎

福岡の尾野実信

県出身の福田雅太郎、福岡県出身の尾野実信、岡山県出身の宇垣一成の三人に絞られた。三長官会議で決定するのだが、事前に元帥府に意見を求めるのが慣例となっていた。この時、陸軍で臣下の元帥は奥保鞏、長谷川好道（大正十三年一月死去）、川村景明、そして上原勇作だったが、問題はもちろん上原がどう出るかだった。

　大森の上原邸を訪ねた田中義一は、陸相候補の三人を陸士の期の順序で福田雅太郎、尾野実信、宇垣一成と記した書き付けを上原勇作に示した。常識としてこの順序は優先順位を示すものであり、しかも後継首班の清浦奎吾は熊本県出身だから、上原勇作は九州人の福田か尾野を選ぶだろうと考えた。ところが田中が組閣本部に示した書き付けでは、宇垣、福田、尾野の順になっていた。これまたこれが優先順位と理解した組閣本部は宇垣を選んだ。不用意にも清浦は、この一件を上原に話した。上原は激怒したものの、清浦内閣は短命と見られていたから、このトリックも見逃されて大きな騒動にはならなかった。

第二ラウンドは、昭和二年八月に教育総監の菊池慎之助が死去した時に起きた。急なことでもあり、玉突き人事にならないようにと、後任は軍事参議官だった菅野尚一に内定した。白川義則陸相が上原に同意を求めると、「全く不同意」と取り付くしまもない。愛媛県出身で無色透明で常識のある白川としては、前述したように問題が多い菅野の教育総監は無理だとは思っていたはずだ。では、上原が推すのは誰かと問えば武藤信義だという。武藤はこの八月の定期異動で関東軍司令官に転出したばかりだから無理な要求だ。それでも踏ん張れない白川は、では後任の関東軍司令官は誰をと尋ねると、上原は第四師団長が四年にもなる村岡長太郎でどうかと言う。村岡は佐賀県出身だ。白川は両方の案に同意させられ、第二ラウンドは上原の完勝となり、薩肥閥は三長官の一角に取り付いた。

第三ラウンドは、宇垣一成が陸相に復帰してからの昭和五年二月に起きた。参謀総長の鈴木荘六は、大将の現役定限年齢の六五歳で勇退した。以前から鈴木の後任は、参謀次長の金谷範三と了解されていた。日露戦争当時、鈴木と金谷は奥保鞏司令官の下で第二軍参謀を務めており、鈴木が陸大幹事の時、金谷は戦術教官という関係だ。鈴木は新潟県出身、金谷は大分県出身と藩閥とも関係なく、持ち上がり人事も順当なところだ。ただ問題は、日露戦争の成功体験に拘泥した作戦教義が継承されること、過度な飲酒からくる金谷の健康問題だけと見られていた。

この人事案を上原勇作に示すと、金谷範三の参謀総長に難色を示して武藤信義を推した。金谷は大分県出身だから良いではないかと思うが、後述するように薩肥閥とは「九州連合軍、

「肥前の巨星」武藤信義

ただし大分は除く」ということだった。しかも上原は、閑院宮載仁や侍従武官長の奈良武次に働き掛けて、武藤参謀総長案を非公式ながら天皇に上奏したとも伝えられている。この不軌な行為に激怒した宇垣一成陸相は、なんと閑院宮と奈良に厳重注意を申し渡してその動きを封じた。その際、宇垣は「果たして上原大将に元帥府に列する資格ありや」とまで公言したのだから凄まじい権力闘争だ。

そして宇垣一成は直接、武藤信義の説得に当たった。その論旨は建前論で相手を煙に巻くといったところだ。教育総監から参謀総長への横滑り人事となると、三長官は対等という原則が崩れ、教育総監の権威というものが損なわれるというのが宇垣の理屈だ。実は大正四年十二月、上原勇作は教育総監から参謀総長に横滑りしている。しかし、武藤としてはそれを口にできないし、そもそも本人に参謀総長になりたいという気持ちがなかったのだろう。そこで武藤は、陸士二期後輩の金谷範三が参謀総長適任者と宇垣に伝えることとなった。

第三ラウンドは薩肥閥の敗北とはなったが、武藤信義が参謀総長にならず、教育総監に止まったことには大きな意味があった。陸相は予算権と人事権とを握り、万能な存在のように思われるが、閣僚の一員で陸軍次官と共に文官として扱われ、そのため政治の動向に支配される。参謀総長は国軍のトップに位置しているように思われるが、大元帥たる天皇のスタッフという位置付けであり、参謀本部は予算が大きな官衙でもない。教育総監は政治的に中立な立場にあり、地位が安定している。また、どの国でも平時の軍隊は教育訓練が主軸となるから、予算が大きくなる。教育総監部の第一課で歩兵学校や戸山学校などの実施学校、第二課で幼年学校、士官学校、砲工学校の補充学校を所掌し、特科（騎兵、砲兵、工兵、輜重兵）の兵監部を抱え、特科の人事にも発言力がある。これは隠然とした勢力であり、すぐにも薩肥閥、ひいては皇道派の根城となった。

◆九州勢と見なされない大分県人

前項で述べたように、なぜ上原勇作は金谷範三の参謀総長就任を阻止しようとしたのか。金谷は大分県出身の九州人なのになぜかと不思議になる。大分県人は瀬戸内海の海運の関係からか、関西人によく似た個人主義に傾くので、九州人の仲間に入れないということだが、この話は土地の者にしか理解できないだろう。大分県は豊後の七藩（佐伯、臼杵、府内＝大分、岡、森、日出、杵築）と豊前の中津からなる小藩分立だったから、戊辰戦争では風になびく草といった存在だった。そんなことで軍人の世界で大分県人は出遅れていた。

大分県出身で最初の陸軍大将は河合操で大正十年四月に進級、十二年三月に参謀総長に就任している。遅れを取り戻した上、三長官の一角を占めたのだから、この河合を核として大分閥を作ることも可能だと思うが、そう単純ではないのが大分県という土地柄なのだそうだ。ちなみに河合は杵築の人だ。また、河合は同郷の後輩を引き立てるという心のない人でもあ

大分初の大将河合操

った。彼は徴兵で入営して下士官養成の教導団に入り、工兵軍曹の時に陸士に進んだ苦労人だった。河合の猛勉強ぶりは語り草にもなり、仮病をつかって医務室に入り、消灯後も勉強に勤しんだという。そういう人だから、後輩に対して先輩の庇護など期待しないで、自分で努力しろという姿勢になる。

日露戦争の当初、中佐の河合操は満州軍司令部の参謀だったが、すぐに第四軍司令部に転属、さらに旅順要塞攻略後は第三軍参謀副長となった。有能な参謀で引く手あまただったのかと思えばその反対で、とかく司令部の和を乱す厄介者とされ、転々としたということだった。どうしてそんな人物が人事局長、陸大校長、第一師団長、関東軍司令官と要職を歴任したかといえば、長州閥との関係だったとされる。彼は陸士旧八期、陸大八期で共に大庭二郎、田中義一、山梨半造と同期だった。この関係がなければ、河合の参謀総長、山梨の陸相はなかったとされる。ようするに長州閥に尾っぽを振って取り入ったことで栄達したとなり、これが河合への悪評に止まらず、大分県人が疎外される理由にもなった。

陸大校長、第一師団長と進み、あと一歩で大将を逃した和田亀治も大分県出身だ。彼も河合操と同じく徴兵で入営して、教導団から陸士に入っている。和田は大正四年八月から八年一月まで陸軍省高級副官を務め、岡市之助、大島健一、田中義一と三人の陸相に仕えた。岡は京都府出身ながら毛利藩士の家、大島は岐阜県出身ながら長州閥の一員であることは広く知られている。これまた河合と同じく和田も長州閥におもねって栄達したと見られた。

前述したように昭和五年二月、上原勇作の反対を押し切って金谷範三が参謀総長に就任した。これは前任の鈴木荘六の強い推薦によるもので、まだ存命中だった奥保鞏の支持もあったが、とにかく宇垣一成陸相の意向によるところが大きい。続いて昭和六年四月、南次郎が宇垣の後任となる。この人事は宇垣と金谷の意向というよりも、南が陸大教官だった時の教え子や騎兵科の総意だった。こうして大分県人が参謀総長と陸相を押さえたから、これは華々しい大分閥の誕生かと大騒ぎになったかと思えば、そういうことにはならなかった。金谷は豊後高田の出身だが、医者の家で郷党意識が薄かったのだろう。南は日出の人だが、小学生の時に上京して府立一中、成城学校から幼年学校に進んでいるから、大分県人という意識はほとんどなかったはずだ。周囲もそれを知っているから、大分閥とは語らなかったのだと思われる。

次に大分県出身者のエースが梅津美治郎だ。彼は熊本幼年一期の首席でその時から注目される存在だった。原隊は歩兵第一連隊、初めから選ばれし者であり、陸大二三期の首席で陸士一五期のトップを走り続けた。奥保鞏の元帥副官、結婚の仲人は宇垣一成、参謀本部第一課長（編制動員課）は小磯国昭の後任、軍務局軍事課長は局長が杉山元の時、参謀本部総務部長は参謀次長が二宮治重の時だったから、梅津がどのような立ち位置にあったかがわかる。ところが、彼を宇垣の取り巻きだという声が上がらないのが不思議だ。昭和十二年一月、省部の中堅が宇垣一成内閣阻止に動いた際、次官の梅津は中立的な立場を崩さなかった。

このような生き方から、梅津美治郎に好意を抱かない人は「明哲保身の御仁」と評していた。梅津は中津の人で豊前だから、そう気にしなくてもよいのだが、万事慎重な彼は大分閥と語られないようにしていた。二・二六事件直後、梅津が次官に上番した時、同郷で陸士同期の中島今朝吾が憲兵司令官になったこと、また梅津が関東軍司令官の時、同郷の池田純久を参謀副長に採ったが、彼にしては珍しいことだった。

陸大の成績、期別の序列をことのほか重視するのが梅津人事の特徴とされていたが、梅津美治郎が重用し続けたのは、吉本貞一と柴山兼四郎だった。吉本は徳島県出身となっているが、東京生まれの東京育ち、府立四中から中央幼年学校予科に進んだ人だ。梅津が軍事課長の時、吉本は同課高級課員、梅津が参謀本部総務部長の時の庶務課長が吉本、そして吉本は梅津の下で関東軍参謀長を務めている。

柴山兼四郎は茨城県出身、拓殖大学から陸士に進んだ変わり種で輜重兵科だ。張学良の軍事顧問補佐官だった柴山は、満州事変勃発直後に参謀本部第五課（支那課）の部員となり、総務部長だった梅津美治郎との縁が生まれた。昭和八年五月から柴山は駐北京武官補佐官となるが、この時の支那駐屯軍司令官が梅津だった。この関係で柴山の見識を高く評価した梅津は、次官の時に柴山を軍務課長に、参謀総長の時には彼を次官に推挙した。

本心から梅津美治郎が頼りにしていたのは、同郷で三期後輩、しかも原隊が同じく歩兵第一連隊の阿南惟幾だったろう。阿南は豊後の竹田、しかも阿南は転勤族の子弟で東京生まれで中学は徳島だ。大分閥と意識しなくてもよい関係だが、用心深い梅津は阿南を引き立てようとしたこともなく、勤務のすれ違いもあった。梅津が関東軍総司令官の時、阿南は第二方面軍司令官だったのが、上司と部下という関係の最初だった。それでも最後の場面で梅津の本心が現われた。

昭和十九年七月十八日、東條英機の後任として梅津美治郎が参謀総長に就任した。同日、東條内閣は総辞職となり、陸相を誰にするかが問題となり、東條、梅津、教育総監の杉山元の三長官会議が開かれた。東條は陸相には留任する構えだったが、梅津が強く反対して後任の人選となった。梅津はまず山下奉文を上げたが、フィリピンの第一四方面軍司令官として作戦中ということで陸相就任は見送られた。すると梅津は阿南惟幾を推したが、これまた豪北の第二方面軍司令官として作戦中との理由から陸相とはならず、杉山元に落ち着いた。

それでも梅津美治郎は阿南惟幾の陸相を諦めず、昭和十九年十二月に阿南を航空総監として東京に呼び戻して陸相要員とした。そして昭和二十年四月、鈴木貫太郎内閣となり阿南を陸相とした。次官は柴山兼四郎と梅津が信頼するコンビが生まれた。そして終戦、軍令部総長は杵築出身の豊田副武、外相は佐伯出身の重光葵、陸軍は梅津と阿南、大分勢の四人がそろって終戦処理に当たる結末となった。

◆加賀百万石と「石川陸軍」

満州事変の当初と大東亜戦争の終末期、陸軍の軍政と軍令のトップ二人を大分県人で占めたが、大分閥とは語られなかった。激動する情勢に対処するのに忙しく、あれこれ詮索する余裕がなかったろうし、大分県人自身にそのような地域閥意識が薄かったからだろう。これに対して石川県は、藩閥意識を引きずり一時は「石川陸軍」とまで語られた。小藩分立の大分県と違って石川県はすべてが前田藩（加賀と大聖寺）、しかも富山全県が前田藩、さらには群馬県七日市（富岡）も前田藩だった。すべて合わせると一二三万石、筆頭家老は五万石という超大藩だった。御一新だから旧藩意識を捨てろといっても、ここまで地域に根差していると藩閥意識は根強く残る。

明治維新に乗り遅れた石川県だったが、木越安綱、林銑十郎、中村孝太郎の三人の陸相を生み、宇垣一成の陸相代行の阿部信行も石川県人だ。この林と阿部は首相にまで上り詰めた。陸相はさておき、軍人出身の首相を二人も輩出したということは、政治資金の面からも地域の支援は不可欠だから、藩閥から発展した地域閥が確立していたことを意味するだろう。

石川県出身で最初に陸相となった木越安綱は、明治八年一月に教導団から旧陸士一期に進んでいる。西南戦争の前夜、騒然とした中でも落ち着いて勉学に励んだのが木越と石本新六で、木越は歩兵科の首席、石本は工兵科の首席となった。この頃、陸士生徒司令副官に寺内正毅、生徒隊付に井上光がおり、木越と石本が長州閥に重用される機縁となった。井上が第三師団参謀長の時、桂太郎が第三師団長となるが、井上はすぐに木越を師団参謀に引っ張った。こうして桂と木越は日清戦争に出征する。野戦が苦手の桂がどうにか師団長が勤まったのは、木越の補佐によるものだと広く語られた。日露戦争では、木越は大村の歩兵第二三旅団長、上司の第一二師団長は井上だった。鴨緑江渡河という難しい緒戦を成功させた功績は、木越と井上の絶妙なコンビによるものだった。

日露戦争後、木越安綱は第五師団長、第六師団長、第一師団長と歩いたが、閥外の悲哀とも言える。そこで起きたのが、朝鮮増師問題で第二次西園寺公望内閣を道連れにした上原勇作陸相の自爆だった。そこで第三次桂太郎内閣となり、陸相には木越が選ばれた。陸相が単独で天皇に辞表を提出し、後任陸相を推挙しないとなれば内閣が成り立たないとの声が高まり、陸軍出身の首相として桂はどうにかしなければならなくなった。

この解決策は実に簡単なことだった。陸軍省官制に付いている職員表の備考の「大臣及総務長官（陸軍次官）に任ぜらるるものは現役将官を以てなす」の「現役」の二文字をはずせばよい。こうすれば、予備役や後備役の将官も陸相、次官になれるから、人選の幅が広くなり、陸軍の意向に関係なく一本釣りも可能となる。桂太郎首相の指示を受けて木越安綱陸相は、この備考をなくすよう軍務局に諮ったところ猛反対に遭った。その理由も簡単、政治が軍事に容喙しかねないということだ。木越はこれを押し通したが、省部で孤立無援となった。大正二年二月、木越は第一次山本権兵衛内閣に留任したものの六月には待命、五年三月に後備役編入となった。

経歴十分ながら大将を逃した
木越安綱

大将の資格十分だった木越安綱が中将のまま陸軍

を去り、石川閥は滑り出しからつまずいた形となった。それでも加賀百万石の伝統と文化の香り豊かな金沢の風土が生んだ人材が育ち、「石川陸軍」とまで言われるようになる。共に旧制四高から陸士に進んだ林銑十郎と阿部信行、山梨半造陸相の下で軍事課長を務めた林弥三吉と政治的なセンスのある人が並ぶ。そしてその団結の核が前田利為だった。彼は群馬県七日市の前田藩主の家に生まれ、本家の養子となって家督を継いだ。彼は学習院から陸士一七期に進んだが、単なる名家の跡取りではなかった。同期の先頭で陸大に進み、恩賜の軍刀をものにした。それも梅津美治郎、永田鉄山に次ぐ三席だ。とにかく前田藩奉賛会なるものがある土地柄だから、殿様が優秀だとなれば石川県人は盛り上がる。

このような貴族的な背景に加え、「石川陸軍」は宮中にも受けが良かった。昭和天皇は大正元年九月、陸軍少尉、海軍少尉に任官し、近衛歩兵第一連隊付となった。軍人としての教育は、陸大、海大のしかるべき人が御進講することになっていた。大正十年六月に陸大幹事となった阿部信行が御進講に当たることが多かった。阿部は石川県出身とはいっても、府立一中卒の東京育ちで都会的なセンスもあり、砲兵科だから理数系に関心が深い東宮の教育係に向いているとなったようだ。また、長らく東宮武官長、侍従武官長を務めた奈良武次も砲兵科出身だったことも関係している。

陸大幹事から参謀本部総務部長に転じた阿部信行は、宮中の意向もあって御進講を続けていた。名誉ある職務を私物化したとの声もあったが、官制で示された職務でもないうえに、陛下の指名だといえば誰も反対はできない。阿部はそれから軍務局長、次官を務めるが、この間も御進講をしていたのかは定かではないが、昭和八年八月に軍事参議官となってからは、その任務として進講していたことは間違いない。そういう関係があるからこそ昭和十四年八月、阿部に組閣の大命が下ったのだ。しかもこの時、異例なことに陸相は畑俊六か、梅津美治郎にせよと伝えられたが、天皇と阿部の密接な関係があればこその出来事だった。

　このような背景があったから、林銑十郎の奇跡の復活、陸相、首相の栄達があった。前田利為は二回、ヨーロッパへ私費留学しているが、二度とも林はお付きの形で渡欧している。そんなこともあって林は欧州通となり、海外駐在が長く、大正十二年六月に国際連盟陸軍代表となった。海外勤務が長くなると、中央官衙でステップを踏んでいないとなって人事的に不利となり、林も帰国して教育総監部付の少将で終わりかと思われた。

　そこに救いの手が差し伸べられた。昭和十年七月の林銑十郎陸相による真崎甚三郎教育総監罷免を思えば意外となるが、実はこの二人、大正二年にベルリン駐在で一緒になり、それ以来親友の間柄だった。第一次世界大戦中、真崎は久留米の俘虜収容所長を務めたが、その後任は林だった。林が帰国した時、真崎は陸士本科長だったが、林の助命運動を始めた。この頃、阿部信行は参謀本部総務部長だったが、一応は少将人事に発言力がある。これに加えて、林銑十郎には若手の応援団が付いた。在欧勤務が長い林は、駐在員などの面倒を見ていたから、若手のエリートは恩義を感じており、林をもり立てようとする。中心は後述する一夕会だ。

　大正十三年九月に林銑十郎は帰国したが、あれやこれやと応援団が運動し、林は東京の歩兵第二旅団長に補職され、様子を見ようということとなった。ここで中将進級の検定となる将官演習旅行に加わり、林は出色の成績を収めた。すぐに中将に進み、ポスト待ちで東京湾要塞司令官となった。そして陸大校長、教育総監部本部長、近衛師団長、朝鮮軍司令官と進んで大将となる。

昭和七年の五・一五事件に陸士の在校生が加わったため、武藤信義教育総監が引責辞任し、後任は林銑十郎となった。この時点で陸相は荒木貞夫、参謀次長は真崎甚三郎だから、一夕会が描いた陸軍中枢の理想が形になった。続いて昭和九年一月、病気のため荒木陸相が辞任、後任は真崎の予定だったが、参謀総長だった閑院宮載仁の意向で陸相は林、教育総監に真崎となった。林が陸相となって最初の人事となる昭和九年三月の異動で支那駐屯軍司令官で同郷の中村孝太郎を第八師団長としたが、これは順当なところだろう。注目されたのは永田鉄山を軍務局長としたことだが、早くから永田を軍務局長にという声があったから問題はないが、これがとんでもない事態を引き起こすことになる。

昭和九年八月の定期異動で林銑十郎陸相は、独自色を打ち出した。まず、陸軍次官の柳川平助を第一師団長に出して、後任は参謀本部総務部長の橋本虎之助とした。橋本の後任は山田乙三で、ここに閑院宮載仁を源とする騎兵科の流れを見ることができる。参謀本部の陣容も一新され、次長は植田謙吉から杉山元、第一部長は古荘幹郎から今井清、第三部長は山田乙三から後宮淳となった。続いて十年三月の人事では、人事局長の松浦淳六郎が歩兵学校長に転出して後任は今井清とした。今井の後任の第一部長は石川県出身で第四部長の鈴木重康、

第四部長は前田利為とした。このあたりから「石川陸軍」とささやかれるようになった。

昭和十年八月の定期異動を前に、林銑十郎は長年の付き合いもあったから、真崎甚三郎教育総監にストレートに辞職を勧告した。その理由は、真崎はたびたび人事に介入し、派閥を作っているとの部内の声を考えてのことだった。真崎はこの勧告を拒否、参謀総長の閑院宮載仁を巻き込んだ大騒動となった。林を動かしているのは永田鉄山軍務局長だとなり、八月十二日に相沢三郎中佐による永田斬殺事件となる。この事件で林は陸相を辞任、専任の軍事参議官に下った。そして昭和十一年の二・二六事件となり、林ら七人の大将が道義上の責任を取って予備役に入った。

昭和十二年一月、寺内寿一陸相と議員の論戦から寺内陸相は議会解散を主張、閣内不統一で広田弘毅内閣は総辞職となった。そこで組閣の大命は宇垣一成に下った。すると参謀本部第一部長代理の石原莞爾を中心とする省部の中堅は、宇垣内閣阻止に動き、後継陸相を推挙しない構えを見せ、宇垣は組閣を断念して大命拝辞という事態となった。この時、組閣本部にいた石川県出身の林弥三吉は、陸軍を強く批判し物議を醸した。では、石原ら省部の中堅が首相に推したのがなんと林銑十郎だった。ロボットになって言いなりになる人だからということだったのだろう。もちろん西園寺公望の指名だといえばその通りだが、下克上といった陸軍部内の動きに乗ったのも事実だ。しかも反宇垣勢力は、これまたロボットになってくれる板垣征四郎を後任陸相にすえようと画策していた。後任陸相について三長官会議の決定は、石川県出身で教育総監部本部長の中村孝太郎となり、組閣本部が求めた板垣征四郎案は実現しなかった。ところが中村は陸相就任一週間で辞任してしまった。本人がチフスに罹ったとか、親戚に結核患者がいたとか、理由ははっきりとしない。まったく陸軍の混迷を象徴する出来事だった。林内閣も昭和十二年度予算が成立した直後、意味もなく衆議院を解散し、今なお「食い逃げ解散」と語られている。これでは内閣を維持することはできず、昭和十二年五月末に総辞職となった。これで「石川陸軍」も幕となった。同郷などといった本質意志によって集団を形成、維持できる時代ではなかったということだろう。

ちなみに加賀百万石ほどの大藩ではないが、伊予松山藩一五万石も旧藩主筋が先頭になって軍務に就いた。ここ松平家は反長州の中核で、そのため維新となって久松に改名させられている。その久松定謨は草創期から陸軍に入り、中将にまで進んでいる。この核があればこそ愛媛県は、騎兵の父といわれた秋山好古、共に陸相を務めた白川義則、川島義之の三大将を輩出させることができたといえる。

◆選択意志による「派」の形成と分裂

九州連合軍の薩肥閥が形成されたものの、九州は大分県を除いて一〇万石以上の大名は七家あった。未だ旧藩の意識が抜けない明治生まれの人の社会で、これを一本にまとめることは難しい。また、高度な機能集団である軍隊は、同郷だとか、九州人だとかいった本質意志だけでは、その組織を維持することはできない。どうしても思考によって基礎づけられた選択意志が求められ、それによる集団でなければ永続性は生まれない。

では、この薩肥閥はなにを選択意志として維持、強化を図ろうとしていたのか。九州は大陸に近く、早くから海外雄飛を志す人が多く、玄洋社や黒龍会は九州から生まれている。下駄履きのまま長崎から船に乗って上海に行き、そこの領事館を県庁と呼ぶ土地柄だ。海外で活動するとなると、日本人の団結を誇示する必要が生まれ、天皇絶対説に傾く。それだから天皇機関説排撃運動は、菊池武夫や蓑田胸喜ら九州出身者の間から火の手が上がったとしてよいだろう。薩肥閥の本流が皇道派に発展したのにも、そんな背景があった。

昭和二年八月から七年五月まで、上原勇作の後継者たる武藤信義が教育総監の座にあった。三長官の一角を占め、かつ安定した地位に薩肥閥の大御所がいることは大きな意味を持つ。しかも、武藤は宇都宮太郎の直系の情報屋だ。若い頃にはウラジオストクに潜入したり、ハルピン特務機関を育てた人でもわかるように、彼は対露（ソ）諜報のエキスパートだ。その筋で九州出身ではない荒木貞夫や小畑敏四郎らが武藤の膝下に入る。ここに職務、政策、理念といった選択意志を紐帯とする集団が形成される。

大正十年十月、ドイツのバーデンバーデンで会合を持った永田鉄山、小畑敏四郎、岡村寧次の三人は、長州閥が支配する陸軍の現状を憂え、そのあるべき姿を論じた。これが始まりとなり、昭和三年十一月に一夕会となる。広く知られているように、一夕会の申し合わせは次の三点だった。

一、陸軍の人事を刷新して、諸政策を強く進めること

林銑十郎

真崎甚三郎

一、満州問題の解決に重点を置き

一、荒木、真崎、林の三将軍を護り立てながら、正しい陸軍に建て直す

この趣旨に賛同したのは、陸士一四期から二五期までの約四〇人、すべて天保銭組のエリートだ。しかも幼年学校出身者がほとんどで、中学出身者のみの一九期は除外されているのだから徹底している。ここに中央官衙の中堅が明確な選択意志を持って連帯した。彼らが描いた将来の陸軍像は、まだ上原勇作が存命中だったから（昭和八年十一月没）、上原を親指とし、武藤信義が人差し指、そして荒木貞夫、真崎甚三郎、林銑十郎が加わって五本指、これで陸軍を掌握するということだった。

この三人の将軍の人選だが、後の展開を知れば疑問が残るところだが、当初は次のような理由があったのだろう。荒木貞夫は、陸大一九期の首席で知られていたが、連隊長は熊本の歩兵第二三連隊長と冷遇された。そして雄弁な精神家だから広告塔として適任者と見られた。真崎甚三郎は、大正九年八月に軍務局軍事課長の栄職に抜擢されたものの、陸相は田中義一、高級副官は松木直亮、軍務局長は菅野尚一と長州閥の巨頭に取り囲まれ、一年足らずで下番に追い込まれた。林銑十郎は前述したように海外で世話になった良き先輩だ。

一夕会とは理念や方法論が異なる桜会が発足したのは、昭和五年九月とされており、橋本欣五郎が主導した。国家改造が終局の目的とし、そのためには武力の行使も辞さないという危ない集団だ。この桜会が画策したのは、宇垣一成を首相に担ぐ三月事件、次は荒木貞夫を首相にしようとした十月事件だが、もちろん共に未遂に終わった。十月事件は本格的なクーデターであり、部隊を動かす必要があるため隊付将校も広くリクルートした。この天保銭組と無天組を一つの選択意志でまとめることは難しい。両事件が未遂に終わったことも大きな理由だが、すぐさま分裂し、中央官衙の幕僚は統制派や清軍派に流れ、取り残された形となった隊付将校は皇道派を形成したというのが、おおまかな構図だろう。

荒木貞夫

満州事変が始まり、昭和六年十二月に荒木貞夫が陸相に就任、翌七年一月に真崎甚三郎が閑院宮載仁総長の下で権限が強い大次長となった。教育総監は武藤信義のままだから、薩肥閥は実質的に中央三官衙を押さえたことになる。昭和七年の五・一五事件で武藤は引責辞任、後任は林銑十郎となった。これで一夕会の目的は達成されたのだが、すぐさま分裂が始まる。武藤は関東軍司令官の時、昭和八年二月に死去した。終生の現役大将の上原勇作も同年十一月に亡くなった。これで薩肥閥は重厚さを失い、軽率さばかりが目立つようになった。そのため軍の中堅層から見限られた。

この前後の昭和七年四月、永田鉄山は参謀本部第二部長（情報）、小畑敏四郎は同第三部長（運輸・通信）に就任した。一夕会の生みの親の二人だが、すぐに意見が対立した。共に主敵はソ連とするが、中国に関する意見で対立する。永田は戦略物資の問題からも、対中戦も覚悟しなければならないとする。たしかに湖北省の大冶鉱山からの鉄鉱石と河北省の開灤炭田からの強粘結炭を輸入できなくなれば、日本の製鉄業は窒息する。その一方、小畑は対ソ戦を第一義として、中国と事を構える余裕などないとする。一見、小畑の方が理性的と思われようが、中国の国権回復運動の高まりの中で満州に火を点けてしまったことを忘れているようにも思える。一夕会が提示したビジョンが達成されたかに見えたとたん、その分裂が始まったということになる。それは新たなビジョンが提起されなかったことによって、選択意志による集団の維持ができなかったということになろう。

また、この分裂の背景には真崎甚三郎と荒木貞夫に対する失望感があった。真崎が参謀次長となれば、積極路線になると期待されていたのだろう。ところが真崎は、歩兵第四六連隊の中隊長として日露戦争に出征、その体験を語りながら「戦争は怖いものだ、やってはならない」と述懐するのを常としていた。そういう考え方の人だから、参謀次長として満州事変を抑制するように動く。昭和七年六月に出された臨参命第二五号と臨命第九二号では、関東軍の任務は「満州主要各地の防衛と帝国臣民の保護」とし、西正面では「大興嶺の線以外の地域に軍隊を行動せしめんとする場合には予め参謀総長に連絡すべし」と念を押した。この徹底を求めるため、関東軍司令部を訪れた真崎次長が、石原莞爾に「あまりやり過ぎるな、ワシの白髪が増える」と語り掛けると、石原は「閣下の白髪が増えることは関係ない」と言い放ったという。真崎に対する中堅幕僚層の失望感がよく現われたエピソードだ。

昭和八年度の総予算は二三億三〇〇〇万円、うち陸軍費は四億四八〇〇万円、海軍費は四億三〇〇〇万円だった。大正三年度から昭和六年度まで常に海軍費が上回っていたのだから、荒木貞夫陸相は健闘したとはいえよう。しかし、その舞台裏では、陸軍費一〇〇〇万円を海軍の資材整備費に譲っていた。閣議の席において、岡田啓介海相と荒木陸相との折衝で決まったことだった。これは陸軍省、特に軍務局にとって心外なことだ。荒木にはなにか色気が生まれ、政治に迎合するとは何事かとなる。しかも岡田は予算成立後、陸軍省にお礼の挨拶に出向き、陸軍省の中堅の神経を逆なでした。

これに加えてもう一つ、陸軍省の心証を害したのは人事への介入だった。若い者に親切な真崎甚三郎はそれまでも人事に注文を付けていたが、昭和九年一月に教育総監となってからは目に付くようになった。人事局長の松浦淳六郎が福岡県人で人が良いからか、真崎は彼を代官町の教育総監部に呼び付けて人事にあれこれ注文を出した。いくら若い者への親切心だとはいっても、これは陸軍省への挑戦と受け止められても仕方がない。また、荒木貞夫も陸相として人事権を握っているとしても、師団が扱っている尉官の人事にまで朱筆を入れるとなると、人事局や参謀本部の庶務課も困惑する。

このような省部の動きと直接の関係がない隊付将校は、薩肥閥の流れの皇道派に止まる。しかし、中央官衙の中堅幕僚は荒木貞夫や真崎甚三郎、そしてそれを取り巻く人脈に愛想をつかして、残る林銑十郎を担いで新たな派を形成したのが統制派だろう。これも明確に組織化されたものではなかったようだ。そもそも、総力戦に備えた統制経済を主唱したからとか、部内の統制を強化しようとしたからとか、はたまた構成員の多くが統制課があった整備局育ちだったからとか、名称の由来そのものも定かではない。

さらには橋本欣五郎を中心とする桜会の残党、閑院宮載仁を戴く騎兵科の流れ、宇垣一成を支えた大物らが加わって清軍派なるものも現われた。このような内部分裂は、行き着くところまで行かないと決着せず、それが昭和十一年の二・二六事件だった。戒厳令は同年七月十八日に解除されたものの、民間側の判決が下された昭和十二年八月十四日、周知のようにその前の七月七日に盧溝橋事件、八月十三日に第二次上海事変となっており、部内の統一、国軍の一体化を図るどころの騒ぎではなくなっていた。結局、陸軍は分裂状態のまま大陸の泥沼にはまりこんでしまったということになるだろう。

第二章

幼年学校という存在

「成長期に出会った教官や教師たちを思い出すたびに、私は感謝と尊敬の念をおぼえる。幼年学校の教育は、もちろん軍事的に厳しく、簡潔なものだったが、その基礎にあるものは善意と正義であった」

カルルスルーエ幼年学校とリヒターフェルデ中央幼年学校を卒業した
ハインツ・グデーリアン上級大将の回想『電撃戦』

◆兵科将校の補充源

陸軍の将校は、兵科と各部とに大別されていた。昭和十五年九月、それまでの戦闘機能別の区分け、すなわち歩兵科、騎兵科、砲兵科、工兵科、輜重兵科、航空兵科、憲兵科が、憲兵科を残して撤廃され、兵種で区分された。しかし、兵科の意識が残り、これらを兵科将校としていた。これに対する各部は、時代によって変遷したが、昭和十九年八月からは、技術部、経理部（主計、建技）、衛生部（軍医、薬剤、歯科、衛生）、獣医部（獣医、獣医務）、法務部、軍楽部とに分かれていた。なお、軍医、薬剤、歯科、獣医、法務は将校のみで構成されていた。

昭和二十年八月、終戦の時点で、兵科将校は約二六万三〇〇〇人、各部将校は約八万四〇〇〇人、合計三四万七〇〇〇人で陸軍全体の五・四パーセントだった。兵科将校は数の上でも、また大将は兵科からのみとなっていたから、名実共に陸軍の根幹となっていた。では、この兵科将校をどのようにして採用し、補充していたのだろうか。

明治四年十二月に創設され、三十一年十一月に廃止された下士官養成を目的とした教導団も兵科将校の補充源だった。ここを優秀な成績で卒業すると、すぐに少尉任官という場合もあり、また下士官に任官してから陸軍士官学校に入る人も多かった。田中義一、山梨半造、鈴木荘六、白川義則、これ皆、教導団出身の大将だ。ひと癖ある人達だったが、苦労人で味のあるひとかどの人物であることは認めざるをえない。

徴兵で入営し、二等卒から叩き上げて特務曹長にまで進み、特に優秀と認められた者に将校適任証書を与えて少尉に任官させる特別進級制度があった。特別進級ということから、「特士」と任用区分をしていた。この制度は日露戦争の前後から、戦時に適用されるもので、平時はごく限られた場合だけとされていた。それでも昭和十年頃、「特士」の将校が各歩兵連隊に五人ほどおり、部隊の生き字引とされていた。

大正六年、准士官（特務曹長）に対する優遇措置として、特別進級制度に代わる准尉候補者制度が設けられた。部隊の推薦を受けた特務曹長が陸士の一年コースに入り、修了後は少尉と同等で、肩章は座金付の星一つの准尉に任官する。この制度が発展し、大正九年から少尉候補生制度となる。准士官、曹長、航空兵科は軍曹が志願によって受験し、合格者は陸士己種学生として陸士の一年コースを履修し、少尉任官となる。これは「少候」と区分されていた。

少候一期は大正十年十一月に卒業、最後の二六期は昭和二十年七月に卒業、合計一万二〇〇〇人だった。部隊勤務に明け暮れ、軍隊の裏も表も知り尽くしている少候出身者が優秀でないはずがない。ところが正規の士官候補生にこだわる陸軍中央部は、これを冷たく扱う。

進級は士官候補生出身よりも三年遅れ、しかも長らく中隊長に補職しなかった。昭和十二年度から、平時一七個師団から二七個師団へ、戦時四一個師団とする一号軍備が始まり、少候出身者を中隊長に充てることとなったが、これが大好評を博した。支那事変が始まると少佐の大隊長が不足したため、少候出身者を登用するとこれまた絶賛された。

　大東亜戦争でも少候出身者の善戦健闘は、特筆すべきものがあった。ビルマと中国の国境部、援蒋ルート上の拉孟を一二〇日間も固守した野砲兵第五六連隊第三大隊長の金光恵次郎少佐は少候七期だ。最後の決戦となった沖縄戦で善戦した第六二師団の独立歩兵大隊長八人のうち二人が少候出身だった。特に前田高地で善戦した独立歩兵第二三大隊長の山本重一少佐は少候一一期だ。沖縄の第三二軍の部隊感状第一号を受けた輜重兵第二四連隊は、六人の少候出身者が支えていたといっても過言ではない。

　このような戦場での実績を見れば、連隊長にも少候出身者をという声が上がる。ところが

勇戦した少候出身

拉孟を固守した金光恵次郎

沖縄戦で勇戦した山本重一

制度的に進級を遅らせていたため、終戦時になっても少候出身の先任者は中佐で、大佐はいなかった。しかし、一階級下でも補職は可能ということで、終戦時には数人の少候出身の歩兵連隊長が生まれた。せっかくの制度なのだから、これを最初から活用すれば、応召の老大佐が独立歩兵大隊長を務めたり、軍司令官と同期の大隊長、連隊長という奇妙なことにはならなかったはずだし、戦力発揮もより容易になったことだろう。

最も多くの兵科将校を生み出したのは、明治十六年からの一年志願兵制度、それを引き継いだ昭和二年からの幹部候補生制度だった。明治十六年までは、中学卒業以上の学歴の者は甲種合格でも入営しないのが一般的だった。これは国民皆兵の趣旨に沿わないとされ、甲種合格した者は原則、一律入営となった。とは言うものの、受け入れ態勢が整っていないため、甲種合格者にくじ引きをさせて、その半数程度を入営させていたのが実情だった。中学卒業以上の学歴の者は、食費や衣服費を納金して志願すれば、在営三年もしくは二年のところ一年となり、服務終了後の試験に合格すれば予備将校、不合格ならば予備下士官となる。戦時もしくは事変に際して召集されれば、少尉、伍長だ。

時代にもよるが、一年志願をする場合、国庫への納金額は二四〇円にもなり、この制度は有産階級を優遇するものだという批判があった。また、大正十四年から始まった学校教練の制度との関係もあり、徴兵令が兵役法に改編された昭和二年に一年志願制は廃止された。これに代わるものが陸軍補充令による幹部候補生の制度となる。当初の制度は中学もしくは青年訓練所（のちの青年学校）での軍事教練の検定に合格していることが志願資格としていたほかは、ほぼ一年志願制と同じだった。これが昭和八年に改定され、納金制が廃止された。また、幹部候補生を甲種と乙種に分け、前者は将校要員、後者は下士官要員、「甲幹」「乙幹」と略称されていた。

この制度によると、徴兵検査で甲種合格となって入営した者は、一律三ヵ月の前期教育を受け、その検閲後に資格がある者が志願して甲幹となると一等兵、それから三ヵ月の教育、その後は二ヵ月毎に進級して退営時には軍曹になっている。これで予備幹部候補生となり、翌々年に見習士官として一ヵ月から二ヵ月勤務して予備少尉となる。平時の最後となった昭和十一年度で甲幹が約三五〇〇人、乙幹が約二〇〇〇人だった。

甲種幹部候補生の教育は、部隊毎に行なっていた。ところが時代を追うに従って高学歴の者が多くなり、また支那事変が始まると将校の補充に迫られたため、集合教育をすることとなった。そこで昭和十三年九月に陸軍予備士官学校が設けられた。終戦時、予備士官学校は、津山（熊本から移転）、久留米の第一と第二、仙台、豊橋、習志野、前橋（盛岡から移転）の七校だった。これでも足らず、各部隊で甲種幹部候補生隊を設けていた。この予備士官学校の制度によると、入営から六ヵ月は部隊、次の一年は予備士官学校、そして原隊に復帰して六ヵ月の見習士官勤務、この二年で満期除隊だが、実際には即日召集となった。

戦局が逼迫すると将校の短期育成が求められ、高等専門学校や大学の在校生を対象とする特別幹部候補生制度が昭和十九年五月から始まった。この制度によると、採用と同時に伍長に任官、予備士官学校で一年、短期間の見習士官勤務を経て予備少尉に任官となる。甲幹よりも教育期間を一年短縮する制度だ。この特幹第一期生は昭和二十年八月に任官、在校生も含めて採用数は二万人とされる。

現役将校の補充源としては、昭和八年から始まった特別志願将校の制度がある。甲幹、在郷の予備少尉、中尉が応募の資格があり、採用されると二年毎に服務を更改、希望すれば一年単位で期間を延長できた。これは「特志」と区分され、応召の予備役将校と同等に扱われ、将校団の一員に加えられた。昭和十四年、この特志の制度が発展し、現役将校を希望して採用された者は、陸士の丁種学生として入校、一年履修して現役の少尉任官となる。この丁種学生の一期は、正規陸士五五期と同じく昭和十六年七月に卒業、五五期「准」と区分していた。この課程は四期続き、五〇〇人の現役将校を生み出している。

昭和十二年から続いた大動員の結果、終戦時には兵科の尉官は二〇万五〇〇〇人にも上った。その八五パーセントが応召の予備役将校と予備将校だった。現役の尉官は三万一〇〇〇人となり、これは正規な士官候補生出身、少候、特志の混成となる。一般の会社でたとえるならば、士官候補生出身は本社採用の正社員、少候と特志は支社採用の正社員、甲幹は派遣社員かパートタイマーといったところになるだろう。終戦時、陸士二五期から昭和二十年六月に卒業した五八期がほぼ全員現役にあり、中将から少尉まで概数二万五〇〇〇人でこれが軍の中核となっていた。

平時においては、陸士で学んだ正規の士官候補生でなければ大隊長にもなれなかったのだから、陸士閥という言葉すら生まれないほど圧倒的な存在だった。それにしても、幹部社員は会長、社長から新入社員までが同窓生とは薄気味悪い集団だ。それほどまでの純血集団でないと、国軍の「軀幹」を形成できないという意識だったのだろう。しかし、よく観察すれば陸士で教育を受ける士官候補生も雑種で、その出自は四つに分けられる。それは募集要項の年齢制限ですぐわかる。すなわち、現役下士官よりの志望者は二六歳未満、幹部候補生（甲幹、乙幹）・操縦候補生・現役兵よりの志望者は二五歳未満、陸軍部外よりの志望者（中学四年修了者主体）は一六歳以上二〇歳未満となっていた。これに幼年学校出身者が加わって四つとなる。

陸軍士官学校の卒業生は、明治十年十月卒業の旧一期（士官生徒制、少尉任官まで部隊勤務なし）から、終戦時に在校していた者を含めて合計五万一〇〇〇人といわれる。一方、幼年学校の卒業生は、明治七年四月卒業から終戦時に在校していた者を含めて一万九〇〇〇人だった。部内からの陸士入校者はごく限られていたから、人数的には中学修了者が主力となる。また、幼年学校が六校に拡充され、その一期の卒業生は二八三人、この期は陸士一五期に入り、この卒業生は七〇八人だったから、その四〇パーセントが幼年学校出身者で、おおよそこの比率で推移していた。

ところが昭和に入って軍縮期となり、陸士の採用数が激減すると、幼年学校出身者の占める割合が高まる。幼年学校が六校体制だった最後は、陸幼二三期で二九一人卒業、この期が入った陸士三八期は三四〇人卒業だから八六パーセントを幼年学校出身者が占めていたことになる。部内における勢力の一つの指標は、大将を何人生んだかがある。陸軍大将は一三四人、草創期が三八人、士官生徒制が二六人、士官候補生制が七〇人だった。このうち幼年学校出身は四五人、幼年学校が六校制になってからの陸軍大将は三〇人、うち幼年学校出身は二一人だった。よくぞこれで幼年学校閥と語られなかったものだ。

◆幼年学校の目的と沿革

明治二年五月に創設された横浜語学所にフランス語の専修課程が設けられた。翌年五月、横浜語学所は兵学寮に吸収され、フランス語の専修課程を主体として幼年学舎と呼ばれるようになったが、これが幼年学校の始まりとされる。この制度はヨーロッパの軍事先進国の模倣で、目的とするところは、まず軍人の遺児の育英にあった。それは国家に対して責任感がある階層の維持、育成も意味する。日本の場合は天皇を囲む藩屏の確立、強化と言い換えられる。また日本の場合、軍事先進国のフランス、ドイツに学ぶ必要があるため、その言葉を早く修得させるという必要性もあった。さらに海軍より早く優秀な人材を押さえるという切実な問題もあり、昭和十一年から十四年にかけて各地の幼年学校が復活した理由の一つはこれだった。

明治五年五月に幼年学舎が幼年学校となるものの、十年一月に廃止され、生徒は士官学校幼年生徒と呼ばれることになった。この一期が卒業したのは明治十年五月、これが陸士旧三期に入り、上原勇作、内山小二郎、柴五郎らとなる。さらに明治二十年六月、士官学校から分離、独立することとなり、三年課程の陸軍幼年学校に改組された。この最初は身分を繰り上げる形で明治十九年八月卒業、同月に陸士旧一一期に入校という形としたが、奈良武次がこの一人となる。

明治二十九年五月、陸軍幼年学校は修業三年の地方幼年学校と修業二年の中央幼年学校とに分割された。地方幼年学校は、旧六鎮台があった東京、仙台、名古屋、大阪、広島、熊本に置かれ、東京幼年は明治三十九年七月卒業の陸幼七期から中央幼年予科と呼ばれた。中央幼年学校と東京幼年は、牛込区市ケ谷（現防衛省）に置かれ、大正十年に牛込区戸山町に移転している。大正九年八月の改正で中央幼年学校は士官学校予科となり、各幼年学校の校名から「地方」がなくなった。この制度の最初は、陸幼二一期、陸士三六期だった。

地方幼年学校は、各校一期五〇人が定員だった。幼年学校の応募資格は、一三歳以上、一五歳未満で二回まで受験できる。学歴による受験資格はなく、中学二年一学期修了程度の学力を基準とする競争試験だった。陸士の試験も同じだが、これに合格して入校すれば自動的に軍籍に入るので「徴募試験」と呼ばれていた。前述したように、幼年学校の目的の一つに軍人の遺児の育英があるため、該当する受験者は一定の成績ならば順位に関わらず合格させていた。また、数理の能力が重視され、数学が満点ならば、ほかが一定の基準に達していれば優先して採用された。競争率は時代にもよるが、二〇倍前後で推移しており、地方の中学のトップクラスでもなかなか突破できず、多くの合格者を出した山口中学、東京の府立三中、高知の海南中学などでも、年に四～五人で上出来とされるほどの難関校だった。

陸軍士官学校は衣食住まで官費で、理髪代や日曜下宿代などごく限られた小遣いの仕送りが認められていた。ところが幼年学校は、時代にもよるが毎月一二円の学費納入金が必要だった。また、毎月二円五〇銭の小遣いの仕送りが認められ、学校が管理して日曜などの外出時に一回五〇銭までが手渡されていた。もちろん建学の趣旨に沿って、軍人の遺児は学費全額免除、経済的に恵まれない尉官の子弟は半額免除となっていたが、この特典を受ける生徒はごく限られていた。なぜ幼年学校は学費納入を原則としていたかだが、貴族的な考え方によるもので、将校は衣食住すべて自前ということを最初から学ばせようということだった。また、それだけ充実した教育だとの自信があったからだろう。

今日に至るまで、日本で最も整備された教育機関は幼年学校だった。地方幼年学校は生徒一五〇人を抱えていたが、その経費は学生六〇〇人の旧制高校とほぼ同額だったとされる。大正十一年から昭和三年に五校が一時廃止になるまで、時代にもよるが大佐の校長の下、三学年を統括する高級生徒監、各学年を担任する生徒監と下士官の助教二人、本部には副官、主計、軍医、看護長、計手、属官、雇員がいる。教頭の下に文官教官がおり、これは一般中学とほぼ同じ陣容だった。生徒一人に教職員二人が付いて教育、訓育、世話をしていたことになり、行き届いた教育環境だった。

小学校を出たばかりの少年を帝国陸軍軍人の鋳型に流し込むのだから、さぞや凄まじい教育、訓育が行なわれていたように思われがちだ。ところが実情はまったく違って、旧制中学と同じといってよいものだった。大正時代、一週間当たりの教育時間は、幼年学校で三七時間三〇分、一般中学で三一時間三〇分だった。幼年学校では全員が学校敷地内で起居しているから、通学時間は必要ないし、一般中学には課外の部活動があるから、ほとんど教育時間には差がない。

　軍人の卵を養成するのだから、体操、教練、武道は徹底してやったと思われようが、これまた勘違いだ。幼年学校では、これらに週八時間四〇分充てていた。さすがと思うが、その実態は午後に毎日一時間ほどで、あとは遊戯時間とされて各人思い思いに体を動かし、なかには大の字になって昼寝をする者もいたという。大正十四年から中学以上で学校教練が始まると、幼年学校でもこれを行なうべきかどうか議論となったが、あんな中途半端なことをしても意味がないと見送られたともいう。それまでも、三学年だけに軽い模擬銃を担がせただけで、本格的な執銃教練や実弾射撃とは縁がなかった。

　これら術科に対する学科は充実していた。幼年学校の存在意義の一つ、一般の中学ではほとんど行なわれていないドイツ語、フランス語、一部でロシア語のいずれかの教育に充てられる時間は、週六時間二〇分、全体の一七パーセントで最長だった。次が数学の五時間二〇分で全体の一四パーセント、これに物理、化学を加えると全体の二四パーセントになる。すなわち幼年学校の教育とは、理数系を重視し、それに外国語を加えたものとなるだろう。

　全国から神童を集めて最高の教育環境だったのだから当然にしろ、幼年学校の生徒は異能の集団だった。知能検査でよく行なわれたクレペリン・テストで回答用紙が足りなくなることは珍しいが、幼年学校ではよくあることだった。知能指数と数理の才能は別ものだろうが、それでも天才じみた人を幼年学校は輩出している。熊本幼年四期の石井善七は、員外学生

（砲工学校の定員外の学生）として東京帝大物理学科に派遣された。その三年間の成績だが、なんと全試験が満点で長い東大の歴史でも空前の出来事とされている。語学も天才を生んだ。大阪幼年二一期の島村矩康は陸士予科の時、モーパッサンの短編小説の一編を完璧な発音で暗唱し、フランス人の教官を「フランス人でもこんな人はいない」と驚嘆させたという。では、幼年学校では徹底した英才教育を行なっていたかと思えば、実はそうでもなく、むしろ情操教育を重視した。早くから高価な舶来物のピアノを備えて、音楽教育も行なわれた。主要各国の国歌を原語で歌えるようにしていたとは、グローバルな教育の先取りでもある。簡素なものにしろ、植物園や天文台まであったのだから、なんとも贅沢な学校だった。

もちろん軍人を養成する学校だから、軍人精神の涵養は重視されたが、それは型にはまった武骨なものではなかった。早朝に軍人勅諭を奉読するようになったのは満州事変後、日本全体に軍国主義が広まってからのことだった。それまでは校長以下、学校職員が活模範となり、いわゆる背中を見せての感化が重視されていた。そしてその目指すところは、「帝国軍隊の気は幼年学校に淵源」であり、「ここは精神の向上教育をするところ」だった。また、誉めて育てるのも基本で、「君らは軀幹中の軀幹だ」、「将来、国軍を担うのは君らだ」、だから頑張れとやっていたという。こういう教育を受ければ自ずとエリート意識が根付くものだ。

◆Dコロ対Pコロという構図

幼年学校の出身者は、「細くともなどで劣らんカデの意気、五年の教えを受けし身なれば」との気概をもって陸士に進む。この「カデ」とはＫＤ、ドイツ語のKadett＝幼年学校生徒の略だ。最高の教育を受けたという自負と誇りをこの言葉に込めたのだろう。また、中学修了者よりメンコの数が五年も違うのだという優越感も秘められている（メンコは明治時代、主食は木製の食器、「面桶」に盛られて配られたことから「メントウ」が「メンコ」になまった。転じて在営日数）。

なにかにつけて「カデ」を連発する連中を見て中学修了者は、アクセントのＤに軽い揶揄の気持ちを込めて「Ｄコロ」と呼ぶようになった。するとこれを蔑称と受け止めた幼年学校出身者は、相手を「Ｐコロ」と言い出した。「Ｐ」とはドイツ語のPlatpatrone＝空包の頭文字だ。幼年学校出身の自分達は実包＝Scharfepatrone、中学出の者は音だけの空包と見下しているわけだ。

では、ＤコロとＰコロの間でどういうことが起きたのかだが、はっきりとしたことは伝えられていない。これに関する回想では、「Ｄコロ、Ｐコロともめた時代もあったそうだが、自分達の頃はそんなことはなかった」とか、「そう言えば、そんなこともあったが、少尉に任官して少し経てばそんな意識は消えていた」という話に止まる。ＤコロとＰコロが最初に接触する場は、兵科将校の養成制度によって異なるから、常に面白くない関係があったわけではない。

明治八年二月、兵学寮幼年学校生徒と陸軍幼年学校生徒合わせて七六人が卒業して、士官生徒制度の陸士旧一期に入校するが、旧一期の入校生は一六〇人だった。士官生徒制は旧一一期までだが、士官学校幼年生徒から幼年学校生徒に切り替わった最初が明治十九年八月卒業だが、この期は陸士旧一一期に進んでいる。旧一一期は一九〇人入校で幼年学校出身は四七人だった。旧一期は嘉永から安政の生まれ、旧一一期は明治元年生まれが主力、しかもほぼ全員が士族だった。軍人の卵という意識よりも、侍でありたいという気持ちが先行していたはずだ。しかも学制が確立していないので出自もまちまち、それがワンクッションなく陸士で合流したのだから問題も生じる。刃物を振るっての立ち回りも珍しくなかったはずで、それを問題にする時代でもなかった。

明治二十年六月、それまでのフランス式の士官生徒制度がドイツ式の士官候補生制度に切り替わった。新しい制度によると、幼年学校出身、中学出身を問わず一律、隊付士官候補生として部隊勤務から始まり、それから士官学校入校となった。さらに明治二十九年五月、幼年学校は中央幼年学校と地方幼年学校に分離されるが、その制度の下での履修期間は次のようになっていた。幼年学校出身者は、地方幼年学校三年、中央幼年学校一年八ヵ月、隊付六ヵ月、陸士一年七ヵ月となる。中学出身者は、隊付一年、陸士一年七ヵ月となる。この制度は陸士一五期以降となる。中学出身者は六ヵ月早く隊付になっているから、そこで軍隊生活を学び、幼年学校出身者と平準化が図られ、以降、同一コースを歩む。六ヵ月間、小人数で共に部隊勤務するというワンクッションを置くから、「Ｄコロだ、Ｐコロだ」という対抗意識は解消されることが期待できる。大東亜戦争中の高級将校はこの制度で育成されたのだから、ＤコロとＰコロの対立構図はなかったと回想するのだろう。

大正九年八月、中央幼年学校は陸軍士官学校予科に改組された。まず、中央幼年学校在校中の陸幼二一期生（陸士三六期）を予科に編入して始まり、陸士三七期から正規にスタートしている。この制度によると、幼年学校出身者と中学出身者は一律、四月に陸士予科に入校して二年修業、士官候補生として六ヵ月隊付、本科に入って一年一〇ヵ月修業、七月に卒業して隊付見習士官、十月に少尉任官となる。基本的にはこの制度のまま終戦を迎えるが、昭和十二年八月に士官学校予科は予科士官学校に、本科は単に士官学校に改称され、また修業期間も変遷を重ねている。

　このように明治二十年の士官生徒制の時代と同じく、ワンクッションを置かずに最初から幼年学校出身者と中学出身者が一緒に陸士で修業することとなった。こうなるとＤコロ対Ｐコロという構図になりかねない。しかし、大正十一年三月に大阪幼年が廃止されたのを皮切りに、昭和三年三月までに幼年学校は東京一校の五〇人となり、加えて昭和一ケタの頃は陸士の採用数も二〇〇人台に低迷していたから、仲間うちでのごたごたもなかったようだ。また、昭和十一年四月に広島幼年が復校し、十四年までに幼年学校六校に戻り、しかも各校一学年一五〇人と増員された。同時に士官学校も昭和十六年からの採用人数は二〇〇〇人を超え、戦時急造の時代となり、Ｄコロ、Ｐコロも懐かしい言葉になったが、この違いは常に意識され続けていた。

　幼年学校出身者は軍人精神にこり固まって蛮勇を振るい、中学出身者はオドオドとこれに付いて行ったという構図で見られているようだ。幼年学校出身者が中央官衙の要職を占めたからこうも語られたのだろうが、Dコロが驚くほど乱暴なPコロがいたことも事実だ。幼年学校が六校に拡充される前だが、陸士一三期では、温厚で知られる中村孝太郎と林桂は幼年学校出身だった。その一方、人を食った物言いで知られた建川美次は新潟中学、革新的な教育を推し進めた筒井正雄は愛知二中の出身だった。陸士一八期では、支那屋ながら対中強硬姿勢を隠そうともせず、自らを「喧嘩到一」と称していた佐々木到一は広島一中の出身、同じく支那屋で軍内革新運動の黒幕とされた重藤千秋は豊津中学の出身だった。

武力行使も辞さないという過激な桜会は、橋本欣五郎、長勇、馬奈木敬信ら熊本幼年出身者が中核となり、Dコロが主体だった。それでもかなりの数の中学出身者も関わっている。陸士二六期の影佐禎昭は市岡中学、三〇期の今井武夫は長野中学、三二期の小原重孝は札幌一中の出身だ。破壊的な桜会をどうにかして建設的な方向に転じさせようという勢力もあり、だから昭和六年の十月事件に際して、影佐は根本博、藤塚止戈夫と連れ立って参謀本部第二課長の今村均に自首したということになっている。しかし、司直の手が入って真相が究明されなかったのだから、はっきりしたことは不明だ。Dコロ、Pコロ揃って怪気炎を上げていたというのが本当のところだろう。

陸士二九期では、よく知られた例があった。昭和十三年三月、国会で国家総動員法の審議中、議員の執拗な質問に苛立った政府委員で軍務局の軍務課国内班長の佐藤賢了は「黙れ！」と怒号した。普通ならば失言取り消しとなるところだが、佐藤は「黙れ、長吉とやるつもりだったが、長吉は勘弁してやった」と意気軒高。この議員は宮脇長吉で陸士一五期の予備役大佐だった。佐藤は金沢一中出身、中学出は先輩に対する礼を知らないと部内からも叩かれた。昭和十四年五月からのノモンハン事件で独断専行を重ねた関東軍第一課長の寺田雅雄は小浜中学の出身だ。服部卓四郎と辻政信という幼年学校出身の俊英を引き連れての独走だったから注目された。

◆後ろ盾のない中学出身者の悲哀

中央幼年学校と地方幼年学校六校がそろっていた時代、陸士の期では一五期から三五期までとなるが、この間は幼年学校出身者が陸軍をリードしていた（一九期は日露戦争中の臨時募集で一部の延期生を除いて中学出身者のみ）。恵まれた環境における五年の修業は伊達ではないということだ。それでも田舎の秀才、神童と言われても東京に出て来て二〇歳過ぎればただの人というケースも多い。また、頭は切れるが暗記に弱かったり、語学が不得手という

勇ましい中学出身

桜会でも知られた影佐禎昭

国会での暴言で知られる佐藤賢了

人もいる。このようなタイプは、早々に競争から身を引いて頭から下でご奉公と覚悟する。その結果、士官学校のトップとボトムにDコロが位置し、中間を占めるのがPコロとなるのが常だったとされる。

幼年学校出身者の強みは、軍事先進国のフランス、ドイツ、そして一部が仮想敵国のロシアの言葉を学んでいることにある。この点、英語を学んだ中学出身者は太刀打ちできない。この語学の問題が陸軍大学校の合格率や成績に影響する。陸大で卒業成績一二番ほどだと海外駐在の特典がある。中学出身者は語学の関係からイギリス、インド、アメリカに行くケースが多いが、陸軍としては関心が薄かった地域だから、注目されることもなく才能が埋もれかねない。そんなことが重なると、中央官衙の要職は幼年学校出身者が占めるという結果になる。そこで、「幼年学校のドイツ語班の連中が国を滅ぼした」と語られることとなった。

誰もが望む中央官衙の要職といえば、参謀本部作戦課長（第二課長、昭和十一年六月から十二年十一月まで第三課長）だろう。とにかく全軍の作戦計画を描くのだから、一度はやって見たいとなるのは当然だ。参謀本部が部課制になった明治四十一年十二月から昭和二十年の敗戦まで、作戦課長は二五人（再任、兼務を除く）、うち二人が教導団出身、中学出身は五人、幼年学校出身は一八人だった。前述した陸士一五期以降となると、中学出身者はただの一人、あとはすべて幼年学校出身者だった。そのただの一人とは陸士一九期の今村均だ。昭和六年八月の定期異動で軍務局徴募課長から第二課長に回った今村は、すぐに満州事変に遭遇して酷い目に遭っている。

昭和六年六月に策定された「満州問題解決方策大綱」については、武力発動を含めて今村均も同意していた。ただ、あくまでも中央の統制の下に事を進めるべきと考えていた。ソ連との武力紛争の可能性がある以上、第二課長の今村としては慎重になるのは当然だ。そしてすぐに関東軍は、独断専行して満州事変となる。今村は少尉時代から板垣征四郎と付き合いがあり、石原莞爾とも自宅を訪ね合う仲だったから、関東軍を中央の統制下に引き戻す自信があったのだろう。ところがそうにはならないばかりか、足元の第二課が揺らぎだす。当時、第二課の部員は一〇人、陸士三一期の有末次のほかは皆、幼年学校出身者だった。その中には陸大教官や関東軍参謀と連絡を取り合い、今村課長の更迭を画策した者もいた。

満州の戦火は上海に飛び火し、昭和七年一月二十八日から海軍陸戦隊は中国軍と交戦状態となった。兵力に限りがある海軍は、即時派兵を願うと陸軍に泣きついた。それまで海軍は、満州事変に反対し続け、一切の協力を拒否していたから、この申し出に陸軍は強く反発した。しかし、第二課長の今村均は居留民保護のため、派兵に応じるよう部内を説得した。その結果、二月五日発令の臨参命第一四号によって第九師団、第一二師団で編成した混成旅団が上海に派遣されることとなった。

上海派遣部隊の乗船が始まった頃、突然、駐米武官に転出という人事内示が今村均に伝えられた。これはまったく異例なことだ。第二課長在任わずか半年もさることながら、満州事変は依然として解決していないし、上海戦線がどう動くかまったくわからない。作戦継続中に中枢部の実務責任者を交代させることは極力控えるものだ。まして重大な失策がないとな

中学出身のため孤立無援となった参謀本部第２課長の今村均

ればなおさらだ。しかも後任の第二課長は、三期も戻った一六期の小畑敏四郎の返り咲きとは理解に苦しむ。駐米武官の内示を受けた今村は、上海作戦を立案した責任上、上海に行かせてくれと強く希望し、参謀本部付で上海派遣軍の増加参謀ということに落ち着いて出征することとなった。

満州事変の当初から、積極派からは「今村均第二課長は消極的だ。満蒙問題の解決を望んでいないのか」と批判され、もう一方からは「関東軍を抑えられないのか」と批判されていた。今村課長は、大局を見つつ国策に則っているのだが、戦争だと頭に血が上っている手合いには理解されない。

さらには個人攻撃に発展する。「石橋の均さん」（石橋を叩いても渡らない人の意）はユーモアと理解すれば済むだろうが、神経過敏とかすぐむきになる、細かいことでも部下に任せない、短気者、上原勇作の元帥副官をしただけあって頑固者となると、これは批評ではなく誹謗中傷だ。

このような部内の声が重なって、異例な更迭人事となったのだろう。これ以降、今村均は兵務局長、教育総監部本部長と中央に復帰かと思われたこともあったが、結局は外回りに終始し、ラバウルの孤将として終戦を迎えることとなった。これが陸大二七期の首席を遇する道かと絶句するが、どうしてこうなったのかと突き詰めて行けば、今村は幼年学校出身者のいない陸士一九期だったからだとなる。もし彼がＤコロの一員だったならば、上司の庇護と部下の支えがあり、さらには左右からの掩護射撃が望め、作戦中に罷免まがいのことにはならなかったはずだ。

陸士一九期生は程度の差こそあれ、今村均のような悲哀をなめている。この期は日露戦争における少尉の大量損耗に驚愕した当局が、その補充のため臨時募集したものだ。旅順開城の直後に募集、奉天会戦後の明治三十八年四月に試験、陸士入校は同年十二月で採用人数は一二〇〇人という大きな期だ。その多くは高校進学を志していた者で、国家の危急を見て方向転換した真の愛国者だった。ところが日露戦争が終われば、臨時採用の寄せ集めとしか見られない。この人数の多い期を早く整理しなければ、人事が回らないと厄介者扱いされる始末だった。

陸大恩賜をものにした一九期生には、今村均のほかに田中静壱、河辺正三、本間雅晴がいる。田中は大将にはなったものの、少将、中将の頃に憲兵畑で回り道をさせられた。河辺は順調な大将街道を歩んだかのように見られるが、ビルマ方面軍司令官当時の不手際を指摘され続けた。本間は第一四軍司令官としてフィリピン攻略に当たり、落第点を付けられて予備役に追いやられた。もし、本間が幼年学校に進んでいれば、即召集で再び軍司令官となり、雪辱の機会が与えられたことだろう。英語が達者な人を追いやっておいて、米軍と戦うという構図はどうにも理解できないし、それも幼年学校出身かどうかで区分けしていたとなると不思議な話だ。

陸士34期の三羽烏

参謀本部第2課長を二度
務めた服部卓四郎

陸軍省軍事課一筋の西浦進

◆人事を押さえたDコロ

陸軍省の筆頭課長は、軍務局の軍事課長だ。参謀本部第二課は軍事機密の壁に守られ、モンロー主義に徹することができる。ところが軍事課はほとんど公開される予算を扱い、かつ出し渋るから人の恨みを買いがちで風当たりも強い。ところが、ここも幼年学校出身者で固めて、手だしできない雰囲気となっていた。昭和に入ってから終戦まで軍事課長は一四人を数えるが、全員幼年学校出身者だった。軍事課には高級課員、編制班長、予算班長がいるが、昭和期には重複を除いて合計三一人、そのうち中学出身者は二人に止まる。

この牙城に立てこもり、軍事課勤務一筋という人も現われる。西浦進がその典型的な例だ。彼は陸大卒業後の昭和六年九月に予算班の勤務将校となり、十二年八月から十四年三月まで予算班長、続いて十六年十月まで高級課員、十七年四月から十九年十二月まで軍事課長と突き進んだ。支那事変が始まってすぐの昭和十二年九月、臨時軍事費特別会計となり、予算の配分にそう苦労もなくなったので、軍事課勤務が続けられたのだろうし、能吏好みの東條英機の眼鏡に適ったという背景もあった。

そうだとしても、西浦進は大阪幼年出身だったことがポイントだ。長らく補任課長、人事局長を務めた陸士三一期の岡田重一は、大阪幼年の先輩だ。西浦ほどの秀才ならば、岡田をあてにすることはなかっただろうが、心強い後ろ盾には違いない。そして陸士三四期の三羽烏と言われた陸大四二期の恩賜三人組だが、西浦、名古屋幼年の堀場一雄、仙台幼年の服部卓四郎の繋がりは強力だ。加えて東條英機子飼いの赤松貞雄も陸士三四期で仙台幼年出身だった。このそれぞれの幼年学校のつながりをもって三羽烏を盛り立てるのだから、無敵の存在となる。前述した今村均にはこれがなかった。

陸士34期の三羽烏

学究肌で知られた堀場一雄

もちろん、人事当局者はＤコロとかＰコロとかは眼中になく、陸士の期別で人事管理し、公平無私な適材適所の人事を行なっていたと胸を張るだろう。しかし、人事の慣例からしても個人的な感情が入りがちだった。前任者は後任者の人選に意見を述べることができ、業務の継続性からこれが尊重されていた。適任の後任者が何人かリストアップされた場合、気心が知れた者を選ぶのが人情だ。幼年学校出身者ならば、どうしてもＰ

コロよりもDコロを選ぶだろう。例えば山下奉文の後任の軍事課長は、参謀本部第一部育ちで第一課長の橋本群となった。山下が後任に橋本を推薦したかどうかは判然としないが、畑違いの橋本が軍事課長となったのには、彼は山下の広島幼年の後輩だからとすれば、話の筋は通る。

そもそも、人事を扱う中央官衙の部局は幼年学校出身者で固めていた。昭和に入ってからの陸軍省人事局長は一二人、うち中学出身者は陸士一〇期の川島義之ただ一人だった。主に佐官の人事を扱う補任課長は昭和に入ってから一一人、全員が幼年学校出身だった。参謀の人事を扱う参謀本部庶務課長は、昭和期で一二人だが、陸士一二期の牛島貞雄は教導団出身、ほか全員が幼年学校出身となる。

補任課は参謀本部第二課よりも閉鎖的で、課長以下全員、幼年学校出身の歩兵科の者とするのが不文律だった。なぜ幼年学校出身者だけにするかと問えば、中学出身者は人事に不可欠な秘密厳守が守られないからだと説明されていた。幼年学校出身者は中学出身者より三年、五年と多く軍人精神が叩き込まれているし、先輩、後輩の相互監視が行き届いているから秘密が保たれるというのだろう。これは一方的な幼年学校出身者の思い込みであり、かつ中学出身者を見下す姿勢の現われだ。また、歩兵科に限るというのは、騎兵、砲兵、工兵、輜重兵のいわゆる特科には、教育総監部にそれぞれ「監」がおり、そこにも人事に関する発言力があるが、歩兵科には「監」がいないから、その代わり補任課は歩兵科だけにするという言い分だ。これは「我こそ軍の主兵」という歩兵科の思い上がりの結果でもあった。

陸大恩賜で補任課に回った2人

沖縄戦の高級参謀八原博通

「孫子」の研究で知られる
岡村誠之

このような補任課の不文律にも例外はある。沖縄の第三二軍高級参謀だった八原博通は、米子中学から陸士三五期に進んだ。同期の先頭で陸大四一期に入り、恩賜の軍刀組となった。これほど優秀な人ならば、参謀本部第一部か陸軍省軍務局の勤務将校に行くか、海外駐在要員として教育総監部が取るのが通例だ。ところが八原は補任課に回された。この人事も異例だが、常に語られる人事の刷新、補任課に新風を吹き込む施策の一つだったのだろう。

陸大恩賜となれば、最初の配置は腰掛けで、すぐに海外駐在となり、本格的に専門分野に進むものだ。八原博通の場合、すぐにも米国駐在となり、帰国して参謀本部第二部の第四課（欧米課、昭和十一年六月から第六課）の部員、米国班に配置されるのが通例のコースだ。ところが八原は、昭和八年十月から二年間、米国駐在で米軍隊付までしたが、帰国しても補任課勤務のままだった。結局、八原は昭和五年十二月から十二年三月まで補任課と縁が切れなかった。陸大恩賜の補任課員というのも珍しいのだから、重用されたと思いきや、傍流の特科の人事の担当だったという。こんな扱いをされて、八原は性格まで変わってしまったという。それからは外回りと陸大教官の往復で、いよいよ人材が払底したため、第三二軍の高級参謀となったわけだ。幼年学校出身者のように、親身になって面倒を見てくれる先輩がいない中学出身者の悲哀というほかない。このようにして埋もれた人材は、いくらでもいたのが実情だった。

陸大を恩賜で卒業、すぐに補任課に配置されたケースがもう一例ある。大阪幼年出身、陸士三八期、陸大四八期の岡村誠之だ。彼は二年半の補任課勤務を無事にこなし、昭和十五年四月に参謀本部第二課に転出し、作戦班で対南方政策を担当し、その才能を発揮することができた。この時、第二課作戦班長は八原博通と陸士同期の櫛田正夫だった。櫛田は東京幼年出身、陸士の成績は八原より上だったが、陸大では恩賜を逃した。陸大の成績はともかく、櫛田は中国が専門だ。南方に乗り出して対米英戦となれば、作戦班長に八原をあてるのが順当だろうし、期別の人事管理からしても可能だったはずだ。どうも幼年学校閥という見えざる壁が道理に適った人事を阻んだように思えてならない。

◆人が良い東幼と反骨の仙幼

幼年学校六校は、もちろん同一なカリキュラムだった。しかし、徴募試験に応募する際、本人がどこを志望するかを決めることができるし、当局も本人の本籍地や住所を考慮する。大阪幼年や名古屋幼年の場合、土地柄か定員に満たない場合がままあり、ほかから転入させるケースもあったがごく少数だ。こうなると地域性が生まれ、それが校風となり、個々人にも影響する。やはり彼はあの幼年学校かと納得させられることも多い。

各校には四文字熟語にしたスローガンのようなものがあったが、東京幼年にはそれがなかった（明治三十六年九月入校の陸幼七期から二二期までは中央幼年予科とされていたが、ここでは東京幼年で統一）。これも東京という土地柄であろうし、中央幼年と一体化していたので、統一した標語のようなものは掲げにくかったのだろう。

ここ東京幼年は、旧幕臣の末裔や高級軍人の子弟が多く集まっていたことが特徴となる。三郷の清水徳川家の当主、徳川好敏は東京幼年一期だ。貴族は馬に始まり乗り物に凝るというが、彼は日本航空の祖となった。徳川は支那事変突発に即応して臨時航空兵団司令官として活躍し、昭和十四年八月に予備役編入となったが、十九年四月に応召、終戦まで航空士官学校長を務めた。さすが武門筆頭の家柄というほかない。二期の岡村寧次は、三河普代の直参旗本の家に生まれた。だから彼は一夕会を立ち上げて、長州征伐に乗り出したとすれば話の種にはなる。しかし、岡村はそういった片意地を張るタイプではなく、大将になっても洒脱な江戸っ子だったという。

東京勤務が長く、退役後も東京に暮らす将官が多かったことから、その子弟も目立つ。ドイツ大使を務めた東京幼年三期の大島浩は、参謀次長、次官、陸相を歴任した大島健一中将の長男だ。同じく三期の東條英機は、東條英教中将の長男だ。一五期で終戦直前に搭乗機が撃墜されて戦死した磯村武亮は、磯村年大将の長男だ。一六期でグアム島で玉砕した田村義富は、「今信玄」として知られる田村怡与造中将の甥となる。

恵まれた家に育った者が多いせいか、東京幼年の出身者はおおむね人が良いというのが定評だった。好人物とされた一人に一期の松浦淳六郎がいる。彼は福岡県の出身だが、兄が陸士旧一〇期の松浦寛威で、その勤務の関係から東京幼年に入った。彼は参謀本部庶務課が長く、その経歴と公平さを買われて人事局長に抜擢された。松浦は東京幼年出身らしく人付き合いが良く、親切で口頭による人事内示も早めにしていたという。ところが、それが仇となり、横槍が入って人事が揺れてしまったり、派閥抗争に巻き込まれたりして、歩兵学校長に飛ばされるとの憂き目に遭っている。

六校時代の幼年学校が生んだ大将は二一人を数えるが、東京幼年は朝香宮鳩彦と東久邇宮稔彦の皇族二人、岡村寧次、東條英機、吉本貞一の五人だった。意外に少ないが、これも強い上昇志向の性格ではなく、例外はあるにしても人が良い証しになるだろう。

仙台幼年の標語は「雄大剛健」、時代によっては「堅忍不抜」ともされていた。「剛健」の出典は、『易経』で「大哉乾乎、剛健中正」だ。この剛健は各校とも標語に取り入れ、二文字加えて四文字熟語にしていた。仙台幼年はなぜ「雄大」を付けたかだが、大正十三年まで位置した仙台市榴ケ岡と昭和十二年四月に復校してからの仙台市富沢からも、共に太平洋が望めるからだったと言われる。

ここの生徒は、戊辰戦争で朝敵に回った藩出身の末裔が主力だから、あの時の雪辱を晴らすとか、東北各地を暴れ回った薩長に対する反感が入り交じり、反骨といった一種独特な校風が生まれ、同窓生の結束が強かったとされる。新潟県人を含む東北人の気風はこうだと一概には言えないだろうが、軍人を志すような気が強い人には、人の意表に出て面白がるきらいがあるように思う。また、君子は豹変するということか、鋭角的に行動する人も目立つように思う。

昭和六年六月、陸軍省と参謀本部は、武力行使も含んだ満州問題の解決方策を立案していたが、ここ一年は準備期間として隠忍自重するとしていた。ところが関東軍は独断で計画を前倒しして昭和六年九月に柳条湖で口火を切って、あれよあれよという間に満州全土に戦線を広げた。そして翌七年三月、満州国建国となる。石原莞爾は常々、「満州国は仙台幼年の作品」と語っていたが、事実その通りだった。関東軍の高級参謀の板垣征四郎、作戦主任の石原、司令部付で満鉄嘱託の佐伯文郎、謀議に深く関わらなかったとはいえ奉天特務機関長の土肥原賢二、張学良顧問の今田新太郎、これ皆、仙台幼年の出身だ。しかも当時、満州駐

戦後、台湾に渡った根本博

北京に傾斜した遠藤三郎

箚師団は仙台の第二師団だ。師団長は多門次郎、彼は仙台幼年の生徒監だった。そして大隊長、中隊長の主力は仙台幼年の出身者だった。

満州事変は人の意表を衝く出来事で、鋭角的な行動だったとも言えよう。この傾向は戦後になっても顕著だった。石原莞爾は戦争が終わるとすぐに、非武装中立論を掲げた。「下手な武装はケガのもと」というのは一つの見識だが、昭和十一年の一号軍備を主導した彼の口から出ると違和感をおぼえる。

仙台幼年八期の根本博は支那屋の代表となるが、終戦後に台湾に渡って軍事顧問となった。その一方で一一期の遠藤三郎は、北京政府に近づき日中友好元軍人の会なるものを結成した。一三期の有末精三は、ムッソリーニと親交があることが自慢の種だったが、参謀本部第二部長として厚木で進駐軍を迎えてからは米軍の使い走りに徹した。一九期の服部卓四郎は、進駐軍の指示に従って資料の整理に当たっていたが、日本再軍備となると進駐軍の意向だと警察予備隊のトップに立とうとしたが日本当局から拒否された。どれも事情はわかるにせよ、あまりに鋭く舵を切る生き方はなかなか理解しにくい。

仙台幼年が生んだ大将は三人と平均的だが、その三人、多田駿、板垣征四郎、土肥原賢二と生粋の支那屋であったことは、偶然とは思えない。

◆意外とバンカラな名幼と大幼

名古屋幼年が目指す校風は、「剛健」に「純直」「宏量」「闊達」を付けたものだった。二代目の校長が日露戦争の軍神として知られる橘周太であることが、精神的な拠り所となっていた。ここは愛知県、静岡県の出身者が主体で、ごく平均的な日本人、加えて温暖な気候だから、温和な武窓というイメージになる。ところが、北陸三県の出身者が加わるから問題が生まれ、名古屋幼年には乱暴な一面があると語られていた。

過激な社会主義者として知られる大杉栄は、名古屋幼年三期だった。彼は香川県の出身だが、軍人だった父親の勤務の関係で名古屋幼年に入校した。とにかく彼は暴力的だったと自分でも認めている。ある時、愛知勢と石川勢がもめたが、そこにどちらかの加勢で大杉は短刀片手に乱入、これで退校処分となった。大正十二年九月の関東大震災時、大杉は東京憲兵隊に一家もろとも殺害されたが、その責任者の甘粕正彦は八期だ。甘粕は米沢の人だが、父親が警察官で三重県に勤務していた関係で名古屋幼年に入ったが、これまた乱暴者で手を焼かせる生徒だった。彼は津の歩兵第五一連隊が原隊だが、中尉の時にケガをしたため憲兵科に転科している。

関東大震災時、大杉栄を
殺害した甘粕正彦

なにごとにかけても有名人の辻政信は、名古屋幼年二一期となるとあまり良いイメージではないが、人それぞれで常に冷静で知られた人もいる。最後の陸相となった下村定は高知県出身となっているが、軍人だった父親の勤務の関係で金沢の生まれ育ちだったため、四期に入った。下村には軍政系の勤務は

最後の陸相となった下村定

なかったが、最後の局面で陸士同期の東久邇宮稔彦首相の要望で陸相となって陸軍を解散させた。そして昭和二十年十一月二十八日、衆議院本会議で答弁に立った下村は、壇上で手をついて国民に謝罪した。語るまでもないことだが、続いて議長から答弁を求められた米内光政海相は、立ち上がろうともしなかった。最後の参謀次長を務め、終戦時、マニラに飛んで降伏手続きを詰めて文書を持ち帰った河辺虎四郎は八期だった。結局、帝国陸軍の幕引きをしたのは名古屋幼年出身の二人だったことになる。

名古屋幼年は大将三人を生んでいるが、下村定は終戦直前の滑り込み、富永信政と鈴木宗作は死後の進級となっている。

大阪幼年モットーは「剛健持久」だが、この「持久」は楠木正成にちなむ。楠公精神はさておき、関西は町人文化の土地柄、そこの幼年学校となると一格下に見られがちだ。そこで発奮し、武道の指導は厳格をきわめ、「剣術は大阪幼年」が定評だった。これが行き過ぎ、体を壊して退学する者が多く、それもあって最初に廃校の憂き目に遭ったとも語られている。たしかに関西だからといってなめられてはならないと、必要以上に武骨張る人がここの出身者に多い。関西は経済的に中国との結び付きが深いせいか、いわゆる支那屋が目立つのも大阪幼年の特徴の一つだ。昭和三年六月の張作霖爆殺を決行した関東軍高級参謀の河本大作は一期だ。続く二期の磯谷廉介も支那屋だ。磯谷はノモンハン事件時の関東軍参謀長で問責人事で予備役に入ったが、応召して香港総督を務めた。敗戦後、南京で戦犯裁判にかけられ、無期懲役の判決を受けたが、彼の人格が認められ五年後に釈放になって帰国している。

戦後の追及で無事でなかった酒井隆は大阪幼年五期だ。酒井は中国強圧論者として知られており、支那駐屯軍参謀長の時、中国の河北省撤収を取り決めた梅津・何応欽協定の実務担当者だった。この交渉に際し、中国側が出したお茶にも手を付けず、貧乏揺すりをしながら恫喝したと受け止められた。これを忘れなかった中国は、終戦となるとまず酒井を戦犯として告発、南京で銃殺にした。

奇人変人で知られた花谷正

陸軍の奇人変人の筆頭格の花谷正は、大阪幼年一一期で彼も支那屋だった。満州事変時、奉天特務機関にいたが、酒が入ると謀議の内容を公言し、ついには決起の同志から放逐されたとされる。花谷は日常の会話でも喧嘩腰で怒鳴るのが常で顰蹙をかっていた。彼はビルマ戦線で第五五師団長を務めたが、部下の佐官をも殴り倒すという蛮行を重ねた。大阪幼年の訓育で気合が入り過ぎたとも思えるが、ここまでになると持って生まれた粗暴な性格が問題なのだろう。ところかまわず大きな声を出すとなれば、「万年青年」と語られた三期の後宮淳が有名だ。陸士同期の東條英機参謀総長の下で高級次長を務めていたが、昭和十九年七月に東條退陣となり、後任の参謀総長は持ち上がりで後宮と内定した。ところが参謀本部の総意として後宮の参謀総長を拒否し、梅津美治郎となった。

大阪幼年は後宮淳、藤江恵輔、小畑英良と三人の大将を生んでいるが、そのうち小畑は戦死後の進級となっている。実質は二人ということだが、大阪の土地柄からすれば健闘としてもよいだろう。

◆結束が堅い広幼と血気の熊幼

広島幼年のモットーは、「剛健闊達」だった。どうして「闊達」としたかは明らかではないが、それが広島の風土なのだろう。原爆でイメージが暗くなったが、本来、広島は明るい土地柄だった。明るさは闊達に通じ、さらに自由にも発展する。その現われだが、広島幼年は武道偏重ではなく、野球、テニスなど球技も奨励されていた。さらに地元の支援も手厚かったという。鯉城師団と呼ばれた第五師団、陸軍用港の宇品、さらには呉軍港があり、軍隊が身近なものだったからだろう。また物価が安く温暖ということで、東京に次いで予備役将官が多く住み着いていたことも関係している。このようなことが重なって、広島幼年は最後に廃校となり、復校も最初となった。

広島幼年は大将を五人生んだ。四期から山下奉文、岡部直三郎、阿南惟幾、山脇正隆の四人に五期の木村兵太郎だ。これは皇族を入れて東京幼年の五人と並ぶ。同期から四人もの大将を出すとなると、結束が堅く、ある種の派閥的なものの存在をうかがわせる。二・二六事件から中央部に睨まれ続けた山下は、昭和十四年九月に第四師団長に就任した。この頃までに一等師団の師団長にならなければ、山下の大将街道はかなりきついものになった。この人事は前任の師団長で山下と高知県の同郷、広島幼年の同期、沢田茂が後任に山下を強く推したからだとされる。また、山下は昭和十五年七月に航空総監となるが、これも次官だった沢田が尽力した結果だった。

昭和九年三月から山脇正隆は駐ポーランド武官だったが、その後任が沢田茂だった。この関係は昭和十三年十二月に参謀次長の沢田、陸軍次官の山脇と発展する。そして山脇の後任が阿南惟幾だ。昭和十三年七月、陸大勤務が長く地味な岡部直三郎が第一師団長となるが、阿南が人事局長の時だ。昭和十八年十月、新設された第三方面軍司令官に岡部直三郎が充てられたが、第一方面軍司令官の山下、すぐに豪北に転用される第二方面軍司令官が阿南だったからこの人事になったといえばよくわかる。そして豪北転用に際して参謀長は広島幼年九

広島幼年学校４期の２人

同期の世話役となった沢田茂

陸軍次官として同期を引っ張った山脇正隆

期の沼田多稼蔵が選ばれている。

戦前、各県に教員養成の師範学校があったが、その総合成績が常にトップが広島師範だった。この例に漏れず、広島幼年は天才的な人を輩出している。まずは二期の桑木崇明で、彼は広島幼年と中央幼年が首席、陸士が四席、陸大が三席と陸士同期の永田鉄山に匹敵する学業成績を収め、しかも東京外語でロシア語を学んでいる。桑木は参謀本部第四部第八課長（演習課長）、第一部長を務めているが、頭が良すぎて野戦の将帥向きではなかったようで、第一一〇師団長の時の戦績が芳しくなく、すぐに予備役編入となった。

次はノモンハン事件の問責人事に遭った橋本群だ。彼は広島幼年と中央幼年が首席、陸士と陸大が次席、しかも砲工学校高等科優等だった。ところが運には恵まれなかった。昭和十年八月に起きた永田鉄山軍務局長斬殺害事件の時、橋本は軍事課長で隣の部屋にいただけのことだが、鎮海湾要塞司令官に飛ばされた。それから支那駐屯軍参謀長、支那事変の勃発で支那駐屯軍を改組した第一軍の参謀長、そして昭和十三年一月に参謀本部第一部長として中央に返り咲いた。ところが今度は昭和十四年五月からのノモンハン事件だ。惨敗の責任を取る形で橋本は予備役に入った。もし現役に残っていれば、大東亜戦争開戦前後に橋本の参謀次長もあり得た。

作戦の神童として知られる鈴木率道は広島幼年七期、陸士までも常に上位一ケタ、陸大三〇期首席だ。参謀本部第二課の勤務将校に始まり、第二課の兵站班長、作戦班長、そして中佐で第二課長と、鈴木は作戦の中枢を走り抜けた。鈴木は少佐で第二課部員の時、『統帥綱領』の改定に携わり、短時間で仕上げて部内を驚かせたという。このような天才肌で純粋培養された人にありがちなことだが、組織の人に徹することができなかったのが鈴木だった。彼がからむと話が難しくなる、すぐに上司と短絡して事を運ぶと不評を買った。特に第二課長とまず連帯しなければならない第一課長（編制動員課長）の東條英機と鋭く対立し、第二課長以降の鈴木は航空兵科に転科して外回りに終始した。

熊本幼年（熊幼）のスローガンは、「剛健進取」だった。「進取」は「勇み進んでする」の意で、出典は『論語』の「狂者進取、狷者有所不為也」、これを剛健の対句にしたところが九州勢の心意気となる。いかにも尚武の土地柄となるが、そこに桜会のイメージが重なる。熊本幼年の期でいうと、中核分子の橋本欣五郎が八期、長勇が一三期だ。有名人となれば七期の牟田口廉也、九期の野田謙吾と土橋勇逸、一〇期の武藤章、一二期の諫山春樹、一七期の松村秀逸と続く。橋本、長は万事アバウトな人だったから、熊本幼年出身の者ならば本人

桜会の中核分子

A級戦犯になった橋本欣五郎

沖縄で玉砕した長勇

の同意も得ずに名簿に加えたとも思えるが、これだけ揃うと校風ではないかとも思えてくる。さらに一五期の桜井徳太郎は、昭和三十六年十二月に発覚したクーデター未遂の「三無事件」で検挙されている。

さすがは血気盛んな土地柄となるが、熊本幼年はその対極の冷徹な官僚的軍人も生んでいる。その代表がこれまでも触れてきた一期の梅津美治郎だ。彼は熱狂とか情熱というものと、まったく無縁な人だった。一二期の綾部橘樹は、幕僚道に徹した人として知られており、どのような難しい場面でも大過なく任務を遂行し、手堅い官僚タイプの典型と語られていた。一三期の池田純久は軍人というよりは、経済官僚といったほうがよい。熊本幼年にもこんなタイプもいたかと驚かされるが、実はこの三人、揃って大分県出身だ。だから大分勢は九州勢には入れてもらえないのだという説明にも納得せざるを得ない。

大分県人は除くと、まさに軍人という人を輩出した熊本幼年だったが、大将は梅津美治郎と玉砕後に進級した牛島満の二人とは寂しい限りだ。どうしてなのかと考えると、情熱的であるためか、組織の人に徹しきれないのだろう。大将まで上り詰めるのは大変なことだという例証でもある。

第三章

陸士の期、原隊、兵科閥

「同期生ハ志ヲ同ジウシ武窓ヲ共ニスル心友ナリ。大義ノ下相和シ、相結ビ、互ニ信頼ノ至情ヲ致シ、切磋砥礪（琢磨）、相携ヘテ純忠ノ至誠ニ生クルヲ要ス」

昭和十九年制定「陸軍士官学校生徒心得」

◆強調された「同期」の実態

正規兵科将校を育成する制度は、大きく分けて五回の変遷を重ねた。ここでは、明治二十九年度から大正九年度までの制度で見てみることにする。すなわち地方幼年学校六校が生まれてから、中央幼年学校が陸軍士官学校予科に改編されるまでだ。この制度によると、前述したように地方幼年学校で三年、中央幼年学校で一年九ヵ月履修し、隊付士官候補生となり、ここで中学出身者と幼年学校出身者とが合流する。中学出身者は幼年学校出身者よりも六ヵ月早く部隊に入営しており、両者が合流してから六ヵ月間、部隊勤務してから、共に陸士に進む。日露戦争後、陸士における修学期間は一年六ヵ月が基本とされていた。陸士を卒業して隊付見習士官として六ヵ月、そして将校団による詮衡会議を経て少尉任官となる。

この制度で育成された者は、陸士の期では一五期から三六期までとなる。陸大の期では二二期から四九期にわたり、大東亜戦争終結時には参謀総長の梅津美治郎以下、方面軍や軍、師団の参謀、連隊長、中央官衙の課長、階級では大佐、中佐までとなり、陸軍の中枢を占めていた。

原則として陸士同期は同年齢となるが、幼年学校、陸士ともその徴募試験の応募資格には学歴がなく、それぞれ中学二年一学期、中学四年修了の学力だけだから、多少のずれが生じる。幼年学校の試験を二度目で合格した者が、中学四年で陸士に進んだ者の一期後輩になるケースがたまにあった。これが同じ中学となると話の種になるが、中学が別ならば双方とも気にすることでもない。

病気やケガの療養のため、一期遅れる人もかなりいる。これは延期生と呼ばれていた。復学してからの学科は多くの場合、復習になるから成績は良いはずだ。ところが病後だからと術科は見学、素行も評価が低くなり、あれこれ色眼鏡で見られて反発して、ますます成績が下がるのが常だった。しかし、二つの期にまたがると顔が広くなる。これを武器とした有名な人が、陸士二九期の有末精三と三四期の赤松貞雄だ。延期生となった挫折感から心が練れて丸くなり、人当たりがよくなったこともあるが、顔の広さで部内を歩き回れたことが、この二人を大物にしたといえよう。

今も歌われる戦時歌謡「同期の桜」は海軍のものにしろ、その内容は陸軍にも通用する。海軍兵学校や陸士に限らず、あらゆる軍学校ではこの同期の絆が強調されており、現在の自衛隊でも同様だ。陸士出身者と話をすると、「彼は何期で先輩だ、彼は同期だ、あいつは何期で後輩だ」と陸士の「期」の連発で、事情を知らないと辟易させられる。そして敗戦後も長らく同期生会を開き、名簿と会報を作成し、その連合体としての偕行社を維持し続けている。なんとも強い絆だと驚かされる。

これは、ある面で閉鎖的な武装集団の特性かと思えば、各国では軍学校での同期生という関係はそれほど語られていない。日本陸軍が範としたドイツ軍もそうだ。ドイツの場合、地方の独自性が強く、各地に幼年学校、士官学校があり、同期とひとくくりにできないという事情もある。また、士官候補生に採用されて直接連隊に入営し、そこで少尉に任官する場合も多いから、同期という意識が根付かない。米陸軍では、ウエストポイント何年組とは語られるが、それがその人の立ち位置を決定付けるわけではない。

では、日本陸軍では陸士の同期が決定的なものであり、鉄の団結、一枚岩を意味するものだったかと思えば、それはあくまで建前であり、その実態はさまざまだ。階級が進むにつれてその階級の定員は減り、それに見合ったポストも少なくなる。例えば一七個師団体制の歩兵科を見れば、大尉の中隊長は機関銃中隊長を含めて八一六人いるが、少佐の大隊長は二〇四人となり、大佐の連隊長は六八人だった。しかも期別の人事管理をしているのだから、同期の足の引っ張りあいとなり、同期は共に退役するまでライバルであり続けることになる。

もちろん、同期の絆を大事にして、互いに助け合い、引っ張り合った美しい関係も多く語られている。古くは旧陸士八期の田中義一、河合操、山梨半造のトリオだ。この三人の場合、河合と山梨が長州閥の準構成員になるべく田中にすり寄ったということだが、同期という意識が働いた面も大きいはずだ。一期の宇垣一成、鈴木荘六、白川義則の結束も堅かった。これは鈴木と白川が教導団出身、宇垣は代用教員から陸士に進んだ苦労人同士だから話が合ったのだろう。

三長官を総なめにした杉山元

元師府に列せられた畑俊六

一二期の杉山元、畑俊六、小磯国昭、二宮治重は、陸士時代にはそれほど付き合いがなかったそうだが、陸大二二期でまた一緒になると、「四人組」と呼ばれるほど親しくなった。酒が取り持つ欲得ない付き合いだったが、進級するにつれて一つの勢力となり、宇垣一成を支えることとなる。二宮は岡山県出身で宇垣と同郷ということもあり、昭和九年三月に第五師団長を最後に予備役に入ったが、残る三人は大将をものにしたばかりか、杉山と畑は元帥府に列し、小磯は首相となった。この栄達は同期の絆なしでは考えられないことだ。

同期に引っ張ってもらい続けた人も多く、最後の関東軍司令官で一四期の山田乙三がその典型だ。山田は騎兵科で通信という特技を持っていたが、陸幼、陸士、陸大の成績も平凡で大将まで上り詰めるとは誰も思っていなかっただろう。山田は大佐に進級してから、一七個ものポストを歩んだ。そのうち確認できるもので七つまでが、陸士同期の後任もしくは次の次となっている。同期間でポストをタライ回しすることはなるべく避けていたが、山田の場合にはなぜこうなったのか。離任する同期が後任に山田をと、強く推薦したからだとしか考えられない。同期の絆を実感させられるが、山田という人には面倒を見てやらなければという気持ちにさせられる不思議な魅力があったのだろう。

このような同期の麗しい関係も、時代が進むにつれて薄らいで行く。その一つの境目が、日露戦争だった。陸士一五期は明治三十七年二月に少尉任官だから、ほとんどが日露戦争に出征している。一五期で大将にまで進んだのは三人だが、梅津美治郎は歩兵第一連隊付、蓮沼蕃は騎兵第一〇連隊付、多田駿は野砲兵第一八連隊付で出征している。続く一六期は明治三十七年十一月に少尉任官だが、出征した者、内地の補充隊に止まった者とまちまちだった。板垣征四郎は歩兵第四連隊付、小畑敏四郎は歩兵第四九連隊付で出征している。これに対して岡村寧次は歩兵第一連隊補充隊、永田鉄山は歩兵第三連隊補充隊にあって出征していない。大正三年九月からの青島要塞攻略戦、七年八月からのシベリア出兵、さらに昭和六年九月

「四人組」

首相にまでなった小磯国昭

宇垣一成と同郷の二宮治重

最後の関東軍司令官
山田乙三

からの満州事変、七年一月からの第一次上海事変と、日本は断続的に武力を行使してきたが、全軍が動員されたわけでもない。従って戦争を実体験したことのない者ばかりになった時、支那事変を迎えることとなる。戦場で共に苦労したことから生まれる本当の意味の戦友意識もない世代となると、同期の絆も先細りで形骸化する。しかも大正軍縮でポストが減る、退役を迫られるとなると、同期の関係もギスギスしたものとなり、行き着く先はライバル意識となる。

陸士の各期には、「双璧」「三羽烏」「四天王」と呼ばれる存在があり、これが同期団結の核となっていた。広く知られているのは、永田鉄山、小畑敏四郎、岡村寧次の陸士一六期の三羽烏だ。この三人、陸士と陸大の卒業成績はそろって一ケタ、永田と小畑は陸大恩賜の軍刀組だ。永田は大正十三年から軍政畑を歩みだし、早くから将来の陸相と目されるようになった。小畑は陸大を卒業するとすぐに陸大付となり、それ以来、陸大と参謀本部を往復する軍令屋として進み、ロシア駐在のキャリアーから対ソ作戦屋の一員だ。岡村は中尉の時、陸士生徒隊付として清国留学生の訓育を担当した縁から支那屋として育てられた。

このように早くから専門分野が定まっているから競合関係にはならず、永田鉄山と小畑敏四郎は家族ぐるみの付き合いをしていた。ところが国防問題を論じ出すと、共に自説を譲らず論争になる。このような関係を心配した岡村寧次は、昭和七年二月に補任課長から上海派遣軍参謀副長に転出する際、「あの二人を関係部署に配置すると問題を起こす」と言い置いていたという。ところが昭和七年四月、永田は参謀本部第二部長、小畑は同第三部長となった。岡村は帰国して軍事調査委員長となったが、すぐに関東軍参謀副長に転出したため、永田と小畑の間に立つことができなくなった。案の定、前述したように戦略論争で二人はあい譲らず、修復ができない対立関係となった。これが皇道派と統制派の対立の契機となった。

昭和十四年五月からのノモンハン事件でも同期生同士の激しい対立があった。陸士二九期の稲田正純と寺田雅雄だが、この二人は衝突する定めにあったと言うほかない。稲田は広島幼年の出身で砲兵科、寺田は中学出身で歩兵科だった。陸士の卒業成績だが、稲田は上位にしろ飛び抜けてというほどのこともなく、寺田は中学出身ということから当然だが中位の上といったところだった。ところがこの二人、進展性に富んでいたようで、稲田は陸大三七期の三席、寺田は四〇期の首席をものにした。陸大卒業後、勤務将校として稲田は参謀本部第四課（要塞課もしくは防衛課）に、寺田は軍務局軍事課の予算班に配置されたが、この時点では寺田の方が評価されていたことになる。

これ以降、中央官衙での二人の勤務は次のようになっている。稲田正純は参謀本部第四課（防衛課）部員、寺田雅雄の後任で参謀本部第二課（戦争指導課）班長、軍務局軍事課高級課員、そして昭和十三年三月に第二課長（作戦課長）となる。一方、寺田だが軍事課課員、参謀本部第三課編制班長、杭州湾上陸の第一〇軍第一課作戦主任、大本営参謀を経て昭和十四

陸士25期強腕三人組

A級戦犯で刑死した
武藤章軍務局長

強硬な開戦論者だった
田中新一第1部長

年二月から関東軍第一課長となる。単なる巡り合わせだが、この二人の競争意識を煽るような人事となった。また、稲田の実兄はドイツ通として知られる陸士二三期の坂西一良、そして阿部信行の女婿だから、あれこれ色眼鏡で見られるのも仕方がない。

ノモンハン事件での稲田正純と寺田雅雄の対立については、最初の辻政信の項で取り上げた。そもそもが、国防第一線にあるという意識が強い関東軍司令部と参謀本部との間には、常に緊張関係がある。その作戦の主務者に、幼年学校出身と中学出身、陸士同期で砲兵科と歩兵科、陸大三期違いにせよ三席と首席となれば問題も生じる。職務での上下関係など意識しないで、遠慮容赦ない罵声を浴びせ合うこととなり、感情問題に発展する。

陸士二五期の三羽烏とされる武藤章、田中新一、冨永恭次は、大東亜戦争では対立関係となった。陸士、陸大での成績からすれば、また別の三羽烏となるのだが、満州事変以降は準戦時になったためか、学業成績よりも積極的な性格の者が重用されるようになり、二五期ではこの三人が注目された。そろって幼年学校出身で歩兵科だった。大東亜戦争勃発時、軍務局長が武藤、参謀本部第一部長が田中、人事局長が冨永と東條英機首相兼陸相の下、省部の中枢で二五期の三羽烏がそろった。

同期が結束した結果かと思えば、そう単純な話ではない。武藤章が参謀本部第二部長直轄の第四班長（綜合班）の時、部長が永田鉄山だった。この縁で永田が軍務局長になると武藤を軍事課の高級課員に引っ張った。これが武藤が軍務局長になる伏線だった。田中新一は対ソ情報畑の育ちだが、二・二六事件後の昭和十一年八月に新設された兵務局兵務課長としたのは、仙台幼年で一期先輩の加藤守雄だった。冨永恭次も対ソ情報畑の育ちだが、熊本幼年三期先輩の牟田口廉也の申し送りで参謀本部庶務課長代理となった。これが冨永が人事畑に入る最初となる。

この三人が中心となって、二・二六事件の後始末に当たる。軍事課の高級課員という立場ながら武藤章は直接、寺内寿一陸相のネジを巻き、広田弘毅内閣組閣に介入した。田中新一は綱紀粛正の実務に当たった。冨永恭次は粛清人事の実務を担当し、難航が予想された辞表取りまとめを円滑に行なった。これを関東憲兵隊司令官で見守っていた東條英機は、恩人の永田鉄山の仇を討ってくれたと感謝の気持ちを抱いた。

陸士25期強腕三人組

人事を握り続けた
冨永恭次人事局長、次官

これが二五期の三羽烏が羽ばたく契機となった。昭和十五年九月の北部仏印進駐で現地指導した冨永第一部長に不手際があって更迭、急ぎ田中が後任となった。これで冨永も終わりかと思われたが、一度見込むとそれを変えない東條の性格からか、なんと人事局長で復活させ、ついには陸軍次官まで兼務させた。

いよいよ対米英開戦かという時、武藤章と田中新一は鋭く対立した。武藤と田中は大尉の時、共に教育総監部第一課で勤務した仲だから、本音をぶつけ合う。参謀本部としては、部隊の展開に時間が必要だから、早く決断してくれと要求する。陸軍省としては内閣の方針に沿って日米交渉の進展を見守らなければならない。当時、参謀総長は何事にかけてもはっきりしない杉山元、次長は人との付き合いや雑談を一切拒否する変人の塚田攻だ。これでは第一部長の田中が正面に立って奮闘するしかない。田中は昭和十七年十二月、船舶配分問題が紛糾して佐藤賢了軍務局長を殴り、東條英機に暴言を吐くほどの人だから、武藤と怒鳴り合うだけでなく、手を出したこともあったはずだ。親しい同期生でも、職務をまっとうするとなればそこまでやるし、よく知る相手だから遠慮というものがなく、対立関係は激化する。

昭和十七年四月、武藤章は軍務局長からスマトラにあった近衛師団長に転出した。普通ならば栄転だが、この場合は明らかに左遷で、武藤を東京に置いておけないということだ。この人事の背景は、さまざまに語られている。以前から内閣書記官長の星野直樹と武藤との関係はしっくり行かず、東條英機は星野を選んだと語る人も多い。また、軍務局長として武藤は終戦内閣の構想を練っており、それが東條の逆鱗に触れたという説明も納得させられる。

また、穏健な占領地政策を採っていた第一六方面軍司令官の今村均に、資源の早期取得のため強圧政策に転じるよう伝えるため武藤が冨永恭次と共に出張した。ところが今村に言い負かされた武藤は、穏健政策の方が良いと報告して落第点が付けられたとも語られている。なんであれ、この人事を行なったのは冨永であり、同期生であっても職務となれば、こういう結果に終わる。

◆二期違いの関係と重要な原隊

同期の絆と強調されるものの、歌の文句のように行かないのが世の常だ。同期は永遠のライバルということはさておき、若い頃から寝食を共にしたことが厄介な関係を生むこともあるだろう。いつまでも十代の茶目ぶりや旧悪が覚えられていたりするから、「あのズボラがすましこんで連隊長とは笑える」とか「あれが将官とは世も末だ」とか公然と語られることも珍しくないし、学校配属将校の口から世間にも広まる。階級が離れてくると、同期生にも敬礼をしなければならなくなり、心中穏やかではなくなるのも人情だ。同期の間で引き合って、良いポストをタライ回しすることは可能にしろ、それも次の次までが限界だろう。

では、一期違いならば円滑かと言えば、これまた穏やかな関係にならない場合もある。どこの幼年学校でも、何時の時代でもそうだったわけではないが、三年生が卒業して学校を去った日、無礼講になる。すると日頃の鬱憤が爆発して、二年生と一年生の乱闘騒ぎに発展する。「一年坊主はたるんでいる」とか「二年生はケチばかり付けて理不尽な制裁を加える」

と口実には事欠かない。改めて止まり木の位置を確認し合うという社会現象でもある。もちろん、一年の錬磨の差は伊達ではなく、二年生が勝利するが、時たまに一年生の圧勝ということも起きる。こうなるといつまでも一期違いで波風が立つ。

幼年学校、士官学校には、ローマ時代の護民官の制度から「護民」と俗称される模範生徒、指導生徒を置いていた。幼年学校の場合、護民は三年生が当たり、右も左も分からない中学一年坊主の面倒を見て、指導するのだから、これは感謝される。陸士では一期先輩が護民となる。右も左もわからない中学出身者にとっては有り難い存在だろうが、幼年学校出身者にとっては、面白くない存在になる場合がままある。「なにを偉そうに」はまだしも、「無視された」となると感情問題に発展しかねない。ここでも一期違いが問題を生んでいる。では、二期違いだとどうなるのか。前述したように幼年学校出身者は一年生の時、三年生に世話になっているから関係は良好だ。中央幼年卒業まで五年間の教育を受けてきても、部隊のことは深くは知らない。中学出身者はなおさらだ。それが士官候補生として隊付勤務となるから大変だ。そこで兄貴分として面倒を見てくれるのが隊付している見習士官だが、これが二期先輩だ。そして今度は自分が見習士官となった時、世話になるのがまた二期先輩の少尉となる。こうして二期違いの間に強固な絆が生まれ、何時までも「先輩」と敬意を込めて挨拶し、「おー貴様か、何か用か」との返事が期待できる関係となる。人事異動はおおむね二年毎だから、二期先輩の方が同期よりも後任に引っ張ってくれる可能性が高い。

そこで士官候補生、見習士官として勤務し、少尉に任官した部隊が重要になってくる。これが原隊だ。なお、この三つの結節は同一部隊が原則だった。近衛師団には選ばれし者が集まるからにしろ、近衛歩兵第四連隊を見ると二期違いで著名な人が並んでいる。近衛文麿の軍事顧問で知られる陸士一八期の酒井鎬次、沖縄で玉砕した二〇期の牛島満、ビルマ戦線で知られた二二期の本多政材、本郷房太郎大将の長男で二四期の本郷義夫、最後の軍務局長で二六期の吉積正雄だ。これほど明瞭ではないにしろ、名門連隊では似たようなことを見ることができる。

陸士を卒業し、見習士官として隊付勤務した後、少尉に任官して連隊長が執行する命課布達式が挙行されて、その将校団の一員となる。この時の連隊長は、新品少尉にとって一生の連隊長となり、何時でも「連隊長殿」と呼んでもよい関係となる。一方、連隊長はこの新品少尉の一生に責任がある。そういう面からしても、昭和十一年の二・二六事件は大変な出来事だった。事件の首魁とされた香田清貞、安藤輝三、栗原安秀の命課布達式を行なったのは、それぞれ末松茂治、梅津美治郎、東條英機だった。それだからこそ事件時、第二師団長だった梅津は、すぐさま中央に即時鎮圧を具申した。そしてまた事件後、陸軍次官となった梅津は、陸軍省の経費で遺族を保険に加入させて救済したわけだ。梅津は一生の連隊長として責務を果たしたことになる。

近衛文麿の軍事顧問として
知られる酒井鎬次

このように原隊は、軍人としての心の拠り所であると同時に実利ももたらすものだった。それほど大事な原隊が消えたらどうなるか。大正十四年五月の宇垣一成陸相による軍備整理で四個師団が廃止され、連隊だけでも二四個がなくなったのだから大変だ。原隊を失った者は、自分が根無し草になった気持ちになったことだろう。しかも天皇から親授された軍旗を奉還するのだから、その喪失感は現代人には実感できないほど深いものだった。大正十一年八月の山梨半造陸相による軍備整理と違って、十四年の整理で予備役に編入された者はごく限られたにしろ、部下数人の学校配属将校に回された者は寂寞としたはずだ。異動となって新たな将校団に入っても、よそ者はなかなか受け入れてくれないのが日本の風土で軍隊も例外ではない。

　歴史のある連隊は廃止されなかったものの、優秀で気骨のある者が所属した連隊が廃止の憂き目に遭った場合も多い。石原莞爾の場合、士官候補生として隊付したのは山形の歩兵第三二連隊だが、少尉任官は会津若松の第六五連隊でこれは廃止された。さらには、彼が愛した仙台幼年もこの時に廃校となった。昭和十二年一月、彼が先頭に立って宇垣内閣阻止を図った気持ちも分からないでもない。大東亜戦争開戦時の軍務局長の武藤章の原隊は大分の第七二連隊、同じく参謀本部第一部長の田中新一の原隊は弘前の第五二連隊、ともに廃止された。しかも、武藤は熊本幼年、田中は仙台幼年の出身だ。この三人の癖のある強引な性格は、多少は原隊を失ったことと関係があるはずだ。

　これほど大事にされる原隊を核として派閥が形成されるかというと、そういうことはない。前述した近衛歩兵第四連隊は豪華なラインアップだったが、それがすなわち派閥へと発展する集団ということではない。有為な人材が常続的に供給されることは、全体の人事施策からして望めないからだ。帝国陸軍はエリート部隊を育成して、それが全軍の推進力とするという考え方はしないで、とにかく部隊の平準化を図ろうとしていた。どこの部隊も同じような戦力発揮が期待できれば、部隊の運用が容易になるからだろう。

中央幼年があった時代は、卒業一〇〇日前に兵科と士官候補生としての任地が決められる。中学出身者は徴募試験合格と共にそれらが定められる。士官学校予科が設けられてからは、ここでも卒業一〇〇日前にそれぞれ兵科と任地が決められ、百日祭と呼ばれた行事があった。成績を上中下とに分けて、それをワンセットにして任地に送る。こうすればスタート時から部隊の平準化が期待できる。

もちろん、各自の希望を表明する機会は与えられる。時代にもよるが、中学出身者は徴募試験に応募する際、兵科二つ、任地二つの希望を提出する。幼年学校出身者も同じだったが、兵科二つ、任地はそれぞれ二ヵ所、計四ヵ所の希望を提出する時代もあった。兵科については後述することになるが、任地は郷土愛は愛国心に繋がるということで、なるべく郷土部隊を志願するように奨励された。そこで志望する側も心得たもので、まずははずれてもともとと誰もが望む近衛師団など在京部隊を上げ、次に本籍地や家族の居住地にある部隊とするのが一般的だったようだ。支那事変が始まってからは、満州に永久駐箚している部隊、朝鮮軍、そして戦地にある部隊を志願するよう指導されるようになった。

この志望はあくまで本人の希望でしかなく、まず適えられないというのが通り相場だった。

殊勝にも歩兵科を志望し、希望する任地は旭川、三大僻地連隊として知られた島根県浜田の第二一連隊、新潟県村松の第三〇連隊（二一個師団体制時）、福井県鯖江の第三六連隊、そして朝鮮軍の八個連隊となれば、拍手をもって志望通りになる。それ以外は思うようにはならないが、軍も人間の集団なのだからコネがある。ところがコネを働かせることができる高級将校は、部隊の実情を知っているから、訓練環境が恵まれず、徴集兵の統率、統御に苦労する都会部隊より、安定した地方の部隊に行かせたがる。あれや、これやでうまく散らばるということになり、それからも原隊を基盤にした派閥は生まれないということになる。

◆「歩騎砲工輜航憲」の七兵科あれこれ

士官候補生として任地が決まるということは、兵科も決まることを意味する。これも志望を提出するものの、任地と同様、まず志望通りにならないとされていた。陸軍草創期、参謀科が独立していたこともあるが、すぐに廃止となり、それ以降、歩兵科、騎兵科、砲兵科（野砲兵と重砲兵）、工兵科、輜重兵科、憲兵科の六つの兵科の時代が長く続いた。大正十四年五月に航空兵科が新設されて七兵科となった。支那事変が始まって三年、戦時体制に適応するために煩雑さを解消し、部隊の運用に柔軟性を与えるということで、昭和十五年九月に憲兵科を残して兵科の区別が撤廃され、隊種（兵種）に切り替わっている。これは主に砲兵科と工兵科の機能による分化であり、最終的には兵種二一個に細分されている。

士官候補生の一期から兵科の区別があった最後の五四期まで、正規陸士の卒業生は約二万八〇〇〇人だが、そのうち歩兵科は六〇パーセントを占めていた。「軍の主兵」として人気のあった兵科だったと思えば、そうではなかった。志望通りになるのは歩兵科と輜重兵科だけだったとも語られているから、その人気の程度はうかがい知れる。

多数を占める歩兵科の符号は「・i」（infanterie）、定色は緋、その俗称は「バタ」だ。土埃にまみれてバタ、バタと歩きに歩く姿による。三〇キロも背負って歩き続ける、これは当時の人でも敬遠するのが当然だ。大将は歩兵科出身が圧倒的に多いそうだから、俺も歩兵になって大将を目指そうという夢想家も滅多にいなかったろう。そもそも軍人を志した理由の一つは、馬に乗れるということにあった。ところが歩兵は、少佐の大隊長となってようやく乗馬本分者となる。それまで待っていられない、これが歩兵を忌避する理由になる。それに加えて、いくらこれといった芸がないにしろ、十把一絡げで歩兵にされるとは心外という気持ちもあるだろう。

早くから馬に乗れるとなれば、まず騎兵科だ。符号は「K」（kavallerie）、定色は萌黄だ。騎兵自身は自分達を「ナイト」と称していたが、ほかからは「バキ」（馬狂）とか「単才」（任務が単純で単細胞）と呼ばれていた。はずれ覚悟で志望は騎兵科、任地は東京とやる人は多い。あわよくば観兵式の花形の近衛騎兵連隊の一員になろうというわけだ。ところが騎兵の適性は厳しい。視力と聴力は完全、騎馬に適した体格、敏捷、言語明瞭となる。しかも人数的にも狭き門だ。陸士卒業生の六パーセントほどが騎兵だから、区隊で一人という枠に入るのは大変だ。そこで志望が通らず歩兵となった者が、バタバタ歩いている横を颯爽と追い越して行く騎兵を見て、「あのバキめが」とやっていたわけだ。

砲兵科の符号は「A」（artillerie）、定色は山吹、俗称は「ガラ」だ。砲車を輓曳するとガラ、ガラと音がするからとか、日露戦争までの火砲は砲身の後座装置がなかったため、発射するたびに砲車ごとガラ、ガラと後退するからとか語られている。砲兵科は最初から乗馬が必須、しかも陸士卒業生の二〇パーセントほどと騎兵科よりも間口が広い。また、第一次世界大戦は砲兵の戦いが主体であったため、力を入れた兵科だったから人気があった。ただ、理数系の能力が求められるし、陸士卒業後も砲工学校で一年履修し、成績上位三分の一の者はさらに一年、高等科で学ばなければならない。この高等科で優等となると、陸大恩賜と同等な扱いになるが、技術畑に回される可能性が高くなるので、それを嫌って優等にならないよう手加減するといった珍現象もままあったという。特に優秀と認められると、員外学生として東京帝大などの理工系に派遣されて三年間履修する。員外学生となれば、中将は保証されるが、大将にはしないのが不文律になっていた。

工兵科の符号「P」（pionier）だが、これは大陸系によるもので、英米系は「E」（engineer）とする。定色は鳶色、戦場の棟梁を自認する工兵は、定色通り「鳶」（トビ）と自称していたが、俗称はもちろん「土方」だ。工兵科の将校は、俗称のイメージとはほど遠く、最も理数系に強く、理知的な者の集団だった。彼らの武器は計算尺だと言えば、おおよそのイメージがつかめるだろう。また、工兵は全軍をリードして先頭を進み、後退する場合は殿軍を務める。そのため、技術を駆使して戦闘支援をすると同時に近接戦闘能力も求められる。さらに大変なことに、工兵に回される徴集兵の多くは、土木、建築、漁業に従事していた者で、軍隊より娑婆の毎日の方が厳しい。これを統率、統御するのは大変で、陸士を出たからといって誰もが勤まるものではない。そんなことで、特に東京、大阪の工兵部隊で少尉が勤まれば、一生、部下で苦労することはないと語られていた。

輜重兵科の符号は「Ｔ」（train）、定色は藍、俗称は「ミソ」、仲間はずれの「お味噌」からきているのだから酷い話だ。これから補給軽視、兵站無視、それこそ日本の敗因とするのは論理の飛躍で、輜重兵を格下に見るようになったのは、ちょっとした誤解からだった。

それは輜重兵と輜重輪卒との混同だ。輜重輪卒は雑卒の一つとして始まり、臨時輪卒、補助輪卒、輜重輪卒と名称が変わったが、始まりが雑卒だったから二等卒（二等兵）の下という印象がつきまとう。この輜重輪卒が構成する補給線を警備、統制するのが輜重兵なのだが、軍人の間でもはっきり認識されていなかったようだ。昭和十六年度から輜重輪卒はなくなったが、長年の因習はなかなか消えなかった。ある時、幼年学校出身者が輜重兵に回されると、憤慨して学校中の電球を割って歩いたという事件があってから、幼年学校出身者は輜重兵科に回さないようになったという。

航空兵科の符号はＦ（flieger）、定色は群青だ。俗称は「トンボ」、説明の必要はないだろう。航空兵科は大正の軍備整理での目玉ということで、大正十四年五月に独立した。陸士での航空関連の教育は、大正十三年七月に予科入校の陸士四〇期から始まっている。そして昭和十三年十月に航空士官学校が独立して大量育成が始まる。教育体制が整うまでは、技術の面で工兵科、主に弾着観測の面で砲兵科、偵察という見地から騎兵科からの転科でしのいでいた。また、航空科の幕僚陣を強化するため、昭和十二年から十三年にかけて主に砲兵科で陸大恩賜組を転科させた。生え抜きの航空兵は技術に明るく、運用は暗い。陸大恩賜の転科組は運用には通じているが、技術には暗い。技術と運用の両輪がそろって初めて航空兵科のあるべき姿が確立するのだが、その途上にあったままで大東亜戦争に突入したということになるだろう。

憲兵科の符号はMP（militärpolizei）、定色は黒、これでかなりイメージが暗くなった。俗称は「イヌ」だが、憲兵練習所は綱吉将軍の時代、中野の野犬保護施設の跡地にあったためと説明されている。陸士では憲兵の教育は行なわれず、少尉任官時から憲兵という人はいない。すべてほかの兵科から転科した者が充てられる。多くがケガや病気のためやむなく転科して憲兵訓練所、昭和十二年からは憲兵学校で専門の教育を受ける。また、ごく限られたことだが、早くから憲兵に適するとされた人は、大尉の時に東京帝大の法学部に派遣学生として入学して三年間履修する。これは陸大恩賜組に伍するエリートとされる。また、前述した航空兵科の強化と平行して憲兵科も充実させるということで、半ば強制的に憲兵科に転科させたこともある。

◆各兵科の勢力図

これら兵科の関係はどうなっていたのか。士官候補生の一期から兵科が撤廃される前の五四期まで卒業生は約二万八〇〇〇人だった。このうち概算で歩兵科が六〇パーセント、騎兵科が六パーセント、砲兵科（野砲、要塞砲、重砲、山砲の合計）が一九パーセント、工兵科が七パーセント、輜重兵科が四パーセント、航空兵科が四パーセントだった。平時編制の師団の各兵科の割合とほぼ一致している。兵科のパワーを象徴するものに、輩出した大将の人数がある。草創期を除く大将は九六人、うち歩兵科出身は六三人、砲兵科は二〇人、騎兵科は九人、工兵科と航空兵科が共に二人ずつ、輜重兵科はゼロとなっている。なお、航空兵科出身の大将は杉山元と小畑英良だが、杉山は歩兵科から、小畑は騎兵科からの転科組だった。

三長官を兵科別に見てみよう。旧一期から二〇期までの陸相は、再任を除いて二四人だったが、歩兵科出身は一六人、砲兵科は四人、工兵科は二人、騎兵科と航空兵科が共に一人ずつ、輜重兵科はゼロだった。同じ期間の参謀総長だが、草創期の閑院宮載仁を含めて八人、歩兵科出身は四人、騎兵科は二人、工兵科と航空兵科は共に一人ずつ、輜重兵科はゼロとなっている。同じ期間の教育総監だが、草創期の一戸兵衛を加えて一九人だが、歩兵科出身が一二人、砲兵科は三人、騎兵科は二人、工兵科と航空兵科は共に一人ずつ、輜重兵科はゼロだった。

三長官を歴任した工兵科出身の上原勇作と航空兵科出身の杉山元、そして騎兵科出身の閑院宮載仁が加わってこの結果だ。この三人がいなければ、歩兵科出身者の比率はさらに高まった。将校全体の六割が歩兵科なのだから、当然の結果だとは言えるが、よくぞほかの兵科が黙って受け入れたものだ。文句を付けたくとも、歩兵科が人事を握っているのだから黙っているしかない。工兵科出身の石本新六が事務取扱の人事局長に就いた以外は、人事局長の全員は歩兵科出身、補任課長も全員歩兵科と徹底している。参謀の人事に関与する参謀本部庶務課長は、一人を除いて歩兵科だ。教育総監部の庶務課長は最初の三人が砲兵科だったが、それからは全員歩兵科だった。

これでよくぞ「歩兵科閥横暴」という不満の声が表面化しなかったと思う。歩兵はいかなる地形や気候を克服でき、一定の地域を占領してそれを確保する能力があるため、「軍の主兵」という地位を確立しており、それを誰もが認めていたから、あれこれ文句も言えない。そしてまた、各兵科で住み分けができていたことにもよる。それぞれに、ほかから容喙されない得意な分野があった。

騎兵科は人が少ない。軍縮期は各期三〇人から二〇人、一〇人台にまで落ち込んだこともある。これが騎兵科の弱みだが、逆に強みでもある。五期先輩、五期後輩までならば、名前と顔が一致する。教育総監部の騎兵監は、少なくとも騎兵の佐官までの名前、顔、配置、考科表の概略、さらには性格まで頭に入っている。これならば一糸乱れぬ団結が生まれ、閑院宮載仁の下、騎兵科の流れを形作り、敗戦まで騎兵科出身の大将を絶やさなかった。

当然のことながら、陸士と陸大の馬術教官は騎兵科が押さえていた。特に陸大では馬術に力を入れており、かつ点数が付けやすいこともあって、これで卒業成績が決まったという時代すらあった。そうなると、そこから騎兵科の権威というものが生まれる。そして騎兵科は馬匹を管理していたことが大きい。平時、陸軍は毎年一〇〇〇頭の二歳牡馬を買い上げ、これを全国と朝鮮にある八ヵ所の軍馬補充部支部で放牧、調教して五歳馬で部隊に配備する。この軍馬補充部と陸軍省軍務局の馬政課（馬政課で始まり、次いで騎兵課、また馬政課、昭和十一年八月から兵務局）は騎兵科で固めている。全軍の足を支えていることは権威の源となる。また、乗馬本分者に引き当てられる乗馬には「馬籍」があり、不都合があって交換してもらうのはなかなか厄介で、馬政課長に直訴しなければならなかったという。これまた騎兵科の地位向上をもたらす。

砲兵科の人員は歩兵科の三分の一ほど、歩兵科に対抗できる勢力となるだろう。しかし、砲兵科は分化を余儀なくされる。当初は野砲と要塞砲、ついで山砲、野戦重砲、攻城重砲、さらに高射砲が加わってくる。そして運用と技術にも分化する。砲工学校のトップクラスは、員外学生に出て技術畑に進む。これで砲兵科の陸大合格者がかなり減る。さらには技術畑と一口に言っても、これまた研究、生産、そして兵器行政と分化する。これらはパワーの分散を意味して、運用面で歩兵科と肩を並べることが難しくなる。

しかし、騎兵科は馬匹を握ったことによって勢力を維持したように、砲兵科は装備全般を掌握していたことで優位に立つ。航空兵器以外のものを所掌するのは、造兵廠、昭和十五年四月の改編で兵器本部、さらに十七年十月から兵器行政本部となって終戦に至る。これらの長は一一人を数えるが、歩兵科出身はただ一人、あとはすべて砲兵科だった。昭和十七年十月の時点での兵器行政本部の陣容を見ると、本部長、技術部長、造兵部長は砲兵科出身だった。技術部長の下の一〇人の研究所長は砲兵科出身が七人、工兵科出身が三人だった。造兵部長の下の八人の造兵廠長は砲兵科出身が七人、歩兵科出身が一人となっていた。兵器全般が砲兵科に握られていることが、歩兵科にとって不満の種になっており、「だから歩兵の装備が遅れてしまった」とまで言われていた。

工兵科は騎兵科より少し多い程度の人員数だから、「工兵一家」という意識で結束が強い。部下の考科表は悪く書かず、互いに褒め合うのが工兵科の美風とされていた。そのためもあり、将官への進級率は工兵科が一番高かった。加えてほかの兵科の者では勤まらない専門分野を持っている。時代を追うに従って存在意義は薄れたが、築城本部はまさに工兵科の城で、歴代一七人の本部長のうち、一人だけが歩兵科出身でほかは工兵科出身だった。今日なお、陸軍の偉大な遺産とされる国土地図は、参謀本部の陸地測量部によって作成された。これはまさに工兵科の独壇場で、歴代一八人の部長はもちろん全員工兵科出身だ。

技術によって戦闘支援をするという砲兵科と共通する点があるため、工兵科は砲兵科とおなじような問題を抱えていた。すなわち技術と運用の分化、優秀な者は員外学生に出さなければならないなどだ。工兵の軍隊符号はパイオニアのPだから、戦場では突撃路や進撃路を開設するパイオニア、技術でもパイオニアであることが期待され、なにか新しいものが導入されると、まずは工兵科にまかす。通信、鉄道、航空、これみな最初に手を付けて基礎を作ったのは工兵だった。

建軍以来、工兵は大隊、昭和十一年度以降は連隊編制を採って師団に編合されていた。これは戦闘工兵（甲工兵）と呼ばれ、築城、渡河、交通を主要な任務としていた。日露戦争後、旅順要塞攻略戦の教訓から、一部の部隊に坑道戦専門の乙工兵の一個中隊が設けられた。第一次大戦での青島要塞攻略戦後、重架橋、重桟橋を専門とする丙工兵が生まれ、これも一部の部隊に一個中隊配備された。支那事変が始まると、さまざまな戦闘様相に対応するため、軍直轄の独立工兵連隊が編成される。まず、上陸作業の丁工兵が生まれ、これが船舶兵に特化する。機舟を使っての大河渡河の戊工兵、特火点（トーチカ）や堅陣攻撃の己工兵、有線操縦の小型装甲機による陣地帯突破の辛工兵とに分化した。「なんでも任せろ、やってやる」というのが工兵の本領にしても、よくぞ対応できたものだ。

昭和初期の航空兵科を除けば、輜重兵科は最小の兵科だった。弱小集団は団結するという法則通り、教育総監部の輜重兵監以下、新品少尉まで一家という意識が強く、その点は工兵科とよく似ている。ところが輜重兵科は歴史が浅く、陸士での教育が始まったのは、明治三十二年十一月卒業の一一期生からだった。それまでは、ほかの兵科からの転科に頼っていた。輜重兵科で最初の陸大卒業生は明治二十九年三月卒の第一〇期、最後の昭和二十年八月卒の六〇期までで合計四六人となっている。陸大恩賜をものにした輜重兵は四人だった。なお、陸軍兵站の始祖とされる大沢界雄は、歩兵科で陸大四期を恩賜で卒業したのちに輜重兵科に転科している。

元来、輜重兵科は運用と技術が明確に分けられていなかった。また、原則として輜重兵は砲工学校には進まない。そのため員外学生に出た輜重兵は三人、それぞれ電気、燃料、自動車の部門に進んだが、それだけで終わった。これではいくら団結が堅くとも、兵科としての

砲兵科出身で輜重兵監
となった井上達三

発言力は弱くなる。その結果、トップに立つ輜重兵監二一人中、騎兵科に一回、砲兵科に二回奪われるということも起きた。昭和七年十二月、重砲兵学校長の井上達三が輜重兵監となった時、在京の輜重兵科の将校が陸相官邸に座り込みをするのではないかとの騒動になった。弱小兵科の悲哀だ。

　昭和十二年度から自動貨車（トラック）の導入が本格化すると、輜重兵科の地位が向上した。特に昭和十五年二月から支那派遣軍で編成された自動車連隊一九個は、大陸戦線不敗の原動力となった。馬匹による補給で磨いた腕に自動貨車という新装備が与えられたのだから、輜重兵科が活躍するのも当然だ。また、自動貨車の設計、製造は民間メーカーに依存していたことも良い結果を生んだ。さらにこの分野を中央で統制したのが柔軟な経理局だったから、部品の調達、補給までの事務が円滑に進展したとも語られている。

　航空兵科として陸士から教育が始まったのは、本科入校が大正十五年十月の四〇期からだったから、生え抜きのトップクラスは中佐で終戦を迎えている。それまでは転科でまかなってきたのだから、兵科としてのカラーが確立することはできなかった。航空兵科の草創期、技術畑からの転科組が主力だった。これだけでは運用面が弱いということで、陸大卒業生を転科させた。必要な施策には違いないが、この陸大卒業生は優秀な者ほど観念的になりやすく、技術に暗いばかりではなく、それを軽視する傾向にある。これではラインとスタッフの調和が保たれないばかりか、兵科内での対立をもたらす。

昭和十四年五月からのノモンハン事件で、こんなことがあったという。ある時、第二飛行集団の参謀がモンゴル領内への長距離偵察命令を伝えた。地図に入れてみると、偵察機の行動半径の外、「足が届かない」と言うと、その参謀は「精神力で飛べ」と怒鳴る。仕方がないと飛び上がったところ、往路も復路も追い風で無事、偵察して帰着した。するとくだんの参謀は、「行ってやるとの気迫が大事なのだ」とのたまい、反論する気持ちにもならなくなったという。

昭和十九年三月、参謀次長の後宮淳は航空本部長兼務となった。彼の持論は、「突撃は歩兵の精華」であり、それこそが帝国陸軍の精神としていた。これを航空にも適用し、天候気象、機材整備を理由に戦力発揮ができない航空は、この突撃精神が欠如していると決め付けた。これがすぐ「特攻」という悪夢に発展した。

憲兵科は七兵科の一つにせよ、ほかの兵科と同列には扱えない。陸軍が限界にまで膨張した終戦時、陸士出身の憲兵将校は概数で三七〇人、その配置は関東憲兵隊に三五人、中支憲兵隊に三二人、東部憲兵隊に二六人、憲兵司令部に二四人、朝鮮憲兵隊に二一人が主なところだ。これでは弱小兵科とも言えない存在だ。そもそも憲兵科には「監」はおらず、憲兵司令官がそれに準ずる地位にあるが、旧一期から終戦まで二五人の憲兵司令官のうち歩兵科出身が一八人、憲兵科出身が四人、砲兵科出身が三人だった。憲兵科がどう扱われてきたかを物語るよい例証だ。

しかも、憲兵司令官は陸相の区処を受けている。昭和六年十月、桜会の急進分子がクーデターを画策、暴発寸前に自首した者があって計画が露見した。逮捕すべき者の氏名から居場所までわかっていながら、身柄の拘束もできない。南次郎陸相の指示がなければ、憲兵司令官の外山豊造は動けない。ようやく陸相の断が下っても、駆けつけた憲兵は恐る恐る同行を求める始末だった。そもそもが弱小兵科で冷遇されているからと、憲兵が有力メンバーとして桜会に加わっていたのだから始末におえない。これでは二・二六事件を防止することは望めない。よく憲兵が猛威を振るって一般社会にも弾圧を加えたと語られるが、それは東條英機首相兼陸相と東京憲兵隊長の四方諒二のコンビが生まれた昭和十七年八月からの一時期だった。

このように歩兵科は、憲兵の領域にまで深く浸透していた。各実施学校はその兵科の神聖な牙城だった。ところが、それぞれに歩兵科の教官が配置されている。歩兵は軍の主兵であるから、各兵科はこれを支援しなければならず、そのためには歩兵の戦術を知らなければならないという論理の運びだ。ところが歩兵学校には、ほかの兵科の教官がいない。いくら主兵といっても、特科のことを知らなくても良いという理屈はないはずだが、歩兵学校はこれを受け入れない。また、歩兵連隊とセットになっているにしろ、連隊区司令官は歩兵大佐が独占していた。

これだけ多くのポストを占めているのに、歩兵科は隙間があればどこにでも入ってくるので「空気」と冷やかされていた。いつの頃からか、幼年学校の生徒監、士官学校の区隊長や中隊長に歩兵科が入り込み、これを既得権として壁を作った。この陸士の区隊長、中隊長は、候補生の卒業成績に大きな影響を及ぼすから、スタートの時から歩兵科が優位に立つ。また区隊長は、陸大受験の勉強をするのに最も恵まれた配置だから、これまた歩兵科優位の材料ともなる。中隊長は無天組で最優秀な者の指定席だが、これで歩兵科の人事が円滑に回るようになる。東京に尉官のポストをより多く確保できたことは、歩兵科にとって大きなメリットとなった。

要塞司令官は築城本部のラインの長だから、重砲兵、工兵出身者があてられると思いきや、ここでも歩兵科が入り込む。東京湾要塞は首都の最終防御線を固めており、海軍の横須賀鎮守府司令長官のカウンターパートとなるから、ここの司令官は象徴的な意味を持つ。陸士旧一期からの東京湾要塞司令官は三二人を数えるが、歩兵科出身が一四人、砲兵科が一〇人、工兵科が七人、航空兵科（歩兵科からの転科組）が一人だった。大阪湾防衛の由良要塞は、歩兵科出身の将官人事を回すために使われるケースが多かった。舞鶴や鎮海湾の要塞司令官は、問題のある人を隠すポストとして使われていた。

とにかく前述したように、歩兵科は人事を握っているから、ほかの兵科はなかなか対抗できない。どうにか対抗できるのは砲兵科だ。火砲を死守する砲兵科と、それを一部でも割愛しようとする歩兵科との深刻な論争があった。昭和七年一月からの第一次上海事変での戦訓の一つに、堅く防備された敵機関銃陣地をどうやって撲滅するかだった。工兵の挺身攻撃にも限界があり、歩兵に強力な火力を与えるほかないとなった。ちょうどこの頃、新型の九四式山砲の開発も進み、制式化、量産もすぐとなっていた。そうなると従来の四一年式山砲が余剰装備となるので、これを歩兵科に回して歩兵連隊に四門装備するとの案が浮上した。もちろん歩兵学校の提案だ。四一年式山砲は、放列重量五四〇キロ、六つのパーツに分解しての駄載が可能、これならば歩兵の第一線に追随できる。しかもこの山砲は、弾道が低伸する直射砲だ。

歩兵連隊に四門ずつという細かい話にせよ、全軍一七個師団・歩兵連隊六八個に歩兵学校の教導連隊を加えると山砲二七六門となる。これを砲兵科から移管し、編制を替え、予算措置を講じ、教育体制を整えるのだから大仕事になる。これは昭和七年夏からの話だが、この頃、軍務局長は山岡重厚、その下の軍事課長は山下奉文、参謀本部第一課長は東條英機、実施学校を扱う教育総監部第一課長は山脇正隆と歩兵科で固めていたから、この事業は簡単にまとまると思えた。

ところが砲兵科は、参謀本部第二課長で砲兵科の鈴木率道を先頭に押し立てて反撃した。第二課長は参謀本部の筆頭課長で発言力がある。しかも鈴木は石原莞爾を押さえて陸大三〇期の首席、早くから作戦の神童として知られていた。彼は四一年式山砲は重すぎる、第一線で軽快に火力を発揮するには、より軽量な歩兵専用の火砲を開発すべきだと強く主張し続けた。そもそも砲兵の技術は、そうやすやすと習得できるものではないとも主張する。砲兵の見地からは、反対の理由はあれこれ付けられようが、心の底には歩兵に火砲を持たせたくないという気持ちがあるのだから、議論は感情的になって紛糾する。陸軍省は傍観、参謀本部の第一課は賛成、第二課は強く反対となった。結局、昭和八年六月から参謀次長となった植田謙吉は、決定しないという決定を下した。ところがさるもの、歩兵科は歩兵連隊に山砲を仮装備するとし、配備を密かに進めた。

このような歩兵科と砲兵科とのいざこざは、昭和十五年九月に兵科が撤廃されるまで水面下で続いた。この兵科撤廃で憲兵科以外は区分がなくなり、それまでの陸軍歩兵大佐、陸軍砲兵中佐という呼称は一律、陸軍大佐、陸軍中佐となった。人事管理面から兵科に替わって細分化された隊種が定められたが、すでに戦時だったためもあり、以前の兵科意識のようなものは生まれなかった。昭和十七年四月の人事を見ると、軍務局長の佐藤賢了、軍事課長の西浦進、兵務局長の田中隆吉、参謀本部第二部長の岡本清福らは砲兵科出身だった。兵科意識が濃厚な時代だったならば、問題になりそうな配置だった。

このように見てくると、日本陸軍では本当の意味での兵科閥が生まれる素地そのものがなかったように思われる。異様なまでに数理に優れた者が希望すれば、当局は技術畑に進ませようと砲兵科や工兵科とする。抜群な体力のある者が歩兵科を志望すれば大歓迎される。しかし、多くの者は希望など無視され、その他大勢と機械的に分けられる。ほとんどの者は、たまたまという契機によって集団の一員となり、いわゆる共同社会に生きることとなり、それを「村社会」と言い換えてもよいだろう。そこには最初から明確な選択意志というものがないのだから、強固で純粋な兵科閥は日本では生まれないという結論になる。

第四章

天保銭組と無天組

「一般に戦争で名声をあげた諸国民のあいだに名将が出現したのは、常に国民の教養が比較的高度に達した時代の出来事であった」

カール・フォン・クラウゼヴィッツ『戦争論』

◆陸軍大学校の目的と存在意義

陸軍士官学校出身の将校を明確に二分するとなれば、陸軍大学校の正規課程を修了した「天保銭組」と、陸大に進まなかった「無天組」となろう。大東亜戦争の開戦時、五一個師団基幹だったが、無天組の師団長はわずか二人だった。また、軍司令官などは二七人、これすべて天保銭組だ。意図的に作ろうとしたのかどうかは定かではないが、軍内に階層があったことは事実だろう。これをインドのカースト制になぞらえば、作戦立案という神殿に奉仕するバラモンが天保銭組、武人として現場に立つクシャトリアが無天組とでもなろうか。

結果的に陸大は、軍内に階層を形成させたのだが、それが本来の目的ではなかったはずだ。明治十五年十一月に定められた陸軍大学校条例によると、その目的は「将来の参謀職に堪ゆべき者を養成する」とあった。この条例は明治二十年十月に改定され、「高等兵学を教授し、将来参謀官、高等司令部副官及び教官に充つるを目的とし並に高等職務に堪ゆべき学事上の基礎を修得せしむ」となった。さらに明治三十四年十月の改定で、「高等用兵に関する学術を修めしめ併て軍事研究に須要な諸科の学識を増進せしむる」となり、この方針は終戦まで続く。

このように当初は参謀を養成する教育機関だったが、すぐに目的が抽象的かつ高尚になって焦点がぼけてきた。常に指摘されてきたことだが、陸大は幕僚の養成機関なのか、それとも将帥を育てるところなのかという根源的な問題に逢着する。この疑問への回答は、権威ある学校を設けて高等兵学もしくは高等用兵を教授すれば、将帥の卵が孵化するはずというものだったようだ。江戸時代から昌平黌、各藩校、寺子屋と学校教育に熱心だった日本らしい発想といえよう。

戦争ばかりしてきた西欧列強では、また違った考え方をする。個々人が持って生まれた性格は決定的なもので、その性格による意志によって軍人の本質である行為がなされるとする。この性格というものは、そう簡単に変わるものでもないし、学校教育でどうにかなるものでもない。その性格を賢いか、愚かか、また勤勉か、怠惰かに分けて組み合わせる。

もちろん望ましいのは賢くて勤勉な者で、参謀適格者となる。滅多に現われない軍事的天才の代わりに、衆知を集めて作戦を立案する組織を作る。その構成員を養成するところが陸軍大学校となる。では、将帥はどうかというと、これはどうにも育てられないとする諦観が西欧列強軍を支配していた。頭は切れるが怠惰な者は、図太くて決断力があるので高級指揮官向きとするのが有力な説だ。頭は悪いし怠け者、使い途がないように思うが、自分の生死を考えないから、戦争に不可欠な侍大将として使えるのだそうだ。では、日本では好まれがちな頭は鈍いが勤勉な者は、ある種の危険性を秘めているので軍から排除すべきというのが西欧の軍隊での見方だ。必ずしも勤勉さは美徳ではないというのだが、これは農耕民族と狩猟民族や遊牧民族、社会が貴族的かどうかによって生まれた違いなのだろう。

こんな衒学的な解説はさておき、陸大がウォーカレッジだったとすれば、また別な目的を掲げてもよかったはずだ。ここで国軍の教義（ドクトリン）を定め、全軍の意思統一を図る。その集合教育を受けた者が部隊に帰り、今度は教官になって普及教育を行なう。人に教えるということは、教わる側よりも数倍の勉強をしなければならないから、陸大で習ったことに磨きをかける絶好の機会となる。そして部隊で教わった者も感謝の念が芽生え、その結果、天保銭組、無天組といった意識も生まれなかっただろう。実際は天保銭を吊れば、部隊勤務は腰掛け程度の年季稼ぎだったのだから問題も生じる。

さまざま掲げられた高尚な目的よりも、差し迫った理由から陸大が設けられた側面もある。建軍当初、将校の多くは下級士族の出で満足な教育を受けておらず、幕末の志士気取りで流連荒亡の毎日を過ごす。そして大酒の揚げ句、警察官との揉め事だ。これに手を焼いた陸軍当局は、明治五年一月に軍人の守るべき規範として「読法八カ条」を制定した。続いて西南戦争後の明治十一年十月に「軍人訓誡」、十四年十二月に陸軍刑法と海軍刑法を制定、そして仕上げに十五年一月発布の「軍人勅諭」だ。

これらによって軍規の確立は緒に付いたが、将校は依然として勉学には興味を示さない。剣術と馬術は昔から武士の嗜みだからそれなりにやるが、肝心の戦術となると敬遠し、いつまでも源平合戦、戦国絵巻の講談の域に止まる。基本的な教育を受けていないから、勉強の仕方が分からないという事情もあったろうが、これに向学心を植え付けなければ西欧列強に追い付けない。その一つの施策が陸大の創設だった。軍人の社会にも科挙の制度を導入するということで、これに合格した者は人事や処遇の面で優遇するとしたわけだ。

明治十六年四月、陸大一期生が入校し、十八年三月にプロシャ陸軍のクレメンス・メッケル少佐が来日、彼の指導の下で参謀育成教育が進められることとなった。初期の頃から軍の英才が競って集まり、熱心に勉学に努めたということでもなかった。東洋人蔑視を隠そうともせず、高圧的なメッケルの姿勢に反発したという面も大きいようだが、一期生は一九人が入校で九人が退学、二期生は一四人が入校で五人が退学、三期生は一一人が入校で四人が退学と、とても人気のある学校とは言えなかった。そこでどうするか、目に見えるエサで釣ろうということになった。

軍人が恋をするものは勲章だから、そこをくすぐったらどうかとなり、明治二十年十月に陸大卒業徽章が制定された。ちょうどこの年、八厘で通用していた天保銭が廃止となったが、楕円形の形状が似ているということで、天保銭と俗称されることとなった。出身学校を示す徽章を常時身に着けるとは珍妙なことだが、これを右胸の下に光らせることが青年将校の熱望するところとなり、向学心が啓発されることとなった。同時に天保銭組と無天組との垣根が常に目に付くこととなり、それも二・二六事件の遠因の一つとされ、事件直後の昭和十一年五月に天保銭は廃止されることとなった。ところが、どうも胸が寂しいという声があり、昭和十八年に天保銭と同じ形の部隊長徽章が制定されている。

また、優秀な成績で卒業すれば、陸士と同じく賞賜品があることも青年将校の意欲を誘った。明治二十三年十二月卒業の六期生までは望遠鏡が下賜されていたが、それ以降は軍刀となったので、誰もが熱望するようになった。「俺の軍刀は陛下から授かったもの、抜いて見たりしたら目が潰れるぞ」と自慢もできる。陸士で恩賜の銀時計を逃した者は今度こそとなるし、二連覇を狙う者もいる。陸大には素行点がないから、恩賜をものにするのは簡単だと豪語する人もいて賑やかになる。なお、恩賜の軍刀組は六人が原則だった。

一般社会での教育や官僚の制度が整備されると、軍もそれに応じることとなり、陸大の存在も広く社会で大きな意味を持つようになった。明治二十六年十月、文官任用令と文官試験規則が公布され、高等文官試験（高文）などが実施されるようになった。また、翌二十七年六月には、高等中学が高等学校と改称されている。修学期間からすると、陸士修了は高等学校卒業と同等、そして陸大は帝大に相当することとなり、陸大を修了すれば高文試験合格と同等と見なされた。どうということもないようだが、当時はこれが位階勲等、宮中席次にも関係するので重視され、その点も陸大の存在意義となった。

陸大は当初、三宅坂の参謀本部内にあったが、明治十六年一月に和田倉門付近に移転、さらに二十四年四月に青山（青山一丁目交差点、現在の青山中学）の新校舎に入り、終戦にいたる。教育機関ながら監軍（明治三十一年一月から教育総監部）の所轄ではなく、参謀の養成ということで参謀本部の下に入った。陸大の修学期間は一期から三期までは二年半、四期からは三年となる。支那事変が始まったため、昭和十三年卒業の五〇期から二年半、すぐに二年、一年半と短縮され、最後の六〇期は昭和二十年二月入校、同年八月修了となっている。

ここでは修学三年での教育内容を見てみよう。一般大学と同じく教養課程として数学、歴史、統計学、国際公法、国法学もある。力を入れていたのは語学で、英語、フランス語、ドイツ語、ロシア語、中国語のうち一ヵ国語を選択、各学年一五〇時間が配当されていた。一般大学にないのが馬術だが、これも重視され各年一四〇時間も配当されていた。この馬術が成績を左右する時代もあった。兵科があった陸大五三期までを見ると、首席四八人中、騎兵科は六人だった（五期までは首席を決めなかった）。また恩賜は二八二人中、騎兵科が三四人を占めていた。騎兵科の人数を考えれば出来過ぎのスコアーだが、馬術の腕がものを言ったということになる。

専門教育は、戦術、戦史、参謀要務が中心だ。学校内での授業は、戦術が週六時間、戦史と参謀要務が週二〜四時間だった。戦術と戦史の授業は専任教官が行ない、参謀要務は中央官衙に勤務している者が兼任教官となって担当する場合が多い。最も重視される戦術の授業は、学生を十数人の班とし、これに教官一人が付くゼミナール方式だった。まず教官が想定、状況を示し、それに対する措置が宿題となる。次回の授業で学生は宿題の答解を提出し、それぞれの班で論議、批判し合い、ある程度の結論が出ると教官が原案を示す。そして次の宿題が与えられるというサイクルで進められる。

ゼミナール方式で学生同士の自由闊達な討論によって授業を進めるとは、時代を先取りした教育手法だと感心させられる。しかし、物事には表があれば裏もある。毎回が試験で点数を付けられるとなると、自由闊達だけでは済まされない。教官が示す原案により近い方が点数が高いことは明らかだ。そうなると、自分はこう考えるが、あの教官の性格や習癖から原案はこうだろうと読んで、それに沿って答解する。これは後述する参謀演習旅行の際に顕著となる。こうなると戦術の腕を磨くというよりも、予想や占いの領域だが、それが上手い者が成績上位となって栄達の道を進むのが現実だった。

二学年、三学年になると年間二〇回ほどの兵棋演習が行なわれる。これは将棋と同じで、駒を動かしての図上演習だ。これまた教官の原案に近いものが成績が良い。さらに春と秋の二回、野外に出て実際の地形、地物を見ながらの現地戦術が行なわれる。そして三学年では、参謀演習旅行が催される。各班に分かれて実際に司令官、参謀長と命課されての対抗形式の現地戦術や、随伴する教官による口頭試問が行なわれる。この参謀演習旅行の成績が陸大の卒業序列に直結する。

このような教育の手法は、西欧列強軍が長年にわたって編み出したもので、戦術の教育はこれしかないとされるほど完成度の高いものだ。どの教育の場面でも、幕僚として強く求められる資質、すなわち仕える指揮官や部下に対して自分の考えをプレゼンテーションする能力は高まる。しかし、その長所は短所ともなる。日本語は論理性に欠ける点があるから、「白馬は馬に非ず」式の詭弁を弄しやすく、それで相手を論破して折伏させればよいという思潮になりがちだ。また、班内には陸士の後輩もいるのだから、大声を出して威圧すれば勝つという場面も起こる。そもそも教官の中にそういうタイプもいるのだから、学生はそれを見習う。そんなことは論争のための論争で、建設的でないことは承知しつつも、成績のためにはやらざるを得ない。

理屈を言い募って相手を論破するという悪癖は、無天組との溝を深くする。優秀な無天組が集まっている歩兵学校などの実施学校に配置された天保銭組が、「机上の作業だね、利根川はそこで渡るとは無茶無謀」と冷笑されたり、師団参謀となってあれこれ口が多いと、「戦術談義はもういいよ、参謀要務をきちんと学んだのか」と批判される。こうなると天保銭組でも惨めで、天保銭が八厘で通用していたことから「一銭にもならない」とか「サビ天」と呼ばれる存在となる。そうなると、ますます陸大卒の肩書にすがり、組織の中で浮き上がってしまう。無天組が天保銭組に抱く劣等感だけが両者の間の溝を深くしたのではないのだから、より深刻な問題に発展する。

そしてより本質的な問題が、陸大での教育に潜んでいた。よく陸士は「記憶の学校」、陸大は「判断の学校」と語られていたが、それ自体は問題ではない。基本基礎を暗記させておき、今度はそれを活用して判断させるという教育は理に適っている。問題は、想定や状況が与えられての判断の域に止まっていたことだ。自由な発想と観点から物事を考えるということを習性化させるような教育ではなかった。陸大は陸軍の最高学府と称しながら、実務教育に止まり、自由な思考によるアカデミックさが欠けていたことになる。

戦争という怪物の深奥を見つめる目を養うことこそ、最高学府のなすべきことではないだろうか。そうだとすればカリキュラムに哲学、社会学、さらには神学といった形而上の学問を加えるべきだ。そうしないと夷狄相手の戦争という社会現象を理解することができず、対応の方法も思い浮かぶはずがない。そんな幅の狭い教育を受けた者が、戦争指導とか国家総力戦などと論じていたとは滑稽なことだった。

◆陸大受験戦争の後遺症

陸軍大学校は各帝大並の難関であることは、広く一般にも知られていた。何事にも大上段に構える陸軍のことだから、陸大の受験資格も大仰なものだった。「各兵科の中少尉にして二年以上隊務に服し、身体強健、勤務精励、気節あって識量に富み且学術才幹卓越にして将来充分発達すべき判断力を有する者」これが受験資格だ。これを満たしたと思っている者が毎年数百人もいるということを疑問に思わないとはたいした自信だ。なお、昭和十七年卒業の陸大五六期からは、少佐になって受験資格が生まれることとなった。

この資格を満たしたと思う者は、誰でも自由に受験できるのではない。連隊長など所属部隊の長に選抜されて受験資格が生まれ、さらに所管の師団長の命令で受験することとなる。部下が陸大を受験するとなると、後述するようにあれこれ配慮しなければならないので、受験をなかなか認めてくれない上司もいるし、陸大受験を認めることを部下の統御の手段にする陰険な人もいる。しかし、そういう上司はごく少数で、大方は快く認めてくれる。部下が陸大に合格すれば上司も鼻が高いし、部隊の格も上がり、ひいては少尉、中尉が真面目に勉学に励むようにもなる。

親心があって親切な上司になると、「こんな田舎連隊にいては勉強もできまい」と、東京で勤務できるようにあれこれ運動してくれる。狙いは中央幼年、陸士予科の区隊長だ。この派遣勤務となれば時間的な余裕も生まれるし、受験勉強を指導してくれる先輩や参考書にも事欠かない。昭和十一年の二・二六事件で首魁として処刑された村中孝次もそんな一人だ。彼は旭川の歩兵第二七連隊にいたが、連隊長の山内六郎が心配して村中を陸士予科の区隊長に送り出した。この人事を認めたのが第七師団長だった渡辺錠太郎だ。村中は陸大四七期に合格するが、かなりの期間、東京にいたため革新将校のリーダー的な存在となった。そして渡辺は教育総監の時、二・二六事件で殺害されたのだから、なんとも救いようのない結末となった。

少尉の時、連隊旗手に選ばれるのも、この陸大受験がからんでいる。連隊旗手は連隊本部で副官の下での勤務だから、中隊付で新兵教育に明け暮れる者より勉強できるから、早く陸大に進めということだ。そんなことで、連隊旗手を務めた年限を隊務二年に含めるかどうかが議論されたことすらある。あれほど神聖なものとした連隊旗を奉持することが、隊務ではないと言う人がいたとは驚きだ。

陸大の入学試験は、筆記試験の初審と口頭試験が主な再審と二段構えとなっていた。連隊長から受験が命じられるのが年末、翌年四月に各師団司令部などに集まって初審を受ける。初審合格の通知は八月、そして十二月に東京・青山の陸大で再審、すぐに合否が決定し、合格者はそのまま入校、そうでない者は旅費を受け取って任地に帰る。ここで問題は、受験勉強の最後の追い込みが十月末から十一月にかけての秋季演習と重なることだ。そこで初審合格者は、兵営に残留させて勉強させる。さらに十一月中旬から休暇を与え、早めに上京させてやる。帝国陸軍版「お受験」だ。

このような陸大に合格する可能性がある者に対する特別待遇は、部隊の誰もが見ている。「頑張れよ」と温かい目で見守る人ばかりではないし、陸大など関係ない話とまったく無関心の人はいても、そう多くはないだろう。一年にわたる教育訓練の総仕上げとなる秋季演習に参加しないで、なにが勤務精励かというのも正論だ。ここに天保銭組に対する反感が芽生える。

陸大初審の科目は、初級戦術、築城学、兵器学、地形及交通学、軍制学、語学、数学となっていた。初級戦術は、操典を基礎とした戦闘原則の甲、陣中要務の乙、応用戦術の丙に細分される。これを突破するには、改めて典範令（操典、教範、諸令）を読み込んで記憶を呼び戻し、過去の試験問題に当たらなければならない。隊務のかたわらこの自学研鑽するとなると、一年から二年はかかるとされていた。この初審には例年、八〇〇人前後が受験し、陸大定員の二倍、一二〇人前後にまで絞り込んで再審となる。

再審の内容は初審とほぼ同じだが、図上戦術のほかは多くが口頭試問で、テーマが決められていない設問もある。それも頓知まがいのものもあれば、考科表を種に吊し上げという場面も多い。初審、再審共に陸士時代の修学程度を確認することが主となる。再審ではこれに加えて、プレゼンテーションの能力、どこまでわかるかは別として性格や人間性、さらに将来の進展性を見るということになる。

この再審で半分がエリミネートされる。陸大の入学者数は、支那事変が始まって戦時になる前までは、七〇人から五〇人の間で推移していた。支那事変勃発まで陸士卒業生のピークは一九期の一〇六八人だったが、そのうち陸大を卒業した者は六二人、陸大の期で七期にわたる。日清戦争以降、陸士の卒業生数が最低だったのは四一期で二一八人、うち天保銭組は三四人だった。このように時代によってバラツキはあるが、平均すると陸士各期の一割が天保銭組、そのまた一割が恩賜の軍刀組となる。

陸大は難関と語り継がれているが、これをスルスルと抜けて行く人もいる。超人的な記憶力を備えた暗記の職人にとっては、それほどの難関ではなかったようだ。また、試験とは教わったところから出題されるものだから、勘所さえ押さえておけば合格点は取れるものとする試験の達人もいる。こういった手合いは、受験資格ができてすぐ少尉で初審を突破、なりたての中尉で陸士同期の先頭で入校、そのまま卒業、しかも恩賜の軍刀をものにする者も現われる。陸士一六期の永田鉄山、一七期の篠塚義男、一八期の酒井鎬次、二二期の村上啓作、二五期の武藤章らがこの代表選手だ。

こういった突出した秀才が出ると、人事当局も補職に苦労する。とにかくまだ大尉になっていないのだから、中隊長にするわけにはいかない。では、原隊に帰って中隊付にするしかないかと思えば、中央官衙が黙って見てはおらず、ぜひうちにと引っ張り合戦となる。その結果、最初からエリートほど部隊勤務が短くなる。尉官時代に三年以上、佐官時代に二年以上の隊付勤務をしなければ、少佐や少将に進級させない内規があった。しかし、何事にも特例があるのが世の常、また三年以上といっても二年一ヵ月でもよかった。極端なケースだが、武藤章は少尉と中佐の時にそれぞれ一年一ヵ月の隊付勤務、それだけで一選抜で少将に進級しており、しかも部隊長職に就いたのは近衛師団長が最初だった。

　このようなことで天保銭組でも先頭グループは、中央官衙や陸大、海外勤務ばかりとなりがちで、軍隊の実情に疎くなる。軍人が軍隊に疎いとは珍妙なことだが、統帥大権の承行者が存在する所が軍隊で、中央官衙や学校などは軍隊ではない。陸士二〇期代の者で一選抜で走り抜けた者でも、少尉任官から少将進級まで二五年かかっている。兵隊さんはあいも変わらず三八式歩兵銃を担いでいるものの、軍隊は大きく変容しているが、エリートほどその現情を知らないということになる。

　天保銭組のエリートが軍隊を知らないということは、無天組とのさらなる軋轢をもたらす。検閲や視察などの随員として、天保銭組は参謀飾緒を吊って部隊に現われる。それがもしその参謀の原隊だったり、検閲される側に陸士同期の無天組がいるとなると微妙な空気が漂う。単なる随員、小間使いなのだが、検閲を受ける側はそう思わない。しかも、その幕僚がどのようにして陸大に進んだか知っていると穏やかに構えてはいられない。部隊のことなど上っ面しか承知していない手合いが、なにを偉そうに講釈を垂れるかと反発するのも無理からぬことだ。平時ならばこの程度の話に収まるが、戦時となって第一線で顔を合わせるとなると難しい問題に発展する。

ビルマ戦線の２人

辻政信の面倒を見続けた
第33軍司令官本多政材

強気な人で知られた
第56師団長松山祐三

昭和十九年四月、ビルマの北東正面に第三三軍司令部が設けられた。この雲南正面にあった第五六師団がその隷下に入った。第三三軍司令官の本多政材は陸士二二期、陸大二九期、第五六師団長は陸士同期で無天組の松山祐三だった。本多については辻政信との関係で前述したが、教育総監部や歩兵学校の勤務が長く、面倒見の良い温和な人だったという。その一方、松山は優秀な無天組があてられる陸士の中隊長を務め、その時に付いたあだ名が「悪漢」だったというから、広く知られた勇ましい人だった。彼は第二七歩兵団長として華北を転戦して戦さ上手として知られ、昭和十七年十二月に第五六師団長に抜擢された。

ビルマ戦線も長く、野戦の経験豊富な松山祐三としては、同期の本多政材が上司の軍司令官となり、まずは「お手並み拝見、本多に勤まるかな」といった気持ちだったにちがいない。第三三軍正面は悪戦苦闘の連続だったから無理もないのだが、意見が衝突したこともあったという。ところが人間関係の妙で、第三三軍の作戦主任の辻政信と第五六師団参謀長の川道富士夫が陸士三六期の同期で、辻にしては珍しく円満な関係を保てたので、第五六師団と第三三軍は協調することができた。

　無天組の師団長が上司の軍司令官よりも陸士の先輩、しかも師団長は歩兵科出身で軍司令官は特科の出身となると話が難しくなる。昭和十九年二月、中部太平洋正面に第三一軍司令部が新設され、関東軍にあった第一四師団がこの隷下に入れられ、パラオ諸島に配備された。軍司令官は小畑英良、陸士二三期の騎兵科で陸大三一期の恩賜、大佐の時に航空兵科に転科している。第一四師団長は井上貞衛、陸士二〇期、歩兵科の出身で無天組だ。小畑の中将進級は昭和十五年十二月、井上は十七年四月、戦時になっても天保銭の有無で進級にこれだけの差が付いていた。

　この二人の軍歴は対象的で、天保銭組と無天組の代表例ともなろう。井上貞衛は高知の歩兵第四四連隊の中隊長としてシベリア出兵に出征、以来、各級指揮官、副官を歴任、学校配

中部太平洋戦線の2人

騎兵科から航空兵科に転科
した第31軍司令官小畑英良

精強第14師団長の井上貞衛

属将校も経験している。連隊長は青森の歩兵第五連隊だが、この時は北部満州での討伐作戦に当たっている。これらの軍歴を買われて、昭和十七年四月に華北で討伐作戦中の第六九師団長に抜擢された。治安師団だから独立歩兵大隊八個を操ることになる。戦術や戦場の駆け引きというものを熟知していなければ、この師団長は勤まらない。ここでの実績が認められ、井上は「精強師団第一号」と称されていた宇都宮の第一四師団長に親補されることとなった。

無天組の真骨頂を発揮した井上貞衛に対して小畑英良は、いかにも騎兵科の天保銭組らしい道をたどった。イギリス駐在や駐インド武官と海外勤務が長く、紳士が充てられるともっぱらの参謀本部第八課長（演習課）を務めたエリートだ。大東亜戦争開戦時、小畑は台湾に展開してフィリピン攻略戦を支援する第五航空集団長、続いてビルマ戦線の第五飛行師団長、そして南方の第三航空軍司令官から第三一軍司令官となった。中部太平洋での戦いは航空主体となるから小畑が起用されたが、連合艦隊司令長官の指揮下に入るという変則的な形となった。これが作戦論争を巻き起こす。

昭和十九年四月、パラオ諸島に到着した井上貞衛は、ニューギニアでの戦訓を聴取して、水際陣地による防御は無理と判断し、内陸部に堅固な陣地を構築することとした。五月末、パラオ諸島を視察した小畑英良は、海岸付近にある航空基地を確保し続けるため、水際陣地を主体とするよう指導した。米軍機がすぐさま陸上基地に展開したら、手の打ちようがないとの海軍の悲鳴を小畑の立場では聞き入れるしかなかった。それに井上は猛然と噛み付いた。水際陣地など米軍の絶大な火力の餌食になるだけのことと力説した。井上は小畑より陸士三期も先輩だから遠慮は無用、ついには「貴公は地上戦闘を知っておるのか」と詰め寄り、軍刀の柄に手をかけたという話も伝わっている。

しかし、連合艦隊司令長官の指揮下にある小畑英良としては、井上貞衛の意向を認めるわけにはいかない。また、井上としても軍司令官、さらには大本営の構想を無視はできない。そこで第一四師団は、不本意ながら水際陣地を構築し始めた。ところが昭和十九年六月からのサイパン戦において、水際撃破構想は成り立たないことが明らかとなった。そこで第一四師団は元の構想に戻り、内陸部に堅固な複郭陣地の構築に邁進した。これが広く知られる昭和十九年九月十五日から二ヵ月にもわたるペリリュー島の善戦健闘をもたらすこととなる。

◆教官と学生の相克と「マグ」という関係

草創期を除いて陸軍大学校の学長、幹事はすべて天保銭組、教官は馬術と剣術を除いてこれまたすべて天保銭組だ。三人の副官、学校付、皇族付武官も天保銭組ではない場合があるにしろ、陸士の同窓生だ。一般社会ではまずあり得ない純血な構成の学校ならば、卒業生の団結は空恐ろしいものになると思いきや、そうならないから軍人の社会とは不可思議なところがある。まず、学生と教官の間には、最初から相克ともいえる緊張関係があった。

入校して最初の講義あたりで、教官から「初審、再審ではいろいろなことがあっただろうが、今日からは一緒になって作戦、戦術の奥義を究めようではないか」との一言があるのが常だった。教官がこう言わざるを得ないほど、受験生をネチネチと苛め、少尉の頃の所業をあげつらい、人格まで貶めるような言動があったわけだ。「秋季演習に参加しないで受験勉強をするなど不届き千万、貴官には受験資格そのものがない」と怒鳴られて失神しそうになったと書き残した人もいる。それでも合格させてくれて、弁解の一言があったのだから水に流そうという素直な人ばかりではない。秀才ゆえに胸に一物を抱く連中だから、いつまでも根に持ち続ける。

陸軍大学校は、中将の校長、少将の幹事、少将教官三人を筆頭に佐官の兵学教官が三〇人、これに中央官衙勤務で教官を兼職する者三〇人、文官教官と嘱託が一五人ほどの陣容で、学生は三学年で計一八〇人といったところだ。人員的にも教育陣は充実しており、授業はゼミナール方式が主だから、学生と教官、学生同士の人間関係は濃密になる。これが良い方向ばかりに働くとは限らない。しかも軍隊はある面、ごく狭い社会だから、悪い噂話ほどすぐに広まる。

戦術教育となると、毎日成績が付けられるので、教官の傾向を探り、それへの対策を立てることとなる。陸大教官は、おおむね天保銭組でも成績上位者が充てられるが、人さまざまだ。中央官衙のポスト待ちの腰掛け組もいれば、どうにも使い道がなく象牙の塔に押し込められている者もいる。この後者のような教官は、不満を募らせてその憂さ晴らしとばかり学生に辛く当たる危険な存在だという情報もたちまち広まり、当の教官もますます腐るという負のスパイラルに陥る。

陸大の成績も良い、戦術眼があり学究的だとされて陸大教官に選ばれたが、性格的に粗暴な人もいる。再審の図上戦術の試験の際、時間が過ぎても筆を置かない受験生にビンタをくらわせたり、答案用紙にチョークでバツを付けたと語り草になった教官もいる。陸大の学生だった頃までは学究的なタイプだったが、卒業すると人が変わり、授業は大言壮語の漫談で終わるという人もいる。本来、教官とは学生相手の気楽な稼業ではなく、学生よりも数倍の自学研鑽を重ねて授業に臨むべきなのだが、学生はそうでない教官をすぐに見抜き、ばかにして陰口の対象にする。

温順な性格の学生ならば、相手がどんな教官でも折り合いを付け、波風の立たない学生生活を送る。こういうタイプの人は、例え陸大の成績が霞んでいても、中将、大将に進む場合も多い。山田乙三、土肥原賢二、板垣征四郎らはこの好例と思う。組織の人という観点からすれば、温順な性格は好ましいことだが、将帥をも育てるとなれば、また別な観点から評価するべきだろう。

その一方で気骨溢れる豪傑もおり、教官に論争を挑む者、教官を試すかのように知っていて質問をする者もいる。教官が「これはたいした野郎だ」と認めれば、成績上位になる場合もあるだろうが、多くの場合は機嫌を損ねて減点となり、甚だしい場合には教官の逆鱗に触れて「赤提灯」すなわち退学処分となる。それを覚悟で黙っていない者は、日清戦争、日露戦争に出征した者に多い。第一線に立ったことがあるため、単なる机上の戦術に堕している現状に我慢できなかったのだろう。明治三十三年卒の陸大一四期は五〇人入校で一〇人退学、三九年卒の一八期では同じく五〇人入校で一〇人退学、四四年卒の二三期は六〇人入校で一〇人退学と赤提灯が目立つ。おそらくは、この退学となった者の中に本物の将帥に育つ者がいたと思えてならない。

あれこれあっても教官に鍛えてもらったと思えばよいが、あまりに理不尽な扱いを受けて、しかも良い点数を付けてくれず、恩賜の軍刀を逃したとなれば、学生には怨恨の念しか残らない。秀才ほど執念深く根に持って、何時か思い知らせてやると牙を磨く。一般の大学と違って、教官と学生は同じ組織に属し続けるのだから、厄介な話に発展する。

そんな「江戸の仇を長崎で討つ」式の話の一つが和田亀治のケースだ。彼は教官、幹事、校長と陸大勤務の長い人だった。徴兵で入営して教導団を経て陸士に進んだ苦労人だが、一徹者ですぐ大声を出し、人に絡む性格で結婚話にまで口を出し、学生の恐怖の的となっていた。和田だけが問題ではなかったにしろ、彼が教官を務めていた時、三期にわたり二一人もが退学となっており、幹事、校長の時も退学者を出した。そして和田は、第一師団長となり、もう一つポストをこなして大将確実と見られ新聞辞令まで出たが、そこまでで予備役編入となった。大正十四年五月の軍備整理も関係しているが、やはり恨み骨髄の外野の声が和田の将来を潰したともっぱらだった。

支那事変が始まると、陸大教官が長い人も師団長などになって出征する。それを中央で「お手並み拝見」と醒めた目で見つめている昔の教え子がいる。「さすがは教官殿」となれば結構だが、多くはそうならない。「やはり机上の戦術家だったね」との風評が立つと、将来が閉ざされる。陸大教官としても名高く、また参謀本部第一部長に抜擢された桑木崇明は、第一一〇師団長として華北に出征したが、戦績は思わしくなく、師団長で軍歴を閉じている。このようなことがよくあったのだから、なんとも厳しい社会で、とても陸大一家という団結が生まれるはずもない。

もちろん、陸大の教官と学生は相克の関係ばかりではない。互いに才能を認め合い、頼りになる先輩、将来支えてくれる後輩という打算もあろうが、やはりどことなく気が合うという関係が生まれる。目に見えないもので引き合うということから、磁石になぞらえて「マグ（マグネット）」と称されていた。この「マグ」で知られていたのが、南次郎と小磯国昭だった。小磯が陸士在学中、南は中尉で生徒隊付、これが二人の縁の始まりとなる。そして小磯が陸大学生の時、南が戦術教官だ。小磯は前述の和田亀治に睨まれ、赤提灯寸前となったが、南のとりなしで無事卒業できたという。その後も二人の関係は続き、南が陸相の時、小磯が軍務局長として支え、南の後任の朝鮮総督は小磯となった。そして二人そろってA級戦犯となり、無期懲役を宣告されるとは妙な縁というほかない。

そもそも参謀本部第二課長の人事は、陸大でのマグの連鎖によるものだった。井口省吾は陸大勤務が長かったこともあるが、彼が残した人脈が第二課長の連なりとなる。井口はまず鈴木荘六、武藤信義、金谷範三を陸大で育てた。武藤はその後、陸大勤務はなかったので、作戦畑の人脈は鈴木と金谷が育成することとなる。この二人の影響力があったのは、陸大二八期、陸士では二〇期までで、第二課長は昭和六年八月着任の今村均までとなる。今村の次は臨時の形で二度目の小畑敏四郎、そして小畑が後事を託したのが、彼が陸大の中佐教官の時、少佐教官で意気投合した陸大三〇期の鈴木率道だ。従ってここに井口が残した人脈とその後との境目があったことになる。

陸大での「マグ」に始まり、徒弟制度で後継者を育て、それを第二課長に充てて行く。これはある種の派閥だが、垂直方向にのみ働き、第二課ならではのモンロー主義で水平に広がることはないから、はっきりとした派閥が存在したとは断言しにくい。とにかくそのような閉鎖的なポストに、なんの係累もない石原莞爾が飛び込んできたのだから、誰もが驚き、戸惑ったわけだ。

陸大同期の絆は、どれほどのものだったのか。陸大同期といっても、陸士の期で七期から八期にわたる。こうなると同期という意識は薄くなる。まずいことに成績は、若手の方が上になるのが通例だ。そこで「あの若造、生意気だ。少しは遠慮しろ」となりがちで、とても同期の絆とはいえない。そのため、陸士同期の先頭で、しかも一回目の受験で突破したとなると、どことなく冷たい目でみられているような雰囲気が漂う。ましてそういう人が恩賜をものにしようならば、目の仇にされて苦労する。まさに「喬木、風に折らる」の世界だ。

ともかく減点主義による毎日の考査によって序列を付けるのだから、激烈な競争になる。戦術や戦史では思ったほど差は生まれず、語学や馬術で差が開くとされていたから、表芸でないからと気を抜けない。また、陸士時代と違って各人が自宅や下宿から通うことになるから、無遅刻、無欠席も大きな点数を占める。休憩時間を過ぎても囲碁、将棋をしていると、これも減点の対象だ。そんな毎日を過ごしていれば気持ちもギスギスして、陸士以来の同期の絆などという奇麗事を言っていられなくなるのも無理はない。

そもそも点数によって序列を付けるということは、陸大も一般の大学と同じく、学生を優良可・不可の四分割するためだ。まず恩賜の六人、惜しくもその選にもれた残念賞組の六人ほど、これが外国駐在の切符がもらえる優グループで全体の二割といったところだ。次が中央官衙で幕僚として使えるとされた良グループ、これが三割となる。師団参謀などに出して鍛えれば使えるようになると思われた可グループが三割だ。そして、間違えて陸大の門をくぐったとしか思えない不可組が二割といったところになるだろう。最初から厳しくして、このボトムの二割をエリミネートしておけばよいと思うが、その二割を切っても同じように二割の不可組がどこからともなく現われるのが組織の法則だ。

このように一概に天保銭組と呼ばれる集団も、成績によって四分割され、各地に分散して配置されるのだから、絆を意識していても離れればすぐに薄れて行くのが世の常だ。しかも頻繁な人事異動があり、なんらかの目的を掲げて団結したとしても、その集団を維持し続けるのはまず不可能だ。しかもエリートになればなるほどライバル意識は強い。また、天保銭組でもエリート集団に加われなかった者は、己を空しくして同期の星の力になろうという殊勝な者は少なく、多くは嫉妬の固まりとなって陰口を叩いてその足を引っ張る。これまた世の常で軍隊も例外ではない。

もちろん、これは一つの見方であって、また違った視座もあるだろう。その一つだが、問題は幼年学校のドイツ語班に始まり、恩賜の軍刀組、陸士各期の十数人のエリートだとする。

これが先輩、同期、後輩の紐帯を保って強力な集団を形成していたと見る。そしてそれが軍閥と呼ばれるものとなり、統帥権の独立を武器として政治や外交までを壟断し、その結果が陸軍の崩壊に止まらず、亡国までをもたらしたという論理の運びだ。わかりやすい筋書きだが、次項で述べるように陸軍の中枢部も複雑怪奇な構造であったし、エリートほど競争が激化するという社会の原則を見落としているように思う。

◆無天組の気概と矜持

陸士同期の八割から九割が無天組で、彼らは隊付勤務が主となり、部隊において徴集兵の教育に明け暮れる。これによって毎年、積み重なって行く既教育兵の質と厚みが日本が採っていた動員戦略を支えていた。この重要性は誰もが認識していたから、常に「隊付勤務の尊重」と強調されていたが、空念仏に終わるのが常だった。尉官で三年、佐官で二年以上、隊付勤務をしなければ、佐官や将官には進めないとされていたが、天保銭組のエリートにとってそんなものは年季稼ぎの腰掛け勤務でしかない。どうしてこんなことになってしまったかと考えれば、天保銭組と無天組とは進級に大きな差があったからだ。

陸士一九期は明治三十八年十二月に入校、一選抜の少将進級が昭和十年三月だったから、尉官、佐官の時は平時であり、人数も多いのでこの一九期で進級の実態を見てみよう。なお終戦時、陸士一九期のトップは、第八方面軍司令官としてラバウルにあった今村均大将だった。この期で無天組の先頭は、終戦時に第二九軍司令官としてマレー半島にあった石黒貞蔵中将だった。また、一九期の天保銭組でも、昭和十一年から予備役に入り始めている。

明治四十年十二月、少尉に任官した陸士一九期生は四十三年十一月に同期同時に中尉に進級する。大尉への進級は、各兵科の定員による時代だったため、最大で一年の差が生まれていた（昭和八年以降、同期同時進級）。中尉から大尉の時、天保銭組と無天組の区別が生まれ、そのためもあって進級の差が大きくなる。この一九期で今村均らの天保銭組で一選抜が少佐に進級したのは大正十一年八月、一方、無天組の先頭グループは一年八ヵ月の遅れで十三年三月となっていた（昭和十六年以降、同期同時進級）。同じく中佐進級で二年九ヵ月、大佐進級で四年の差が付いていた。

少将進級は今村均が昭和十年三月、石黒貞蔵が十三年三月だが、支那事変が始まったため進級が早まったこと、また無天組の先頭集団だからこの程度の差に収まっている。序列が下の者は、この差が大きくなり、少佐で五〇歳、中佐で五三歳、大佐で五五歳の現役定限年齢がすぐに迫ってくる。陸士一九期生の多くは昭和二十年の敗戦時で五九歳、現役で残っていたのは、今村、河辺正三、田中静壱、喜多誠一の四大将、技術系の中将が二人、そして無天組の石黒貞蔵だけだった。

どうしてこのような差が生まれるかというと、少佐進級時から抜擢人事を行なっていたからだ。序列を付けた停年名簿（陸軍現役将校同相当官実役停年名簿）の、ここからここまで進級させるというのが抜擢人事だ。必ずしも天保銭組が停年名簿の上にあるとは限らないが、上位を占める率は高い。まずこれで無天組は進級が遅れ、階級に職務が付いてくる組織だから、補職に恵まれない、すると序列が上がらないので、また進級が遅れるという悪循環にはまってしまう。そこで「隊付勤務の尊重」は掛け声だけで終わる。

このように恵まれない無天組は、将来に失望して不満を募らせ、ついには二・二六事件という大不祥事を引き起こしたという説明には頷かせるものがある。しかし、無天組と一口に言ってもさまざまだ。天保銭を吊らなくても、軍を支えているのは自分達だとの気概と矜持がある者が多い。そんな無天組の先頭グループは、いわゆる「サビ天」よりも重要な職務にあてられて注目される存在となり、進級もそれ相応に優遇されていた。

優秀な無天組の大尉に用意された指定席は、陸士生徒隊の中隊長だった。昭和七年の五・一五事件に加わった士官候補生を訓育した中隊長の中村次喜蔵、大熊貞雄、細見惟雄は、特別弁護人として軍法会議に出廷した。この三人の弁護は世間を唸らせた。「我が軍紀の生命である統帥権を干犯し国体を破壊せんとする国賊は天誅を受くるは当然」「断乎無罪、責任は自分が負う」「被告を罰する前に自らも陛下の御前に伏しその罪を国民に謝したのであるか」と滔々と論じた。首相を殺害した者をこうまで弁護しても、この三人は左遷されることもなかった。終戦時、中村は東部満州の第一一二師団長で自決している。大熊は仙台幼年学校長、歩兵第五三旅団長を歴任して予備役、応召して終戦時は福岡連隊区司令官だった。細見は戦車畑を進み、終戦時には関東平野に展開した戦車第一師団長だった。無天組でも陸士の中隊長を務めた者は、これほどまで厚遇されていた。

日本軍の下士官は最強と各国からも認められていたが、これを育成した陸軍教導学校の教官は優秀な無天組が主体だった。教導団は明治四年十二月に陸軍教導隊を改組したものだが、三十一年十一月に廃止されている。これが昭和二年七月に陸軍教導学校として復活し、歩兵科と砲兵科の下士官を養成することとなり、仙台、豊橋、熊本の三ヵ所に設けられた。この教導学校の施設は予備士官学校に流用するため、昭和十八年八月に廃止されている。戦さ上手で知られる無天組の将軍には、教導学校長を務めた人が多い。前述の石黒貞蔵は、豊橋教導学校の学生隊長と校長を務めている。最強として知られる第一二師団の最後の師団長の人見秀三は、仙台教導学校長を務めた。ビルマ戦線で苦闘した第三三師団長の田中信男は、熊本教導学校の中隊長、豊橋で教導学校長を経験している。

　陸士や教導学校は要員を教育して部隊に送り込む補充学校、これに対して戦術や戦法、戦技を教えるのが実施学校で、歩兵学校、騎兵学校、野砲兵学校、工兵学校、戦車学校などだ。ここの教官、学校に付属する教導連隊の中隊長らも無天組が主体だ。教える側に回れば、教わる側の数倍勉強しなければならないから、実施学校に勤務すれば各兵科のエキスパートに育つ。特に歩兵科教官は、すべての実施学校に配置されていたから、その経験のある者は諸兵科連合の戦術を知っていることになる。歩兵学校長は天保銭組があてられたが、もし無天組だったならば、強力な歩兵科の無天閥が生まれただろう。

　大正十四年四月から始まった学校配属将校の制度も、多くを無天組が支えた。部下数人で、まったく白紙の中学生相手の軍事教練は、ある面で軍隊での教育訓練よりも難しい。創意工夫をこらしながら任務を果たし、その毎日で統率、統御というものの原点を学ぶ。このように無天組は教育を主軸として軍歴を重ねているから、地に足が付いている。そして中隊長から旅団などの副官、大隊長、連隊付中佐と地道に重ねてようやく連隊長、そして連隊区司令官が無天組の軍人行路だ。

その一方、天保銭組の一選抜グループは、中央官衙や高級司令部の勤務が主になって時間的な余裕がなく、各級の部隊長職をパスする場合が多くなる。日露戦争に出征しなかった陸士一七期以降の大将を見ると、中隊長からすべての指揮官職を勤め上げたのは、陸士一九期の田中静壱、二〇期の東久邇宮稔彦と牛島満だけだ。牛島は鹿児島一中で配属将校も務めている。東條英機は、大隊長、師団長、軍司令官を経験しないまま陸相、大将となっている。最後の陸相の下村定は、師団長をやっていない。これでは、天保銭組の多くは部隊という生き物を知らないまま昇進を重ねたと言うほかはない。

その結果、どうなったのかは、昭和十九年三月からのインパール作戦によく現われている。インパール、コヒマに向かう第一五軍の三人の師団長はエースを集め、もちろん天保銭組だった。第一五師団長の山内正文は、米陸大卒で駐米武官も務めた陸軍では数少ない米国通として知られていた。第三三師団長の柳田元三は、恩賜の軍刀組で対ソ情報のエキスパートとして知られ、ハルピン特務機関を関東軍情報部に改組した人だ。第三一師団長の佐藤幸徳は、経歴的には地味だが、積極的な性格は山岳地帯の突破には適しているとされていた。

そしてインパール作戦の結果はどうだったのか。山内正文は病弱で、すぐに歩けなくなり、結局はすぐに病没してしまった。柳田元三は情報屋の特性なのか、万事慎重で師団司令部の中で孤立してしまった。佐藤幸徳は補給途絶を理由に独断撤退という国軍未曾有の不祥事を引き起こした。この後始末を付けた三人の師団長はそろって無天組だったことは象徴的だった。第一五師団長には関東軍の第一二独立守備隊長の柴田夘一、第三一師団長にはスマトラにあった独立混成第二六旅団長の河田槌太郎、第三三師団長にはタイにあった独立混成第二九旅団長の田中信男だった。軍紀までが崩壊してしまった師団を建て直すには、部隊というものを知り尽くし、指揮の要諦を体得している無天組でなければ無理だと、陸軍省も上級司令部も知っていたことの証しとなるだろう。

◆異能集団の員外学生

陸軍大学校で育てられたエリートは、観念的でとかく精神至上主義に走りがちで、それが国を誤らせたと論じる人は多い。それを否定するつもりはないが、それは陸軍のある一面だ。

独断後退で知られる
第31師団長の佐藤幸徳

柳田師団長の後任となった
無天の田中信男

数理に明るく合理的で、技術にも強い集団も育成していたことも事実として語らねばならないだろう。それが砲工学校という存在と員外学生の制度だ。

陸軍士官学校を卒業すると、砲兵科と工兵科の者は明治二十三年に設立された砲工学校に一律入校する。ちなみに砲工学校は当初、小石川にあったが、のちに牛込区若松町に移り、昭和十六年八月に科学学校と改称されている。明治三十一年から一年履修の普通科、その成績上位三分の一の者はさらに一年履修の高等科に進む。笑い話になるが、普通科を突破できなかった者は再度試験を受けなければならず、これを「特別高等科」と呼んでいた。高等科で砲兵科上位二人、工兵科トップが砲工学校優等とされ、陸大卒業成績上位者と同等に扱われていた。

陸士二〇期代で砲兵科と工兵科は合わせて二〇〇人前後いたのだから、そこで上位三人に入るには、猛勉強をしなければならなかったはずだ。ところが、まだ勉強をし足りないと思ったのか、技術と運用の二枚看板を求めたのか、今度は陸大に挑戦して天保銭を吊る人もいる。しかも、そのうち五人が陸大恩賜の軍刀組だ。驚くことにそんな一人の影佐禎昭は、さらに東京帝大法学部の派遣学生に出ている。異能の人というほかない。

砲工学校高等科の成績上位者は、国内外の大学に派遣され、その数理の識能に磨きをかけ、かつ先端技術を学ばせた。これが明治三十三年から始まった員外学生の制度だ。派遣される者の軍籍と給与や学費などの出所は砲工学校とされ、その定員の枠外ということで員外学生と呼ばれていた。海外の大学に留学する者は洋行員外学生、国内は単に員外学生と区別されていたが、国内の大学が充実するにつれ、大正中頃から洋行員外学生になるケースはなくなった。

国内の大学に派遣される員外学生は、三年間の正規課程を履修し、卒業論文を提出して学士号が授与された。海軍も同じように技術系の部外大学に委託という形で送り出しており、これを海軍大学校委託学生と呼んでいた。海軍の場合、多くが砲熕、魚雷、無線といった専門分野の授業を受け、学士号を授与されないのが通例だった。派遣先の大学は、東京帝大の工学部と理学部に始まり、大正十年から京都、東北、大阪、九州の各帝大、東京工大と広がり、これは海軍も同様だった。

員外学生は明治三十六年卒業の一回生から昭和十九年卒業まで概数で二九〇人、うち東京帝大工学部一八〇人、京都帝大工学部五〇人が目立つところだ。また、海軍の委託学生は約八〇人だった。員外学生の本旨からすれば、砲工学校の課程修了者、すなわち砲兵科と工兵科の者に限定される。しかし、装備や技術の多様化に対応するため、大正八年からほかの兵科からも試験の上、員外学生として約三五人が採用されている。歩兵科は機械や造兵、騎兵科と輜重兵科は通信の関係で電気を専攻した者が多い。航空兵科は物理に始まり、各分野に及んでいる。

一般の学生より五歳ほど年長だったこともあり、員外学生の受講態度は一般学生の手本になるものだった。そして前述したように、東京帝大理学部物理学科で学んだ石井善七は、三年間の試験すべて満点という空前絶後の記録を打ち立てた。員外学生自身、口にはしなかっ

員外学生で東京帝大在学中、
すべての試験が満点という
記録を残した石井善七

ただろうが、その本音は「東京帝大といってもこの程度か」といった感想だったはずで、よくある東京帝大コンプレックスなどとは無縁だった。

学位を取得した員外学生は、陸大恩賜組と同列に扱われた。洋行員外学生の緒方勝一、東京帝大工学部造兵学科で学んだ岸本綾夫は、共に大将に進んだ。これが前例になるかと思いきや、何時の頃からか員外学生は運用に暗いとされたようで、中将までは保証するが、大将には進ませないというのが不文律となった。親補職の師団長はさせられないからと、大将への門が閉ざされたとも考えられる。そしてこの員外学生の出身者が、研究、技術、造兵、兵器行政、さらには軍需生産の中枢を支えた。近代戦では欠くことのできない分野だが、華々しさがないので縁の下の力持ちということだった。異能な集団ながら目立つことのない員外学生出身者だったが、昭和十一年の二・二六事件では注目された。

歩兵第三連隊の決起はさておき、なぜ歩兵第一連隊までもが立ち上がり、首相官邸に討ち入ったのか。最過激分子の栗原安秀が機関銃隊にいたからだが、事件当時、歩兵第一連隊の週番司令が第七中隊長の山口一太郎だったことも大きく関係している。山口は歩兵科だが、早くから小火器の研究を志望しており、員外学生となって東京帝大理学部物理学科に派遣された。その後、技術研究本部で勤務していたが、歩兵科は中隊長が必須なため、歩兵第一連隊で腰掛け勤務することとなった。彼は山口勝中将の長男、事件当時の侍従武官長の本庄繁大将の女婿で毛並みの良さでも知られていた。

週番司令の山口一太郎は、弾薬庫を開けることや部隊の出動を黙認したばかりか、依頼された上部工作も行ない、決起部隊のスポークスマンとしても動いた。技術畑の人ながら弁が立つ人で、一時は戒厳司令部の雰囲気を支配する場面すらあった。結局は事件の第二次判決で「反乱軍を利す」という罪名で無期禁固を宣告された。獄中でも軍の委託を受けて、航空機搭載の機関砲を設計していたという。そして終戦前、仮釈放となっている。

部隊が重臣を襲撃し、首都中枢部を占拠するという未曾有の事態に直面し、戒厳司令部、憲兵司令部も合わせた軍中枢部の腰はなかなか定まらなかった。これを好機となにやら策謀しようとした分子もいただろうが、大方はただオロオロするばかりだった。そんな中で最初から断固早期鎮圧を唱えたのが、陸軍省軍務局防備課長の安田武雄だった。彼は工兵科で東京帝大工学部電気科で学んだ員外学生出身だった。防備課は要塞を所掌するということで、課長は工兵科の指定席となっていたため安田がこのポストにいたわけだ。この毅然とした安田の態度には誰もが舌を巻き、事件後には彼を軍事課長に推す声が上がった。しかし、いくら砲工学校優等の員外学生だったとしても、陸軍省の筆頭課長に無天組の工兵科の者

二・二六事件直後、軍事課長にという声も上った安田武雄

はあてられないとして、この異例な人事は見送られた。

この時、防備課の高級課員として安田武雄を支えたのが鎌田銓一だった。鎌田も工兵科で京都帝大土木工学科で学んだ員外学生出身だった。さらに先進技術を学びたいと熱望し、それを上原勇作が認めて異例の米国留学となった。彼はイリノイ大学、マサチューセッツ工科大学で学び、鉄筋コンクリートの権威に育った。在米中、フォート・デュポンの第一工兵連隊において大隊長扱いで隊付勤務もしている。その時、陸軍フェンシング大会が開催され、鎌田も参加しないかとの誘いがあった。彼は剣道三段だったが、もちろんフェンシングはやったことがない。ところが彼は、「要するに突きだけの剣術だろう」と参加し、なんと優勝してしまい、陸軍参謀総長だったダグラス・マッカーサーから拳銃を授与されたという。

そして終戦、進駐軍を受け入れるため、在米勤務経験者を呼び集めることとなった。華北で第二野戦鉄道司令官だった鎌田銓一は、陸相就任予定の下村定と共に空路、東京に向かい、進駐軍受け入れに当たる厚木委員会の副委員長となった。昭和二十年八月二十八日、厚木飛行場。午前八時に進駐軍の先遣隊が到着した。飛行場の状態を確認するのが主任務なので、指揮官と補佐官は共に工兵大佐だった。当然のことながら、最初は双方とも緊張してぎごちない空気が漂い、現地折衝の行く末が危ぶまれた。

日本側が提示した受け入れ委員会の名簿を見ていた先遣隊長は突然、「オー、ジェネラル・センイチ・カマタ！」と叫んだ。実はこの先遣隊の二人の大佐は、鎌田銓一が第一工兵連隊に隊付勤務していた時、大尉でいて鎌田と親しかった。顔を合わせると、「大隊長殿、久しぶりです。もうルテナント・ジェネラルですか。少し昇進が早すぎやしませんか」と冗談まで出て日本側を啞然とした。これでその場の雰囲気も和み、折衝が円滑に進んだという。

その後、鎌田は横浜委員会委員長となり、軍票の使用中止など彼でなければできない仕事を成し遂げた。

第五章

中央三官衙の緊張関係

「明君賢将、能以上智為間者、必成大功。此兵之要、三軍之所恃而動也」
〝明君や賢将が、その知恵を働かせて間者を用いるならば、必ず大きな成果がもたらされる。これこそ用兵の要であり、全軍の行動の中心となるものである〟

『孫子』兵勢篇

◆計画、業務の流れ

陸軍省、参謀本部、教育総監部の中央三官衙は、幾度も改編、改組を重ねているが、ここでは主に昭和七年一月から三月、満州事変と第一次上海事変に対処した組織を取り上げて、相互の関係を見ることにしたい。平時から戦時へ移行しつつある時期、また局長、部長は日露戦争に出征しているが、課長以下の多くは出征していないので、ヒトの面からも一つの時代の区切りになるだろう。この期間における三官衙の概要は次の通りであり、数字は陸士の期を示す。

▽陸軍省　陸相荒木貞夫（9）　次官杉山元（12）→小磯国昭（12）　高級副官河村董（18）
軍事調査委員長西尾寿造（14）　新聞班長古城胤秀（15）　調査班長坂田義朗（21）

・軍務局　局長小磯国昭（12）→山岡重厚（15）
軍事課長永田鉄山（16）　高級課員村上啓作（22）　編制班長鈴木宗作（24）→青木重誠（25）　予算班長綾部橘樹（27）　馬政課長飯田貞固（17）　兵務課長安藤利吉（16）
徴募課長松村正員（17）　防備課長桑原四郎（19）

・人事局　局長中村孝太郎（13）

補任課長岡村寧次（16）　恩賞課長中井良太郎（20）

・整備局　局長林桂（13）

動員課長井上三郎（18）　統制課長斎藤弥平太（19）

・兵器局　局長植村東彦（13）

銃砲課長林狷之助（16）　器材課長松井命（16）→中川泰輔（17）

・経理局　局長小野寺長治郎

主計課長大内球三郎　建築課長山本瑛一　衣糧課長山本昇

監査課長石川半三郎→大城戸仁輔

・医務局　局長合田平

医事課長高木小三郎　衛生課長梶井貞吉→田辺文四郎

・法務局　局長大山文雄（七年十二月から）

・運輸部長蒲穆→沖直道（14）

・航空本部長渡辺錠太郎（8）

・造兵廠長官岸本綾夫（11）

・築城本部長山内静夫（9）→高橋真八（11）

▽参謀本部　総長閑院宮載仁、次長二宮治重（12）→真崎甚三郎（9）

・総務部　部長梅津美治郎（15）

庶務課長吉本貞一（20）第一課長［編制・動員］東條英機（17）編制班長寺倉正三（22）動員班長森田範正（24）

・第一部　部長建川美次（13）→古荘幹郎（14）

第二課長［作戦］今村均（19）→小畑敏四郎（16）作戦班長河辺虎四郎（24）→鈴木率道（22）兵站班長武藤章（25）航空班長柴田信一（24）

第三課長［要塞］大島浩（18）

・第二部　部長橋本虎之助（14）

第四課長［欧米］渡久雄（17）第五課長［支那］重藤千秋（18）→岩松義雄（17）

・第三部　部長沖直道（14）

第六課長［鉄道船舶］草場辰巳（20）第七課長［通信］高屋庸彦（17）

・第四部　部長広瀬猛（13）

第八課長［演習］桑木崇明（16）第九課長［内国戦史］前田利為（17）第一〇課長［外国戦史］前田利為（17）

▽教育総監部　総監武藤信義（3）本部長川島義之（10）

・庶務課長工藤義雄（17）・第一課長園部和一郎（16）・第二課長磯谷廉介（16）

・騎兵監柳川平助（12）・砲兵監畑俊六（12）・工兵監若山善太郎（22）→杉原美

代太郎（12）・輜重兵監横須賀辰蔵（12）

作戦計画や動員計画の立案などは、まず情報活動から始まるのが常道だ。昭和七年頃の『帝国国防方針』は、大正十二年二月改定のもので、想定敵国はアメリカ、ソ連、中国の順になっていたが、海軍はアメリカが主敵、陸軍はソ連と捉えていた。海外での情報活動もこれに沿ったものとなる。昭和七年一月の時点で参謀総長の指揮下にある駐在武官は一四ヵ国に配置されていた。ソ連はもとより、ソ連と国境を接するトルコ、ポーランド、ラトビアが重視されていた。ちなみに海軍は、一一ヵ国に駐在武官を配置していたが、アメリカについでメキシコ、チリ、アルゼンチン、ブラジルと中米から南米を重視していた。

昭和七年当時、関東軍司令官の隷下には特務機関があり、吉林、黒河、綏芬河、チチハル、ハルピン、奉天、満州里の七ヵ所に配置されており、これは対ソ情報機関の一環となる。中国には参謀本部付属という形で漢口、広東、済南、上海、南京の五ヵ所に特務機関を置いていた。朝鮮軍司令官の隷下には、朝鮮独立運動との関係で満州領内の間島に竜井特務機関があった。また、海軍は駐在官を漢口、広東、上海、青島、南京に派遣していた。

これら情報機関が収集した情報資料（インフォメーション）は、参謀本部第二部に集められる。第四課は米班、ロシア班、欧州班（英班、仏班、独班）、綜合班からなる。第五課は支那班と主に中国の地図を管理する兵要地誌班に分かれており、専門別に資料を精査して情報（インテリジェンス）にする。これを第四課綜合班がまとめて第二部長に上げる。これを基に第二部長は、毎年「年度情勢判断」を下す。

参謀本部の各部署は、この情勢判断に準拠して作業を進めて行く。第二課は「年度作戦計画」、第一課は「年度動員計画令」の修正、補充だ。昭和六年度を見ると、全面的な対ソ作戦では、沿海州から黒龍江沿いに軍司令部一個・三個師団、満州北部に方面軍司令部一個・軍司令部三個・一〇個師団を投入する計画だった。また、対中全面戦争となった場合、満州方面に関東軍司令部と五個師団、河北省と山東省に方面軍司令部一個・軍司令部二個・七個師団を投入、揚子江（長江）沿岸地域では軍司令部一個・三個師団、福建省に一個師団を投入と想定していた。動員計画によると、方面軍司令部二個、軍司令部八個、常設師団一七個、特設師団一五個の動員が可能としていた。これらは大正十五年度からの踏襲だった。

これだけの計画と用意があったのだから、昭和七年一月三十一日に大角岑生海相が上海への陸軍増援を希望した時、それ行けと即応できるかといえば、そうは行かない。第二課の最大の関心事は、ソ連の権益である北満鉄道の保護のため、極東ソ連軍が満州に進出するかどうかだった。この点についてまず第二部に確認しなければならない。上海の居留民保護に充当する兵力は当初、一個師団とされていたが、最悪の事態に備えて前述の対中一六個師団動員について第一課と連帯して協議しておかなければならない。

また、動員といっても三つのタイプがある。平時編制のままで派兵される応急派兵も動員の一種とされていた。予備役を召集して戦列（第一線）部隊を戦時編制にして送り出すのが応急動員、そして後方部隊も含め完全な戦時編制にするのが本動員だ。まず応急派兵で対処し、続いて応急動員、これらと並行して本動員の準備を進めて行くのが一般的だが、この流れは第一課に頼るほかない。

こうして参謀本部案が固まれば、統帥権の独立ということで、あとは簡単だと思うのが間違いだ。最難関の予算措置が待っている。これについては、参謀本部庶務課を通じて陸軍省軍務局の軍事課に伝えられる。主に軍事課予算班との折衝になるが、参謀本部案がそのまま通るわけではない。予算班の「金がない」の一言は金鉄の重みがある。こう言われると誰もが引き下がるしかない。そんなことで軍事課予算班で勤務すると人の恨みを買い、うだつが上がらなくなるともっぱらだった。当時、本動員して一個師団を戦時編制として、これを海外に派兵し、その態勢を三ヵ月維持するには約一億円の支出を覚悟しておかなければならない。ちなみに昭和六年度の総予算は約一五億円だった。

難物の軍事課を説き伏せれば、それでよいということでもない。軍事課は大蔵省主計局の予算決算課と折衝しなければならず、そこでもまた予算が削られるのが常だった。これでようやく派兵に要する臨時軍事費が入手できる。そして具体的な予算措置となると、陸軍省経理局主計課との連帯だ。ここは兵科将校ではなく主計将校の世界だから、軍事的合理性だけでは事が進まない。これと同時並行して、部隊の輸送、通信のため参謀本部第三部の第六課と第七課、さらに陸軍省外局の運輸部とも密接に連帯しなければならない。

衛戍地から港湾までの鉄道輸送だけでも大変だ。国鉄に依頼して臨時ダイヤを組む。各駅に停車場司令部を設けて弁当を配る。どちらにも予算がからみ、人手がいる大変な仕事だ。

応急的な派兵の場合、海軍の艦艇で輸送すれば簡単そうだが、艦艇は輸送船ではないから搭載量は限られるし、どの艦艇にも大型デリックが備えられているとは限らないから、積み下ろしが問題となる。また、海軍の艦艇を使った場合、経費は海軍持ちなのかどうかと海軍省軍務局の第一課（軍事課）と折衝しなければならない。事前の協定があるにしても、民間船舶の徴用となると、これまた各方面との折衝が必要となる。

　このように万事手筈を整えてから動員となる。ある面で宣戦布告の意味を持つ動員は、天皇の軍令大権（統帥大権）の柱となるもので、参謀総長が動員の制定を上奏、同時に陸軍大臣が施行の上奏を行ない、裁可は陸軍大臣に下される。これを受けて陸軍大臣が動員令を軍司令官、師団長に下す。これを受けた師団長は、各師管に四個ある連隊区の司令官に伝達、そこから六大都市では区役所、市役所、郡部では警察署を経由して町村役場に動員令が伝わって行く。各役所では充員召集名簿を管理している兵事主任が充員召集令状（いわゆる赤紙）を発行し、多くの場合これを役所の急使が配達する。これを受け取った者は各自、部隊へ出頭する。よく葉書代の一銭五厘で兵員はいくらでも集められると語られていたが、実は役所の人件費だけでやれた。

　動員完結までの所要日数だが、平時編制のままでの応急派兵で二日以内、応急動員で一週間以内、本動員で二週間以内がおおよその目安だった。この動員速度は世界的に見ても最速のレベルにあるとされ、帝国国防方針で示された「速戦速決（即決）」を達成するための決め手とされていた。

昭和七年二月二日、金沢の第九師団には応急動員、久留米の第一二師団で臨時編成する混成旅団には応急派兵が発令された。続いて二月五日、奉勅命令の「臨参命」第一四号が発令され、第九師団、第一二師団で臨時編成された混成第二四旅団を主力とする部隊を上海に派遣、居留民の現地保護にあたることとなった。混成第二四旅団は、佐世保で海軍の艦艇に乗船、二月六日に上海の呉淞鉄道桟橋に上陸、第九師団は広島の宇品で輸送船に乗船、二月十四日から上海に上陸を開始している。

ここまでは素早い対応だったが、いざ中国軍との戦闘となると、予想もしていなかった大変な事態となった。上海一帯の兵要地誌がまったく不備、中国軍も往時の支那軍とはまったく異なる火力戦闘を主体とする近代的な軍隊に成長していた。この情報活動の不備は、いわゆる支那屋の怠慢によるもので、それについては次項で見てみたい。

苦戦を打開するため、上海派遣軍司令部を編成し、善通寺の第一一師団と宇都宮の第一四師団に有力な砲兵部隊を付けて増援することとなった。これに関する「臨参命」第一五号が発令されたのは、昭和七年二月二十四日だった。第一一師団は、三月一日に呉淞から三五キロ上流の七了口に上陸、中国軍の背後に回り込み、第九師団も攻勢に転移し、三月三日に日本側は一方的に停戦を宣言して事変は終息した。

この第一次上海事変中、中央官衙での対立関係があらわになった。前述したように、第二課長の今村均が作戦中にもかかわらず更迭されたことだ。しかもこの前後、第二課の作戦班長だった河辺虎四郎は駐ソ武官へ、部員だった公平匡武はフランス駐在へ、四手井綱正は陸大へとそれぞれ異動となった。代わって第二課に入ってきたのが、陸大教官の小畑敏四郎と鈴木率道のコンビだった。この異例な人事の背景は、さまざま考えられよう。

まずは昭和六年十二月に成立した犬養毅政権は、積極的な大陸政策に転じ、今村均の慎重な姿勢がそぐわなくなったことだ。そして陸相となった荒木貞夫、参謀次長の真崎甚三郎との意見の一致が望めなくなったことが、今村更迭の決定打だったろう。さらには中学卒の今村を疎外する雰囲気、大量採用の陸士一九期生を早く消化してしまおうとの潜在的な意図が働いていたとも思える。そして小畑敏四郎と鈴木率道、それと荒木と真崎との人間関係が大きくからんでいる。

◆細分化される参謀本部第二部

居留民現地保護に当たる部隊は、素早く上海に入ったものの、中国軍と交戦状態に入ると予想もしなかった事態に直面した。上海一帯の地形、地物が経年変化しており、参謀本部第五課の兵要地誌班が管理している地図は不備が目立ち、作戦が立てられないという事態となった。派手な動的情報ばかりに目を向け、地味な静的情報の収集を怠っていた結果だ。

参謀本部が部課制になったのは明治四十一年十二月、当初の第五課は通称が兵要地誌課で、中国の地図の収集、管理を担当していた。これが大正五年五月、支那課と呼ばれるようになり、第三班が支那班、第四班が兵要地誌班となった。なお、班の番号は参謀本部第二部内の通し番号で、当時は第一班がロシア班、第二班が欧米班だった。この頃から兵要地誌を軽視するようになり、第四班は中国だけでなく、全世界の地図を管理する部署と誤解されるほど無力な存在となった。

そして第一次上海事変の苦戦は、縦横に走るクリーク（運河）沿いに中国軍が縦深にわたって多数築城した堅固なトーチカ、そこに配備した機関銃による濃密な火網に圧倒された結果だった。地図の補備、修正もしていないのだから、この陣地帯の存在も知らなかった。そこに不用意に突っ込んだのだからたまらない。第一次上海事変を通じて日本軍の死傷者は三〇〇〇人にも上る。中国側はこの地域を要塞地帯として立ち入りを制限し、写真撮影を禁止していたわけではない。外国人の往来を厳しく取り締まってもいなかった。その気さえあれば、事前の偵察は十分可能だった。それを怠っていたのだから、情報当局は強く批判されなければならない。

この築城地帯は、ドイツの軍事顧問団による設計だった。これについての情報は、上海特務機関よりもドイツの駐在武官の方が入手しやすかったかも知れない。エーリッヒ・フォン・ファルケンハインやハンス・フォン・ゼークトといった著名な軍人が中国に渡って現地指導したのだから、ベルリンでは必ず大きな話題になって情報が漏れる。また、上海にはイギリス、アメリカ、フランス、イタリアが駐兵していたから、そこからも情報が得られる可能性が大きい。この場合、語学の関係から参謀本部第四課から要員を上海に派遣しなければならないが、やる気さえあれば容易なことだ。このようなアンテナを張り巡らす発想そのものがないから、昭和十二年八月からの第二次上海事変でも同じように失敗する。

盧溝橋事件に端を発する華北の戦火が飛び火し、昭和十二年八月十三日から上海で海軍陸戦隊と中国軍は交戦状態に入った。第一次上海事変と同じく居留民現地保護のため、名古屋の第三師団と善通寺の第一一師団が派遣されることとなった。第一次の戦訓から、この一帯は道路事情が悪く、クリークを渡る太鼓橋は輓馬の野砲は機動しにくいので、輓馬編制の第三師団を駄馬編制の山砲師団に改編して派遣することとなった。第一一師団は駄馬編制だから改編の必要はない。ところが現地に入ると、道路や橋の改修が進んでおり、わざわざ改編する必要などなかった。ここでもまた現地調査がおざなりになっていたことがわかる。加えて中国軍の縦深陣地帯を迅速に突破するための新装備も戦法も開発されていないので、再び苦戦に陥った。

まったく学習効果がないということだが、それは情報センスの欠如をも意味する。組織的にも参謀本部第二部は、各国のように独立した情報機関ではなく、総合的な判断を下せなかった。第四課は欧米で一本にまとまっているように思えるが、語学の関係もあって実態は各班がそれぞれ城を作っていた。発言力が強かったのは、第三班のドイツ班だった。ここにはなぜか幼年学校から優秀なドイツ語班出身者が回されるから、有力な人脈を誇るし、陸軍は基本的にドイツ兵制の軍隊だ。アメリカ担当の第一班と第三班のイギリス班は、語学が英語だから中学出身者が充てられるケースが多いため発言力が弱い。第三班のフランス班は、砲兵科と工兵科が主体となるが、そもそも大正七年六月補備の帝国国防方針からフランスは想定敵国ではない。

では、陸軍にとって第一の想定敵国だったソ連を対象とした第四課第二班はどうだったのか。第一次世界大戦では、ロシアは日本の同盟国だったし、ロシア革命後はソ連の軍事力が極端に低下したこともあり、日本のロシアに関する軍事的関心は薄れていた。そのような風潮にあった昭和五年八月、駐トルコ武官から帰国して第四課第二班長となった橋本欣五郎は、これを憂えてまず第二班、次いで第五課部員を説き、さらに不満を高じさせていた憲兵までを加えて桜会を組織し、昭和陸軍の混迷を招いた。極東ソ連軍の急成長を見て、昭和十一年六月に第四課第二班を独立させて第五課とした。第五課は、軍備班、兵要地誌班、文書諜報班からなっていた。

対ソ情報の第一線にある関東軍と参謀本部第五課とは人事交流も密接で、関東軍第二課長から第五課長というコースをたどるケースが多く、山岡道武、磯村武亮、武田功の三人がそれだ。ハルピン特務機関を中心とする関東軍司令官隷下の特務機関をラインとし、それを関東軍第二課が管理し、さらに中央では参謀本部第五課が統括するという情報機関としてあるべき姿になっていた。これはロシア語をマスターしている人が限られており、そうでない人は入り込めない世界だったことも関係している。

満州事変以降は事実上、日本はソ連と直接国境線を接するようになると、対ソ情報機関はその真価を発揮し、世界をリードしていた。一九三七年五月からの赤軍大粛清の実態をいち早く察知したのは日本陸軍で、その情報能力には各国が驚いた。日本は情報に弱かったとよく語られるが、一概にそう決め付けるのも間違いだろう。

◆「支那屋」という特異な存在

　では、早くから密接な関係があった中国に対する情報活動だが、どうして前述したように、第一次、第二次上海事件での大失態、そして終戦まで的確な情報を入手できず、中国に振り回されたのか。根源的な問題は、日中関係というものは日米関係と米中関係によって規定されており、すなわち日米中が三つ巴になっているという点を深く認識していなかったことだ。これでは個々に正しい情報資料を入手しても、総合的に精査して利用できる情報にならないということになる。この精査には政治、経済さらには文化までの考察が必要だから、本来の責任は外交当局にあり、陸軍だけを批判するのは酷というものだ。

　対中情報網に関する問題は、とにかく中国は広いということにある。なかには中国四百余州を歩いたと語る人もいないではないが、これがいわゆる支那屋と呼ばれる人によく見られる大言壮語の類いだ。では、その体験から得た教訓はなにかと問えば、「中国は広いよ」と当たり前の答しか返ってこない。商社筋も含めて、河北省や山東省にはかなり食い込んでいたとされているが、それも港湾地帯と京漢線（北京～漢口）、津浦線（天津～浦口）、膠済線（済南～青島）の沿線のごく限られた一部で、鉄道沿線から二〇キロも入れば、全く未知の世界が広がっている。

　鉄鉱石やアンチモン、タングステンなど鉱産物の関係で湖北省、湖南省にも進出していたというが、これまた鉄道沿線や水路沿いのことで、内陸部となると皆目わからない、それが中国というものだ。これでは限られた人員と予算ではカバーしきれない。欧米各国はどうしていたかといえば、日本より早く進出していたし、キリスト教の布教ネットワークを使えたことが強みだった。

広大な中国を対象とするため、支那屋はそれぞれ専門とする地域を持っていた。第一次上海事変当時を見ると、次のようになる。参謀本部第五課長の岩松義雄は、大尉の時に上海駐在、大正十四年十二月から上海特務機関長を務めている。第五課支那班長の根本博は、大正十五年三月から南京特務機関に勤務し、昭和二年三月の北伐軍による南京事件で負傷している。南京の公使館付武官で交戦状態となってから第九師団参謀長に充てられた田代皖一郎は、大正十二年三月から漢口特務機関で勤務した。上海特務機関長の田中隆吉は、昭和二年七月から張家口に派遣され、内蒙古の専門家として育てられた人だった。たまたまなのか、揚子江沿岸の専門家が集まったように思えるが、二年程度の駐在勤務だから、どこまで土地を知

華中の専門家として知られる
岩松義雄

支那事変突発直後に病死した
田代皖一郎

っていたかは心細いものがある。また、彼らに発言力があり、中央の意志決定に影響を及ぼせるかもまた疑問だ。

元来、いわゆる「支那屋」は注目される存在ではなかった。建軍以来、おそらくは支那事変が始まる頃まで陸軍は、軍事先進国から学び、早く列強の仲間入りを果たすことを目的としていた。学ぶところがない中国に関しては、主に地図を収集していればよいとなり、兵要地誌課としていたのだろう。そんなことで、幼年学校や陸士で学んだ外国語を捨てる形で陸大入校の際に中国語を選択した人を支那屋に充てたのだから、どうしても割愛組の印象を拭えず、発言力も劣ることとなる。

第一次上海事変の際、急ぎ現地で第九師団参謀長となった田代皖一郎は、兵要地誌の整備を怠っていたと周囲に謝罪していたという。では、この「支那屋」は中国で何をしていたのか。一言でいえば「謀略」だ。大正八年四月、張作霖暗殺未遂の宗社党事件は清朝の遺臣、大陸浪人、そして陸軍の支那屋による謀略だった。この延長線上に昭和三年六月の張作霖爆殺事件、六年九月の満州事変がある。満州事変といえば石原莞爾となるが、奉天と吉林の特務機関による謀略という面が大きい。そして昭和七年一月からの第一次上海事変は、上海特務機関長の田中隆吉による謀略工作によって引き起こされたというのが定説となっている。

謀略工作で知られる田中隆吉

とてつもなく広大な中国で、いつ役に立つのかはっきりしない基礎情報を地味に収集し続けるよりも、結果がすぐに出る謀略工作に傾いたのだろう。支那事変が始まるとこの傾向が顕著となり、昭和十二年十一月には謀略課として第二部に第八課が設けられるまでに至った。軍事力だけでは目的を達成できないからほかの手段を併用する、それが謀略工作だということで、終戦まで中国通貨の偽造などあらゆる手段が講じられた。ところが成功例といえば、初代謀略課長の影佐禎昭が仕掛けた梅工作ぐらいだろう。昭和十三年十二月、重慶から汪兆銘を脱出させ、十五年三月に南京政府を樹立させた要人離反工作だ。工作自体は成功したと言えるが、これで蒋介石政権が弱体化したかと思えば逆に強化され、しかも汪兆銘政権は民衆から支持されなかった。

なぜ失敗ばかりだったかと考えれば、地道な情報活動をしていないのだから、判断材料がないまま怪しげな話に飛びついたからだ。この工作に携わった支那屋の資質も問題だった。軍人なのだから、関羽や諸葛孔明に憧れる気持ちはよくわかる。ところが中国の風土に毒されたのか、中国の大人に魅せられたのか、豪放磊落を装うまでは許されようが、清濁併せ飲むことこそ大物だという意識になると問題だ。そして謀略となれば、ある種の情報活動ということで機密費が使える。細事に拘泥しない支那屋の周囲には、胡散臭い大陸浪人や一旗組の利権屋が群がる。それを手先に使っての工作なのだから、禁治産者に無制限の銀行融資するのと同じことになる。これでは謀略工作が成功するはずがない。

さらに問題を複雑にしたことは、支那屋と一口に言っても様々で、そのため謀略工作に一貫したものがなかった。陸大に入り、改めて中国語を選んだ理由は、隣の国を知りたいという単純な発想、子供のころから親しんだ漢籍によって生まれた慕華思想、「狭い日本には住みあいた」式の大陸雄飛、西欧列強の帝国主義に苦しむ四億の民を救わねばとの義侠心といったところだろう。どのような動機にしろ、当初は誰もが親中派であったことは間違いないはずだ。ところが中国に駐在して見聞を広め、中国人と付き合うと徐々に色合いが違ってくる。最初の心情が変わらない親中派、中国は日本にとって重要な国とは認識しつつものめり込まない中立派、そして嫌中派に大きく三分割される。

当初の心情を持ち続けるばかりか、長年の勤務の中で中国の風土と人にますます惚れ込んだのが親中派だ。悪く言えば中国に取り込まれ、利用された一派とでもなろうか。それでいて中国から憎悪されていたとは、損な役回りだったことになる。長年にわたって張作霖と親交がありながら満州事変時の関東軍司令官を務めた本庄繁は、この親中派の一人だが、A級戦犯の容疑者とされ昭和二十年十一月に自決した。中国勤務が長く、対中謀略機関の中心人物とされた土肥原賢二は、A級戦犯で昭和二十三年十二月に刑死した。土肥原は支那事変の緒戦、第一四師団長として華北に出征したが、住民保護を徹底させて模範的な戦歴を残していることからしても、典型的な親中派とするべきだろう。

張作霖とも親交が深かった
本庄繁

中立派は中国ばかりを考えず、日本が対象にすべき国々の中の一国という捉え方だったように思われる。A級戦犯となり南京事件の責任を追及されて刑死した松井石根もこのタイプで、中国語よりもフランス語が達者という支那屋の変わり種だった。終戦直前まで陸軍次官を務めた柴山兼四郎は、北平（北京）の武官補佐官、天津と漢口で特務機関長を務めた生粋の支那屋だった。彼は支那事変突発時、軍務局軍務課長だったが、石原莞爾第一部長の不拡大方針を支持した数少ない幕僚の一人だった。その経歴と冷静な判断力からして、中国に関しては中立派としてよいだろう。

そして常に問題を引き起こしたのが嫌中派だ。一度は中国にのめり込んだものの、度重なる不愉快な出来事、背信にも遭ったためか、一転して中国を嫌悪するようになった人達だ。「可愛さ余って憎さ百倍」というところだろう。彼らの結論は、中国人を相手にする場合、常に高圧的でなければならないということで、それは「膺懲支那」というスローガンによく現われている。そして民族蔑視を隠そうともしない。こういう集団が表面に出ては、すべてぶち壊しとなる。

激烈な嫌中派で知られるのが佐々木到一だ。彼は参謀本部第六課兵要地誌班長も務めたが、口にするのも憚れる言葉で中国と中国軍を罵倒し続けた。そんな人が歩兵第三〇旅団長として南京攻略戦に参加したのだから、何が起きても不思議はない。昭和十年六月の梅津・何応欽協定の実務を担った酒井隆も嫌中派の一人としてよいだろう。常に紳士的であるべき外交交渉の場で、礼儀を弁えずに高圧的な態度で終始したのだから救いようがない。このような支那屋が中国を調査して交渉に当たり、作戦計画を立案していては、支那事変が解決するはずもない。

◆第一部系、総務部系という構図

参謀本部第二部は、情報というある意味、特殊な分野を扱うから部内のまとまりや、ほかの部局との関係も難しくなる。それに対して第一部は、作戦という表芸を扱い、参謀本部の筆頭課とされる第二課を中心として一糸乱れぬ体制だったように思われるが、実情はそれほど簡単なものではなかった。

第二課は『帝国国防方針』『帝国軍用兵綱領』『年度作戦計画綴』など最高度の軍事機密文書を管理しており、これを自由に手に取って閲覧できるのは、十数人の第二課の部員だけだった。ちなみに参謀本部の組織は部までが公表されており、それ以下は秘密とされていた。そのため官報で公開される人事で参謀本部の場合、一律「部員」と記載されていた。第二課は高度な機密事項を扱うので閉鎖的になり、自らモンロー主義だと宣言していた。秩父宮雍仁は陸大卒業後、勤務将校として第二課に配置され、それからここの勤務が長い。下々が秩父宮に近づこうとしてもここなら近寄りにくいし、第二課の敷居がより高くなるということで配置したという面もあったのだろう。

とにかくこの閉鎖的で孤高独善といった第二課の体質には、ほかの部局も手を焼いていた。例えば第四課（演習課、昭和三年八月から第四部第八課）が毎年の特別大演習の目玉となる想定に年度作戦計画の重点構想を取り入れようとする。大正九年八月、第二課演習班が昇格して第四課となったのだから、第二課との風通しは良いはずだ。ところが第四課の部員が第二課に出向いて年度作戦計画の閲覧を願い出ると、けんもほろろに断わられる。どうしても見たいとなれば、第四課長が第二課に出向き、辞を低くして頼み込む。それでも断わられると、第一部長に「大元帥陛下が御統監されるのだから是非拝見」と陳情する。これでようやく見せてもらえるのだが、関係するごく一部だけだ。それもたいした内容ではない。そこで「御本尊は小さいほど有り難いのだそうだ」と第二課を冷笑する雰囲気が広まる。

第二課の俊才がどんなに素晴らしい作戦を立案しても、それを裏付ける兵力、戦力がなければ、まさに絵に描いた餅だ。その編制動員を参謀本部で所掌しているのは総務部の第一課だ。部がまたがると話が込み入ってくる。第二課は自由に芸術作品を描いているとすれば、第一課は算盤を弾いて数字を相手にしている。この機会に第二課の鼻を折ってやろうという気持ちがなくとも、冷厳な現実から「来年度は特設師団四個の動員は予定されていない」と通告するしかない。すると計画の縮小を迫られた第二課は、「心血を注いで立案した計画に水を差した」と反発し、「鉄砲一梃、二梃と数えるぐらいしか能のない連中」と第一課を誹謗する。石原莞爾が東條英機を批判する際、よく引いたフレーズがこれだった。

何事もない平時ならば、陰で悪口を叩いていればよいが、差し迫った問題が生じると深刻な問題に発展する。第一次上海事変中の昭和七年二月、第二課長の今村均が更迭され、後任は第二課長二度目の小畑敏四郎となった。小畑という人は頭が切れて自信家だったから、面倒な業務の流れを無視する。小畑は第一課と連帯することなく、しかも第一部長の古荘幹郎を飛び越えて、参謀次長の真崎甚三郎と直結する。真崎は荒木貞夫陸相と直接連絡する。これではまず古荘の立場がないが、日露戦争中、彼は近衛混成旅団の副官、荒木はその高級副官という関係だから波風は立たなかった。

第一課長の東條英機も無視された形となったが、小畑敏四郎は一期先輩、しかも東條の原隊は近衛歩兵第三連隊、小畑は近衛歩兵第一連隊だから、それ以来の付き合いとなり、しかも一夕会で最初からの同志だ。これではいかに強気な東條としても、面と向かって小畑に文句は言えない。参謀本部の連絡窓口の庶務課も用無し扱いされるが、課長の吉本貞一は温厚な人だから黙っている。こうして第一部と総務部の対立という構図が生まれるが、総務部長の梅津美治郎は小畑の一期先輩で、これまた二人は少尉の頃から在京勤務で顔見知り、しかも陸大二三期の同期だ。小畑の性格も知っているし、怜悧な梅津は力関係を計算して口を出さない。小畑が暴走を重ねても、人間関係の妙でどうにか破綻しなかったと言えよう。

ところが小畑敏四郎は、第二課長在任二ヵ月で少将に進級して参謀本部第三部長となった。後任の第二課長は陸士二二期、中佐で砲兵科の鈴木率道だ。鈴木は小畑の秘蔵弟子として知られ、小畑が最初の第二課長の時、鈴木は第二課兵站班長、二度目の時は作戦班長という関係だ。鈴木は小畑に輪をかけた自信家で、陸大三〇期で石原莞爾を押さえて首席をものにしたことで知られる俊才だ。小畑が参謀本部にいなければ、若い中佐の鈴木は我がままを言えないが、小畑は第三部長にいて後ろ盾になってくれる。

これは第一次上海事変が終息してからの人事異動だったが、満州事変はまだ続いている。鈴木率道は系統違いの第三部長の小畑敏四郎と連帯し、小畑は従前通り次長や大臣と短絡する。これにまず反発したのが第一課長の東條英機だった。五期も下の中佐の課長に無視される形となったのだから、「第二課は自分達だけで戦争をするつもりなのか」と怒るのも無理はないが、廊下で会っても挨拶もしないとなると子供じみた話になる。こんな険悪な関係も人事異動ですぐにも変わる。

まず、昭和八年六月に参謀次長が植田謙吉となり、小畑敏四郎の動きは封じられ、鈴木率道も思うようには行かなくなった。同年八月の定期異動で総務部長は橋本虎之助、小畑は近衛歩兵第一旅団長に転出、第三部長は山田乙三となった。そして昭和九年一月には荒木貞夫陸相が辞任し、鈴木の後ろ盾は消えてしまった。それでも満州事変の決着を見るまでということで、鈴木は昭和十年八月まで第二課長に止まった。

この総務部系の反発には後日談がある。二・二六事件の直前に、参謀本部庶務課の部員が人事内示で第二師団長だった梅津美治郎を訪れた。滅多に人事に希望を述べない梅津が珍しく、師団の中佐参謀だった重田徳松の異動に注文を付けた。姫路の野砲兵連隊長のポストが空くそうだから、健康に不安がある重田を充てて欲しいという。部員は、「いや、姫路には鈴木率道を充てることになっております」と答えると、梅津は「鈴木君はどこかに回して、重田を是非姫路に」と譲らない。

では、ロンドン軍縮会議随員から帰ってくる鈴木率道をどこに持って行くか。梅津は昭和十年八月まで支那駐屯軍司令官だったから、昭和十二年度に増強改編が行なわれ、支那駐屯野砲兵連隊が新編されることを知っていたはずだ。鈴木は姫路に行けなければ、天津に行くしかないことを知っての要望だったのだろう。支那事変が勃発した時、天津にいた鈴木は第二軍参謀長となったが、すぐに航空兵科に転科となって外回りに終始し、その作戦の才能が中央部で発揮されることはなかった。

◆風当たりが強い人事屋

二・二六事件後の昭和十一年八月、陸軍省官制が改正され、人事局（補任課、徴募課、恩賞課）、軍務局（軍事課、軍務課）、兵務局（兵務課、防備課、馬政課）、整備局（戦備課、整備課）、兵器局（銃砲課、機械課）、経理局（主計課、監査課、衣糧課、建築課）、医務局（衛生課、医事課）、法務局の八局・一八課となった。政務次官、参与官、属員、技手を含めて定員一九五人、意外と小さい組織だった。

大正十五年九月以降の軍務局は、軍事課、兵務課、徴募課、防備課、馬政課の五課となっていた。これを強力なものにするため新たに軍務課を設けた。そして同時に簡素化も追求し、兵務課は兵務局に昇格させて独立、徴募課は人事局へ、防備課と馬政課は兵務局へ移った。軍事課は、軍備と軍政全般、編制装備、予算の全般統制を所掌、そのため編制班と予算班があった。軍務課は、国防政策一般と満州国関連が主な所掌で、内政班と満州班があった。もちろん軍務局の主軸は、明治三十年九月以来の軍事課で陸軍省の筆頭課とされていた。そのパワーの源泉は予算にある。

前述したように、予算要求を値切りに値切る予算班に勤務すると、人の恨みを買って末路が哀れになるともっぱらだった。これも人による。まるで自分の財布から出すかのようにもったい付ける人、説教を垂れた揚げ句に予算を付けない人、これは一般社会でも同じく恨まれるのは仕方がない。しかし、そういうタイプの人はいても少数だ。戦時になって臨時軍事費特別会計になれば話は違うが、平時には議会の協賛を得て予算が決まるのだから、情報公開は行なわれ、秘密の部分は機密費などごく一部だ。秘密のないところには、権威のようなものが生まれず、人は怖がらないものだ。まして軍事課は大蔵省との折衝で苦労していることは広く知られているから、軍事課を白眼視する人はいてもごく一部だ。

ところが人事局は違う。参謀本部の第一部や第二課以上に秘密厳守のところが人事局の補任課だった。いくら第二課はモンロー主義とはいっても、第二部から情報の提供を受け、総務部や軍務局と連帯しなければ作戦計画は形にならない。ところが人事は予算がからまないので秘密厳守が容易だ。もちろん平時においては、人事異動は官報で公開される。しかし、その前の段階、すなわち内示の前の動きは厳重に秘密を守ることが求められる。早くに漏れたならば、あるゆるところからの陳情が人事当局に殺到して収拾が付かなくなるからだ。この秘密厳守は徹底していて、人事局が人事案を陸相に説明する際、大臣秘書官ですら同席できない。また、部内統制の切り札は人事であることを承知している陸相も、秘密こそがパワーの源泉であることを知っているから秘密厳守に協力する。

俗に「人事はひとごと、他人事」とは言うが、それなりの規模の組織に属する者の最大の関心事はこの人事だ。最初から出世を放棄している者も他人の人事に興味を持つし、エリートほど敏感だから厄介なことになる。しかも満足した人と同じ数だけ不満に思う人がいることも、人事を難しくしている。特に内示と発令が違う場合がままあり、これが噂が噂を呼ぶ。中央官衙や中佐、大佐の人事となれば、誰が介入して内示を変えさせたかはおおよそ推測できる。そこで派閥だという話に発展する。

昭和十年春、習志野学校（化学戦研究）幹事だった今村均は、少将進級の上、歩兵第二旅団長に転出との内示を口頭で受けた。在京の旅団長は中将進級がほぼ保証されたポストだ。ところが発令は、京城・龍山の歩兵第四〇旅団長で、ここで軍歴を閉じる可能性すらある。本人は訓練環境が悪い東京よりも、龍山の方が良いとは回顧しているが、はたはそう見ないで派閥抗争の犠牲者とし、見舞い状まで出す者もいた。さらには当時、朝鮮総督だった宇垣一成までが、「ワシとの関係で迷惑をかけてしまったのー」と言ったのだから話は大きくなる。実はこの人事は派閥など関係なく、軍事調査部長だった工藤義雄の家庭の事情のため東京にいなければならなくなり、今村とチェンジしたということだった。そして二・二六事件、工藤は引責人事で予備役編入となった。このように「人間万事、塞翁が馬」なのだが、なかなかそう達観できないのが人間なのだろう。

とにかく、なにをしても人事屋への風当たりが強くなる。運良く陸士の区隊長に回されて勉強できたから陸大に入れただけのこと、成績も霞んでいた者が人事という権限を与えられたのだから問題も起きると語られる。前述したように陸大のトップグループが人事畑に回されるケースはごく稀だったが、そこまで言われると人事屋の立つ瀬がない。自分の能力や所業を棚に上げて、人事屋に睨まれたから浮かばれないという愚痴が本当のことのように語られる。

排斥されると団結するもので、人事屋は補任課を根城にして固まる。補任課はほぼ全員、幼年学校出身者で歩兵科だから結束は固い。人事は一貫した継続性が必要だからという理屈を付けて、なるべく長く補任課に止まろうとする。抜擢人事の対象者の一人に自分を潜り込ませることも可能だ。さらに自分の転出先も、なるべく早く古巣に帰れるところにすることもまんざら不可能ではない。これが噂だけだったとしても、強く反発される。するとまた組織防衛の論理が働き、人事屋はかたくなになる。もし、陸軍省に派閥があったとするならば、この人事屋閥だったろう。

二・二六事件の原因の一つに人事があるとされ、人事刷新を進めることとなった。具体的には、陸軍大臣の下に統括して一元化するということだった。ではどうするのかと言えば、教育総監部の各兵監、陸軍省の各局、そして参謀本部の庶務課から各人の考科表を取り上げて、人事局で管理するということだった。たしかに以前は複雑で、例えば軍務局に勤務している参謀適格者の砲兵科の者の考科表は、人事局と軍務局だけではなく、参謀本部庶務課、教育総監部の砲兵監も保管していた。これを材料にあれこれ人事に注文を付けていた。これを取り上げれば、すっきりするというのが人事局の考えだ。

しかし、長年の慣行が人事局長の号令一つで変わると思うとは甘い。まずは下手に出て考科表は差し出すが、ちゃっかりと写しをとっておく。それを指摘されると、「これはあくまで単なる写しです」ととぼける。医務局や技術開発部門などは、専門的な知識がないのに人事ができるのかと強く出るから人事局は降参するしかない。参謀本部は、陸大は参謀本部が管理しているのだから、その陸大生の考科表は参謀本部が管理するのが当然ではないかと突っぱねる。人事の一元化を図ると大きく出たものの、結局は竜頭蛇尾に終わるしかない。

この人事の一元化の本当の狙いは、陸大新卒者の配当に始まり、参謀適格者の人事を参謀本部から取り上げることにあった。長年にわたって陸大新卒者の配当は、官衙、機関、部隊の間で一種のドラフト会議を水面下で行ない、参謀本部の庶務課が調整していた。もちろん参謀本部と陸軍省に優先権があるものの、次回は多少譲ってもらいたいとか、陸士や歩兵学校の教官を充実させたいので宜しくとか、さらに海外駐在の予算枠があるので教育総監部に恩賜の軍刀組を回すとか、話し合いをして決めるという、きわめて民主的な人事が行なわれていた。それを人事局は根底から崩そうとしたのだから抵抗される。結局、参謀本部と人事局は、参謀適格者の人事は従前通りとの密約を結んで人事の一元化は幕となった。

人事の新機軸を打ち出した
阿南惟幾

昭和十二年三月、兵務局長からの横滑りで阿南惟

航空兵科に転科させられた
西村敏雄

憲兵科に転科したものの終戦
時に宮古島の第28師団長を
務めた納見敏郎

幾が人事局長となり、また新たな施策が打ち出された。世界の趨勢から航空兵科の拡充・強化を図るための、また二・二六事件の反省から憲兵科の権威向上を図るための人事施策だ。具体策は簡単なことで、陸大恩賜の軍刀組も含め、上位グループを航空兵科と憲兵科に割愛する形で転科させるということだった。

航空兵科については、進級に必要な実役停年に達したらすぐに進級させる（初停年の進級）抜擢人事の対象とするとのエサを付ければ良いだけのことと、人事当局は簡単に考えていたようだ。しかし、転科させられる者にとっては驚天動地だ。「俺にトンボになれとはこれ如何に」といった心境になる。憲兵科になるとさらに深刻で、内示を受けないように逃げ回るという軍隊ではまず見られないことまで起こったという。

この転科の人事の多くは、支那事変が始まった直後の昭和十二年八月の定期異動で行なわれた。陸大恩賜の軍刀組の鈴木率道、小畑英良、下山琢磨、遠藤三郎らがこの時、航空兵科に転じた。大阪幼年から陸大まで、すべて首席で卒業した希代の秀才として知られた西村敏雄もその一人だ。癖があって扱いづらい人を航空兵科に回したと思われても仕方がない。さすが憲兵科には軍刀組が転科しなかったが、終戦時に師団長を務めていた三浦三郎、大野広一、納見敏郎は、この時の転科組だった。少佐、中佐が転科するのならば、有能な人材を送り込むという意味もあるだろう。しかし、大佐ですぐに兵科がなくなる少将に進級する者を転科させて、どれほどの意味があるのか疑問が残る。

支那事変の拡大防止か、それとも一撃かと騒がしい時の人事施策だったが、一段落して見ると、なんと人事畑育ちの者は、だれ一人として転科していなかったことが明らかとなった。人事畑には、航空兵科や憲兵科の強化に役立つ人材がいなかったのかと嫌みも出る。本当のところは、誰もが忌避する転科を人に押し付けて、人事屋は涼しい顔をしていたということになる。明らかに人事屋閥がなければ、こういうことにはならないという怨嗟の声が上がったという。

第六章

国軍を巡る門閥と閨閥

「王臣失位、而欲見功於上者、聚為一卒」

〝名家に生まれたものの、境遇に恵まれず失意の中にある者を一隊とする。彼らは武功をあらわそうと、必死に戦うものだ〟

『呉子』図国篇

◆軍務は皇族の義務

明治憲法第一一条「天皇ハ陸海軍ヲ統帥ス」及び同第一二条「天皇ハ陸海軍ノ編制及常備兵額ヲ定ム」とあり、これによって統帥権が独立し、政治が軍事を統制できなくなり、それも亡国の一つの原因と語られて久しい。それを否定するものではないが、天皇は統帥権を握る最高司令官の大元帥であると同時に、陸海軍大将の階級を有する現役軍人であったことが、とかく見落とされているように感じられる。

明治憲法下の天皇は、その第四条で「統治権ヲ総攬シ」とあるが、同第五五条で「国務各大臣ハ天皇ヲ補弼シ其ノ責ニ任ス」とある。軍政面においては、文民の身分にある陸軍大臣と海軍大臣とが天皇を補弼しているが、軍令面での天皇は命令系統の頂点に位置する。参謀総長、軍令部総長は、あくまで最高のスタッフであり、天皇を補弼するでもなく、責任を取る立場でもない。天皇には補弼を受ける立場と最高命令権者としての絶対的な立場とがあり、それが二位一体となっている存在だった。

日露戦争後の明治四十三年三月に制定された「皇族身位令」では、次のように定められていた。まず、「皇太子、皇太孫ハ満十年ニ達シタル後陸軍及ビ海軍ノ武官ニ任ズ」とあり、続いて「親王ハ満十八年ニ達シタル後、特別ノ事由アル場合ヲ除ク外陸軍又ハ海軍ノ武官ニ任ズ」とあった。皇族は義務として軍務が課せられていたことになる。これによって天皇を取り巻く藩屏の第一の輪が形成される。当時、日本は国民皆兵の国で兵役は成人男子の必任義務なのだから、皇族はその範となるということで理に適ったことだ。

一二四代の天皇となる迪宮裕仁は、明治三十四（一九〇一）年四月二十九日生まれ、大正五（一九一六）年五月に立太子礼が執り行なわれている。これに先立つ大正元年九月に陸海軍少尉任官となった。陸士二四期生より三ヵ月ほど任官が早い。配属された部隊は近衛歩兵第一連隊、近衛師団長は閑院宮載仁、連隊長は高島鞆之助の養嗣子、高島友武の時だった。皇太孫として原隊はここしかないが、長州閥の牙城とされた近衛歩兵第二連隊は悔しい思いをしたことだろう。それ以降、初停年の進級を重ね、大正十四年十月に陸海軍大佐となり、これは陸士三〇期の一選抜とほぼ同じだ。そして翌十五年十二月に践祚、一二四代天皇に即位と同時に陸海軍の現役大将の大元帥となる。

　もちろん皇太孫や皇太子の時、幼年学校、士官学校、陸軍大学校に入校することはない。東宮武官長や東宮武官、そして参謀本部と海軍省教育本部から派遣された者が軍事学を進講する。大正九年七月から十五年十二月まで東宮武官長は奈良武次、持ち上がりで昭和八年四月まで侍従武官長を務めている。参謀本部から派遣されて進講に当たったのが長かったのは、阿部信行だったといわれる。奈良と阿部、奈良の前任の侍従武官長の内山小二郎も砲兵科だった。大正十五年七月から阿部は軍務局長、続いて陸軍次官となるが、慣れているということで進講にあたっていたという。これが昭和十四年八月、阿部に組閣の大命が下った伏線となる。

観兵式や特別大演習などで騎乗の機会が多い天皇のため、侍従武官には馬術が得意の者が充てられるケースが多かった。昭和十一年から十四年にかけて侍従武官長を務めた宇佐美興屋は騎兵科出身、十四年から終戦まで侍従武官長だった蓮沼蕃も騎兵科出身で大佐の時、東宮武官を務めている。これもまた騎兵科の流れをもたらしている。海軍も東宮武官を出していたが、軍令部総長を務めた及川古志郎、第二艦隊司令長官だった近藤信竹もこれを経験している。

皇孫であっても、皇位継承順位が二位以下になると、軍での扱いは一般と同じになる。大正天皇の第二子、明治三十五年六月生まれの淳宮雍仁（秩父宮）は、学習院中等科二年修了

戦時に侍従武官長を務めた２人

宇佐美興屋

終戦時まで侍従武官長だった蓮沼蕃

で中央幼年予科に入校し、それ以降は臣下の者と同じコースを歩んで陸士三四期、階級も一等兵から軍曹と一般と同じだ。学習院では御学友という制度があったが、幼年学校、陸士ではそのようなものはなく、別棟の皇族舎で起居することと、侍従武官が学校にいることぐらいが違いだ。そして大正十一年十月、秩父宮は少尉任官、歩兵第三連隊付となった。

もちろん皇族、しかも直宮を受け入れるということで、学校や部隊は気合を入れて万全を期す。秩父宮雍仁が在校中の陸士校長は、白川義則と鈴木孝雄だった。白川はさておき、無天で技術畑でもない鈴木がどうして大将に進むことができたのかと言えば、実兄が鈴木貫太郎だったことに加え、この時期に陸士校長を無事勤め上げたことも関係している。昭和三年八月に竣工した麻布の歩兵第三連隊の兵舎は、鉄筋コンクリート造りの地上三階、地下一階のモダンで衛生的なもので、これが秩父宮の原隊とする一番の理由だった。隊付士官候補生として秩父宮を受け入れた連隊長は林仙之、そして昭和八年十二月に参謀本部第二課勤務になるまで、連隊長は牛島貞雄、梅津美治郎、筒井正雄、永田鉄山、山下奉文という豪華なメンバーが続いた。

歩兵第三連隊で秩父宮雍仁は、臣下の少尉、中尉とまったく同じに勤務した。昭和二年十一月、濃尾平野で行なわれた陸軍特別大演習では、秩父宮は小隊長として参加し、連続九二キロを歩き通したという。皇族でも陸大の初審、再審は受験しなければならないが、数少ない特権として採点されないで入校することができる。秩父宮は昭和三年十二月入校、六年十一月卒業の陸大四三期だった。学校長は荒木貞夫、多門次郎、牛島貞雄だ。秩父宮の成績は優秀で、恩賜とするかどうかが問題となった。陸大一六期で久邇宮邦彦が恩賜をものにした前例はあるものの、天皇が実弟に軍刀を下賜するのはどうかとなり、恩賜に続く七席にしたとされる。陸大卒業後、秩父宮は歩兵第三連隊の第六中隊長を務め、すぐに参謀本部第二課の勤務将校、続いて部員となった。

東京が何かと騒がしくなったため、秩父宮雍仁は昭和十年八月に少佐進級と共に弘前の歩兵第三一連隊の大隊長に転出することとなった。そして昭和十一年の二・二六事件が起きると、急ぎ帰京して参謀本部付となり、十二年三月からジョージ六世の戴冠式参列のため訪英、帰国後は大本営参謀として戦争指導班勤務となる。昭和十四年に入り秩父宮の健康問題もあり、大佐に抜擢進級、奈良の歩兵第三八連隊長に転出とされ、内奏も済んでいた。ところが秩父宮自身が、「特別抜擢の対象は航空兵科のみ、歩兵科の自分は対象外」と強く主張し、内奏のやり直しという異例な事態となった。案の定というべきか、大本営での激務で健康を害した秩父宮は、昭和十六年三月から御殿場で療養生活に入った。それでも現役に止まり、昭和二十年三月に少将進級となっている。

皇族の軍人は、誰もが秩父宮と同じく、特別扱いを好ましいこととは思っておらず、常に一人の軍人として見てもらいたいと強く望み、当局がどうしてよいかわからずに困惑することがかなり起きたという。それが表面化した一例がある。昭和十五年九月、駐蒙軍参謀だった北白川宮永久が空地連絡の演習中に低空飛行した航空機に巻き込まれて殉職した。皇族の軍人も含め、誰もが靖国神社に合祀されるものと思っていた。ところが皇族の場合、宮中の皇霊殿に祀られることとなっていた。これはおかしいと若手の皇族が声を上げたが、宮内省と陸軍省、海軍省の協議に待つということになり、またそれから皇族の戦死、殉職がなかったこともあり、終戦までに結論が出なかった。朝香宮鳩彦の次男、音羽正彦は第六根拠地隊参謀の時、昭和十九年二月にクウェゼリンで戦死したが、臣籍降下しているので問題なく靖国神社に祀られた。

終戦時、皇族の将官は六人、佐官は四人、尉官は一人だった。終戦の聖旨を外地部隊に伝達するため、軍事参議官の朝香宮鳩彦は支那派遣軍総司令部へ、戦車第四師団長心得の閑院宮春仁は南方軍総司令部へ、第一総軍参謀の竹田宮恒徳は関東軍総司令部へ飛んだ。そして軍事参議官だった東久邇宮稔彦は、昭和二十年八月十七日から十月五日まで首相を務めて終戦処理に当たった。敗戦という未曾有な事態に直面し、皇族でなければ対処できなかったことが多々あったことだろう。

◆皇族の権威を利用しようとする動き

いつの時代でも皇族は、藩屏の最後の輪という自覚があった。下々と違って幼い頃から行き届いた躾がなされており、常に人から見られているという意識があるから滅多なことはできないと身を律している。もちろん親しげに近づいてくる華族などと徒党を組んで、宮中に派閥を作る必要などどこにもない。しかし、その一方で臣下の者の間には、皇族の権威を利用し、己の権威に箔を付けようとした動きがあったことは事実だ。

満州事変中の昭和六年十二月、まず南次郎が陸相を辞任、一〇日後に金谷範三が参謀総長を辞任した。後任の参謀総長は閑院宮載仁となった。閑院宮は慶応元（一八六五）年九月生まれ、当時六六歳だった。日清戦争では騎兵第一大隊長心得、日露戦争では騎兵第二旅団長として出征した。明治三十七年十月の沙河会戦では、騎兵第二旅団は独断で本渓湖付近で敵の側背を攻撃し、戦勢を逆転させた。乗馬襲撃まで演じた戦場は、後に「宮ノ原」と呼ばれることとなった。日露戦争後は第一師団長、近衛師団長を歴任、大正元年十一月に大将進級、同八年十二月に元帥府に列した最先任将官の閑院宮が、なぜこの時、参謀総長なのか。閑院宮自身、参謀総長就任に気乗り薄だったとされる。

この人事は、荒木貞夫陸相の強い要望によるものだった。皇国、皇道、皇軍の伝導者荒木の面目躍如といったところだが、好意的に見ることもできる。独走を重ねる関東軍や若手の幕僚を抑えて常道に復するためには、皇族の権威を借りるほかないとなったからだと思えないこともない。そうだとしても、「袞龍の袖に隠れる」との批判もあって当然だ。皇族の参謀総長となれば、繁雑な事務全般を見てもらうわけにはいかないから、権限の大きい「大次長」を置く必要がある。荒木の本当の狙いはそこにあった。真崎甚三郎を次長に据えたことが証拠だ。そして三長官会議は、陸相の意のままになるという読みもあったのだろう。そこまで知恵が働かなければ、陸相にはなれない。

閑院宮家は宝永七（一七一〇）年、新井白石の献策によって創設され、初代は一一三代東山天皇の第六子直仁、伏見宮家、有栖川宮家、桂宮家と並ぶ「四親王家」と格式が高い。しかも一一九代の光格天皇は閑院宮家の出身、そこから仁孝、孝明、明治と続く。閑院宮家は江戸末期に途絶えていたが、明治五年に伏見宮邦家の第一六子の載仁が再興した。閑院宮は幼年学校卒業後、一〇年ほどフランスに留学、サンシールの陸軍士官学校、騎兵学校、陸大を修了して部隊勤務もしている。

このような経歴からしても、閑院宮載仁は黙って置物になる人でもないし、あてがいぶちの人事で満足する人でもなかった。そして閑院宮は、騎兵科の流れというものを押さえている。騎兵科出身の稲垣三郎を宮家の別当とし、部内の事情にも明るい。諸事多難な時期に当たったこともあるが、閑院宮が参謀総長を退任する昭和十五年十月まで参謀次長は八人を数える。そして皇族として絶対的な発言力を持ったため、三長官会議は有名無実なものとなってしまった。昭和十年七月の真崎甚三郎教育総監罷免事件は、三長官会議が機能不全だったから起きたことといえよう。そして総長を辞任していただきたいと申し上げることもできない。国体明徴と賑やかな時、皇族に退任を迫るとは逆賊だと言われかねない。本人が辞任すると言えば、陸軍中央を信任していないこととなる。あまりに重い存在だったため、陸軍でも担ぎきれなかったとなるだろう。

皇族を巡る出来事で不可解なことも起きた。閑院宮載仁がまだ参謀総長に在任中の昭和十三年七月、参謀本部は秩父宮雍仁を参謀総長に推戴することを検討するよう陸軍省に求めた。この頃、参謀次長は多田駿、総務部長は中島鉄蔵、第一部長は橋本群、第二部長は本間雅晴、第三部長は渡辺右文という陣容で、横紙破りをするような人は見当たらないし、本間が秩父宮の御付武官をしたぐらいが目立つところだ。そこで考えられるのは、閑院宮が辞意をもらし続けていることをよいことに、皇族総長の後任は皇族でなければならないと理屈を付け、若手幕僚が秩父宮を持ち出したということになる。

では、その目的だ。支那事変も一年となり、首都南京を占領しても解決の糸口さえ見つからない。そこで参謀本部を強化し、そのパワーで挙国一致体制を築き上げ、事変を一挙に解決するという構想だったのだろう。では、軍事的にどうやって支那事変を解決するのか。実際にこの年の十月には広東、武漢三鎮への攻略が行なわれたが、このような大作戦を連続して実施するつもりだったのか。それとも港湾地帯に後退するのか、そのあたりが明確ではなかった。

具体的の計画もないまま、皇族をトップに据えて強い発言力を持とうとするのは不純な発想だとするしかない。この問題を持ち込まれた陸軍省は、陸軍官制で防戦した。当時、秩父宮雍仁は中佐で大本営の戦争指導班に勤務していた。官制によると参謀総長は大将もしくは中将と定められているから、中佐での就任はあり得ないと回答、一件落着となった。

大東亜戦争開戦の前後から、陸軍と海軍が協議を重ねる場面が多くなった。その会議には互いに皇族を出席させて権威付けをしていた。この役に当たるのは、陸軍では竹田宮恒徳で、「宮田」という秘匿名すら持っていた。海軍では伏見宮博恭の三男で臣籍降下した華頂博信だった。もちろん海軍は、直宮の高松宮宣仁という切り札がある。これに対するのが秩父宮雍仁だが、昭和十六年九月から御殿場で療養していた。それでも昭和十九年二月、東條英機が首相兼陸相のまま参謀総長に就任すると秩父宮は強く反対した。さすがの東條も困り果て「御殿場に行って腹を切る」と語るほど大騒ぎになった。秩父宮に代わるのが三笠宮崇仁だが、陸士四四期と若く、大本営参謀となるのは昭和十九年一月だったから、大きな影響力を発揮するには至らなかった。なお三笠宮の秘匿名称は、「若杉」だった。

ここまでは陸軍という組織が皇族の権威を利用しようとした事例だが、個人的に利用しようとする動きもあった。君臣一体という理想を夢見て、皇族との関係が生まれたという思い込みや錯覚した事例もあった。特に軍人は皇族と同窓生だから、そういった意識が芽生えるのも自然の成り行きだった。それが二・二六事件の遠因の一つになったこともまた事実だ。

革新的な青年将校を糾合し、北一輝（輝次郎）と結び付けた中心人物は西田税だった。彼は中央幼年一九期、陸士三四期で秩父宮雍仁と同期だ。だからと言って秩父宮と西田が親しく語り合ったという関係にはない。中央幼年では、秩父宮は第三中隊の第一区隊、西田は第一中隊の第一区隊だった。陸士では、それぞれ第一中隊の第一区隊、第一中隊の第二区隊だった。しかも、秩父宮は歩兵科、西田は騎兵科だ。ただ、共にフランス語班で同じ教場で学んだのが接点といえば接点だ。しかし、西田が「殿下」と声を掛ける場面はまず考えられない。授業が終われば皇族は皇族舎に戻り、しかも御付武官が常に見守っている。

前述したように学習院と違って、武窓には御学友という慣例すらない。ところが西田税は、秩父宮雍仁と個人的な交流があったかのような文書すら残している。西田は商家の出だが、広島幼年の首席、兵科は騎兵科となると貴族的な雰囲気が漂い、御学友ではないにしろ、皇族との付き合いがあってもおかしくないと思われてくる。多少なりとも軍隊を知る者ならば、そんな人が朝鮮北部、羅南の騎兵第二七連隊に飛ばされるはずがないと思う。ところが当時でも軍の内情はそれほど知られていなかったし、陸士を出た人が皇族との関係で虚言を弄するとは考えもしない。そこが西田の影響力の源だった。

二・二六事件を巡るさらに深刻な問題は、秩父宮雍仁と安藤輝三との関係がある。歩兵第三連隊を舞台に、隊付士官候補生、見習士官の安藤と、それを直接指導した秩父宮との関係は深かったことは事実だ。また、おそらく偶然だったろうが、共に第六中隊長を務めている。それが秩父宮と安藤が一本の糸で結ばれているとの印象が生まれ、周囲の思い込みへと発展した。そのため安藤が「殿下中隊」と称されていた第六中隊を率いて立つとなると、歩兵第三連隊は雪崩を起こしてしまった。また、歩兵第一連隊の第七中隊長で事件当日の週番司令の山口一太郎は、侍従武官長の本庄繁の女婿だから、これも革新将校と天皇を結ぶ関係があるかのような錯覚をもたらしている。

◆軍に冷淡だった公家と武家の華族

明治維新で「士農工商」の身分序列が崩れ、四民平等になった。ところが今度は皇室を核として、それを囲む藩屏を築くということになり、それはまた維新の論功行賞の意味もあった。そのため早くも明治二年六月に華族制度が始まり、それを法的に裏付ける華族令が発布されたのは十七年七月だった。これによって新たな身分制度が定まった。陸軍士官学校などでは、皇族、華族、士族、平民の区別があり、大正末まで公式の席では「士族誰それ」「平民誰それ」と冠称されていた。

本論からはずれるが、華族制度の概要に触れておきたい。周知のように華族にも「公侯伯子男」の序列と出自による公家華族、武家華族、ごく少数の神官と僧家の華族、明治以降に勲功があって授爵された新華族の区別があった。授爵の最後は昭和十九年八月、司法相の原嘉道に対するものだった。軍人で最後は造船中将の平賀譲で、昭和十八年二月授爵となっている。当初の公爵は、近衛家を筆頭とする五摂家、徳川宗家、維新を主導した島津家と毛利家だった。明治四十年九月、実力というべきか、それともお手盛りか、伊藤博文、山県有朋、大山巌が公爵となっている。侯爵は徳大寺家や西園寺家など九清華、徳川御三家、一五万石以上の旧大名家が主体となる。伯爵は大納言にまで進んだ者が多く輩出した昇殿を許されていた公家（堂上）、五万石以上の旧大名家となる。子爵は維新前からの堂上、五万石以下の旧大名家、男爵は維新後に華族に列せられた家となる。そしてすべてに「国家に偉勲ある者」が加わる。

華族となれば、次のような特権が与えられた。一時的な下賜金、年金、財産権の特例的な保護、皇族との姻戚関係を結べて皇室行事に参加、子弟の教育資金の融資、学習院への入学、宮内省への就職などだ。最大の特権は、明治二十二年二月の帝国憲法発布に伴い設けられた貴族院の議員になれることだった。公爵と侯爵は常任議員、ほかは七年任期の互選となっていた。

貴族院議員となっての政治活動が華族の「文」の面での権利と義務とすれば、それに対する「武」の面としては、陸海軍軍人になることとなる。貴族院が開設される前の明治十四年四月、明治天皇は次のような御沙汰書を下した。すなわち華族は、各自奮励して文武を研究すべきだが、「少壮ノ者ハ一層精神ヲ発揮シ可成陸海軍ニ従事候様可心掛旨」とあった。天皇自身が号令を掛けたのだが、その結果はどうも思わしくない。そこで明治二十二年七月、重ねて御沙汰書が下された。それによると陸海軍の軍備は国家の急務で、兵役は国家の重大な義務であり、華族は特別に優遇されているのだから、率先して国家に尽くすべきで、「常ニ生徒ヲ誘掖シテ軍務ニ服従スルノ志藻ヲ養成シ平素陸海軍学校入学ノ地ヲ為ス可キ旨更ニ御沙汰候事」とあった。

二度までも天皇から督促されたのだが、華族全般の反応は鈍かった。大正十五年の調べでは、陸海軍の現役将校の中で爵位を有する者は合計五六人、その子弟が五〇人ほどだったという。この頃、華族は約一〇〇〇家だったから、少な過ぎると見られても仕方がない。一般社会の目も厳しく、華族は特別の寵恩になれて、兵役逃ればかりを考えていると批判されていた。大正デモクラシーの思潮とも合わさり、この華族の態度は階級闘争をもたらしかねないと危惧する声すらあった。

前述したように華族といっても、出自によって三種ある。最終的には概数で公家華族が二〇〇家、武家華族が四〇〇家、新華族が四〇〇家といったところだ。新華族のうち陸軍関係が一〇〇家、海軍関係が六〇家だった。軍事に冷淡だったのは、まず公家華族だった。陸士旧一期以降、将官となった公家華族は、鷹司煕通（五摂家一五〇〇石）、壬生基義（中御門家一三〇石）、二一期の町尻量基（水無瀬支流三〇石）の三人だけだ。では、五摂家筆頭の近衛家の「近衛」とはなんなのか。これはいわゆるガード、親衛隊という意味ではない。藤原家が分かれて五摂家となるが、「近衛門」（陽明門）のそばに居所があったので近衛家、京都の九条、二条、一条、鷹司室町に居所がある家が地名で名乗っていたということだ。近衛といっても武門ではないし、鷹司と名乗っても鷹狩りとは縁がない。

昔から「長袖、兵を論じて国滅ぶ」と語られてきた国柄だから、一握りの公家がわざわざ志願してもらうほど困っていないというのが陸海軍の本音だったろう。しかし、その影響力を考えれば、冷たく見たり邪魔しないで欲しいといったことだった。では、この公家は軍隊をどう見ていたのか。それは昭和二十年二月十四日の「近衛文麿上奏文」によく表われている。昭和十九年十月十八日からのレイテ沖海戦で連合艦隊は壊滅、昭和二十年一月九日に米軍ルソン島上陸となり、南方資源の還送航路は途絶し、B29爆撃機による本土空襲も本格化した。上奏文での情勢判断は敗戦必至だが、これは正しいし、英米の世論は日本の国体変更にまで進んでいないとも判断している。

さてこの上奏文は、「国体護持の建前より最も憂ふるべきは敗戦よりも敗戦に伴ふて起ることあるべき共産革命に御座候」とする。第一次世界大戦末期のロシア、ドイツの例からすれば正しい見方かもしれない。しかし、どうしても納得できない暴論が続く。「少壮軍人の多数は我国体と共産主義は両立するものなりと信じ居るものの如し」、さらには「職業軍人の大部分は中流以下の家庭出身者にして、其の多くは共産的主張を受け入れ易き境遇にあり」とある。特権階層であることを鼻に掛けての言葉だったとしても、言って良いことと、記してはならないことの区別が付いていないと評するほかない。しかも、彼らの言う職業軍人の頂点に位置する現役陸海軍大将たる天皇にこう上奏する神経を疑う。藩屏中の藩屏がこれほど愚昧では、勝てる戦争も勝てないというしかない。

武家華族は軍隊にどのような態度だったのだろうか。軍事は家業の家柄だから、競って武窓に進んだかと思えば、これまたそうではない。武家華族で将官にまで進んだのは、久松定謨（伊予松山藩一五万石、松平家、維新時に改名）、黒田善治（福岡藩黒田家一門一万六〇〇〇石）、鍋島直明（佐賀藩鍋島家一門二万石）、朽木綱貞（福知山藩三万二〇〇〇石）、溝口直亮（新発田藩一〇万石）、徳川好敏（徳川三卿清水家一〇万石）、前田利為（金沢藩一〇二万石）、田村直臣（一関藩三万石）の八人だった。もちろん爵位を継がずに武窓に進んだ者もおり、藤堂高英、大村純英、鍋島英比古、牧野正臣らだ。これがもし欧米列強のような貴族的な軍隊だったならば、将官には池田、黒田、酒井、本多、松平と著名な武家の名前がずらりと並んだことだろう。

誉れ高き武門にしては、将官が少ないが、これには事情がある。軍としては華族は早くに貴族院に入り、陸軍を側面から援護してくれることを期待していた。旧藩主の末裔が部隊にいると鬱陶しいということもあったろう。貴族院に入り、活躍した軍人の代表が溝口直亮だ。彼は陸士一〇期の砲兵科で善通寺の野戦砲兵第一一連隊副官として日露戦争に出征、旅順要塞攻略戦に参加している。陸大は二〇期で次席の秀才だ。軍務局育ちの人で砲兵課長も務めたが、名古屋の野砲兵第三連隊長を最後に名誉進級で少将となり予備役、すぐに貴族院に入り、陸軍参与官、政務次官を務め部内外から好評だった。

　新華族でも早くに貴族院に送り込もうということがあった。寺内寿一もそういうコースを歩いていた。「寺内さんは、勉強をしないが頭は切れる」と妙な褒められかたをしていたが、こういうタイプは貴族院に適するとなったのだろう。寺内が近衛歩兵第三連隊長の時、寺内正毅が死去して伯爵を襲爵した。近衛師団参謀長、少将で京都の歩兵第一九旅団長となった。これで貴族院議員として貫禄十分となったのだが、本人の陳情もあって関東軍の独立守備隊司令官に転出、中将に進んだ。本人もここで終わりと覚悟したというが、宇垣一成のもっと箔を付けてやろうとの恩情で広島の第五師団長、続いて満州事変とのからみか一等師団で大阪の第四師団長となった。ここで昭和八年六月、警官と兵隊の揉め事のゴーストップ事件となる。寺内は強い姿勢を崩さなかったが、本来は寺内を好まない荒木貞夫陸相が絶賛し、台湾軍司令官に栄転させ、大将街道を歩むこととなった。

　さまざま部内の事情があったにせよ、前述した明治天皇の御沙汰書があっても、華族は子弟を武門に進ませることを渋り続けた。彼らにも言い分はあり、学力、体格の面で厳正な競争試験を突破できないということだ。しかし、これは口実だ。華族の子弟の多くは学習院に進む。ここの中等科を修了すれば、各校で設けた特別枠があって、無条件ではないにしろ志望校に進むことができた。難関の一高、陸士、海兵も例外ではない。軍務に就こうという意志さえあれば、華族に対してはその門が大きく開かれていた。

兵役は国民の義務であり、同時に権利とされていた時代、華族にとっても同じだ。しかし、高名な家柄の者が一兵卒として入営して来ると、受け入れ側も困惑する場合もあるだろうし、営内班の秩序も乱れかねない。軍にとって怖いのは、兵営の実情、特に私的制裁、官品がなくなれば泥棒してまで員数を付ける悪癖など子弟の口から聞き、義憤から貴族院で質問などされることだ。

徴兵検査で甲種合格となっても、半分はクジ逃れで入営しなくて済んだ時代ならば、あれこれ操作して、面倒な華族など名流の子弟は入営させないようにしていただろう。それでも迷い込んで来る場合は、世田谷の近衛野砲兵連隊や野砲兵第一連隊に配置して、馬の世話をさせていた時代が長かったという。ここに入営したある人は、居並ぶ名家の子弟を見て「そこには明治維新の歴史があった」と回顧している。

そんな長閑な時代も去り、支那事変から大量動員が始まると、名家への配慮も昔話となった。すると有力人士は伝をたどって、首相や陸相の秘書官にどうにかしてくれと陳情に及ぶ。軍としても、これも重臣工作の一つとして応じる場合もあったようだ。それがあるから、陸相秘書官などを務めた人は、戦後になっても政財界に一定の影響力を持っていた。なんとも不明朗、あってはならない話で、軍の堕落と言うべきだ。

◆時間切れとなった新武門閥

侍であり続けた浅田信興

新華族のうち、日清戦争以降に勲功で授爵したのは、概数で陸軍八〇家、海軍四〇家だった。これも戊辰戦争以来の勲功の「合わせ一本」の場合が多く、また以前に選からもれたものを戦役後の授爵に組み入れたケースもある。日清戦争までは、かなりの勲功を立てなければ授爵しなかったが、日露戦争になるといささかデフレ気味となり、出征した中将、戦没した少将はみな男爵となった。少々時代錯誤で自己破滅的な生き方をした浅田信興は、日露戦争で近衛歩兵第一旅団長、近衛師団長として出征したが、家への便りに「生きて帰れば男爵夫人、死ねば浮気の後家となれ」と書き送ったことは有名だ。戦争中から授爵することが知られていたことになり、なにか鼻先に人参を吊るすような話だが、乾坤一擲となればどこの国でもやることだ。

軍人の新華族も二代目、三代目になると軟弱になり、進んで武窓に進まなくなったと批判されたが、それなりに努力していたことを認めなければならない。親に遠慮をしたわけでもないだろうが、維新の元勲や草創期の大将を越えることはむずかしい。また、前述したように爵位を持つ者は、早めに貴族院に送り込む方針もあった。それでも寺内正毅、寿一父子はそろって元帥府に列した。各国軍とは元帥の意味が違うにせよ、父子共にというケースは世界でも希有とされる。あの反長州の荒海の中でよくも寺内寿一が生き残ったと思うが、我がままとか、遊び人とかいう世間の風評とは違って、二代目として彼なりに身を律し、金銭的にもきれいにしていたから大成したのだろう。

草創期の将軍の子弟は、育ちが良いからかギスギスしたところがない好人物とされた人が目立つ。奥保鞏の長男は陸士一七期の保夫少将だ。水戸の歩兵第二七旅団長を務めて予備役に入ったが、支那事変が始まり昭和十二年九月に応召、高崎の歩兵第一二八旅団長となり、華北に出征している。児玉源太郎の三男は友雄中将、四男は常雄大佐だ。児玉友雄は、満州事変時の朝鮮軍参謀長、第一六師団長を歴任して西部防衛司令官で予備役に入った。彼もまた支那事変の勃発に伴い応召して台湾軍司令官を務めた。

児玉常雄は工兵科、員外学生で東京帝大機械科で学び、航空兵科に転じて技術畑を歩んだ。予備役編入後は満州航空、中華航空の社長となり、終戦時は大日本航空総裁だった。大島義昌の長男は陸太郎少将だ。彼は歩兵第四連隊長、近衛歩兵第二旅団長で予備役に入り、満州

児玉源太郎

児玉源太郎の三男、児玉友雄

国の牡丹江省も務めている。大島少将は部下の面倒見が良い人で知られていた。

陸軍の元老、大山巌の長男、高は海兵三三期だった。ところが明治四十一年四月、候補生として乗り組んでいた「松島」が台湾の馬公で爆沈して殉職した。次男の柏は陸士二二期、大尉で陸士生徒隊付の時に襲爵、公爵だから自動的に貴族院議員となった。彼は近衛文麿の義兄でもある。当局もこういう人をどう扱ってよいのか戸惑うだろうし、本人も考古学の道に進みたいと希望していた。大御所の跡取りのあるべき姿かという声もあったが、少佐で予備役に入り、慶応大学で考古学を学び講師にまでなった。そして昭和十八年十一月に応召した大山は、室蘭の第三三警備大隊長、続いて第八独立警備隊長を務めて終戦を迎えた。陸士二二期といえば、先頭グループは軍司令官になっており、北海道の第五方面軍司令官の樋口季一郎は、大山のわずか一期上だ。召集などどうにでもなる公爵家なのに、進んで大隊長職に就いたことは、やはり武人の家柄、帝国陸軍の有終の美を飾ったといってよいだろう。

親子揃って将官というケースもよくあった。陸相を務めた石本新六の二男が軍務局長と兵務局長を務めた寅三だ。朝鮮派遣隊司令官で予備役に入った石田保謙は広くは知られた人ではないが、その子弟の保道、保秀、保政、保忠と四人そろって将官に進んで有名になった。旧三期で侍従武官長を務めた内山小二郎の長男が英太郎で中将にまで進んでいる。陸軍次官を務めた本郷房太郎の長男の義夫は中将、次男の忠夫は少将だ。陸相を務めた大島健一の長男の浩は中将に進み駐独大使で知られている。磯村年の長男の武亮は戦死後に中将に進んだ。臣下で少将に進級したのは陸士三三期までだから、このあたりが父子将官の打ち止めとなる。

なお、東京警備司令官を務めた林弥三吉の長男が林敬三、陸士には進まなかったが内務官僚となり、警察予備隊に入り初代の統合幕僚会議議長となっている。

三代続いて将官を出す可能性があったのが寺内家だったが、寿一には嗣子がなかった。もしいたとしても陸士三〇期の後半になっただろうから、将官には届かない。軍人が三代続いたことで知られるのは、西郷従道の家だった。従道の長男は従徳、日露戦争中、第一軍司令部で副官を務めた。彼は大佐で予備役に入り、貴族院議員に専念した。その長男が従吾で終戦時大佐だった。陸海軍の歴史も八〇年、どうにか三代目がものになりつつあったということで、本格的な新武門閥を確立するにいたらなかった。

そもそも、陸軍と海軍共に当初から軍内に門閥が生まれることを警戒していた。薩長閥がありながらおかしな話だが、そのような藩閥があるからこそ新しい勢力の糾合を憂慮したのだろうし、これは軍隊として当然のことだ。命令系統以外の結び付きが強くては、部隊を指

磯村年大将

戦死後、中将に進んだ
磯村武亮

ルソン島で戦死した
重見伊三雄

旅団長として硫黄島で
玉砕した千田貞季

揮できなくなる。もし、陸軍の草創期に門閥が生まれれば、すぐさま旧藩閥と結合し、薩長閥どころの騒ぎではなくなり、維新体制は崩壊しかねない。それがあったから名家の出の軍人は、早々に貴族院にお引き取りを願っていたわけだ。軍に名家の門閥が定着しなかったことは、組織にとって望ましいことだった。

しかし、高級軍人の家に生まれ、武窓に進んだことに誇りを持ち、家名に恥じないよう率先挺身した人も多かったことも伝えなければならない。草創期の福島安正は三男の次郎を、大迫尚敏も三男の三次を日露戦争で失っている。広く知られるように、乃木希典の長男の勝典は明治三十七年五月、歩兵第一連隊の小隊長で南山戦で戦死した。次男の保典少尉は後備歩兵第一旅団の副官だったが、同年十一月、旅順要塞の二〇三高地で戦死した。

戦車第三旅団長としてルソンで戦死した重見伊三雄の父親は、日露戦争中、近衛師団参謀長として転戦、戦史の権威として知られた重見熊雄だ。同期の栗林忠道の強い希望で混成第二旅団長となり、硫黄島で玉砕した千田貞季の父親は、旅順戦で勇戦して負傷した千田貞幹だ。昭和陸軍の中枢にいた九期の阿部信行、荒木貞夫、真崎甚三郎、一二期の柳川平助も子弟を武窓に送り、大東亜戦争で失っている。一五期の谷寿夫、二二期の田辺盛武は子弟を大東亜戦争で失ったばかりか、さらに本人も戦犯として処刑されるという悲劇となった。

◆諸刃の剣となる閨閥

戦前の結婚は、個人と個人とのものではなく、家と家が姻戚関係を結ぶというものだった。そこで家格といったものが釣り合う家の間で、嫁のやり取りをするのが望ましいこととなる。これだけでも良縁を結ぶのが難しいが、現役の軍人の場合、上司に「結婚願」を提出し、書類は回りに回って陸軍省にまで行き、そこの認可を得なければならないから、さらに厄介なものとなる。そこで無難な軍人社会の中で婚姻関係を結ぶケースが多くなると思われようが、事はそれほど単純ではない。

幼年学校や陸軍士官学校に進んだというだけで、地方では知られた存在となり、それなりの家からの縁談が舞い込んでくる。これにまた、さらなる事情が絡んでくる。武窓に進めば、一切官費というわけではなかった。前述したように、幼年学校では月一二円納金しなければならず、小遣いとして月二円五〇銭を送ってよいことになっていた。陸士では納金はないが、小遣い、日曜下宿代、そこでの飲食費で月三円から五円仕送りをしなければ同期の間の付き合いもできない。そして任官時、正装（大礼服）、制服、軍帽から長靴、軍装一式を私費で揃えなければならない。もちろん軍装手当があり、昭和に入ると四〇〇円支給されていたが、これだけでは賄い切れない。

これらの経済的な負担に応じられる家庭ばかりではない。そこで郷里の育英会や資産家の援助を仰ぐこととなる。そこに義理が生じ、うちの娘を許嫁にとほのめかされると、無下に断わるわけにもいかない。陸軍は郷土部隊を重視していたこともあり、このような郷土と密着した結婚を好ましいとしていた。また、そのような結婚を同期生も温かく見守っていた。結婚を出世の道具にしなかった殊勝な男だということだ。最初に紹介した辻政信は、郷里のごく平凡な家から嫁をもらったが、これで彼は多くの人から信用された。

将校の世界は狭いからか、同郷の同期生もしくは近い先輩、後輩の妹、もしくはその妻の妹をもらうケースも多い。兵庫県出身で旧三期の本郷房太郎は、郷里の郵便局長の家から嫁をもらったが、その妹が同郷で一五期、張作霖爆殺で知られる河本大作に嫁いでいる。そして河本の妹が同期の多田駿の妻となる。ここにいわゆる支那屋の流れを見ることができる。支那事変中、華中、華南で勇戦した第一八師団長で一八期の久納誠一の妻は、二・二六事件当時に歩兵第一連隊長の小藤恵の妹だったが、これは東京の同郷という関係からだ。輜重兵科の逸材で次官も務めた二四期の柴山兼四郎の妻は、二三期の遠山登の妹だ。柴山は茨城、遠山は千葉、ほぼ同郷だからまとまった縁談だ。

また、軍の大物から「うちの娘はどうか」と声が掛かるケースもある。これで広く知られるのが野津道貫と上原勇作の関係だが、これには特別な事情がある。上原は宮崎の都城出身だが、ここは島津藩の一部だ。上京した上原は、当時少佐だった野津の家に世話になり大学南校に通い、それから陸士に進んだ。そんなことで子守もした野津の娘をもらうことになった。同郷の大物となると、小川又次と一二期の杉山元の関係となる。共に小倉の小笠原藩の藩士の家、妻を亡くしていた杉山に、小川が後妻に娘をと言われれば断わるわけにはいかない。なお、この人もすぐに亡くなり、終戦直後に杉山の後を追って自決したのは三番目の妻だった。

部内に顔が利く者が、陸大の関係者に頼み込んで優秀な将来株を紹介してもらうケースもままあった。逆に陸大生が結婚願を大学当局に提出すると、「もっと良い縁談を世話するから、これは止めておけ」と妨害する場合もあったという。なぜそこまでするのかと言えば、縁談を取り持てば部内の実力者に恩を売ることができ、予算や人事面で配慮を願える可能性が生じるからだ。このケースでよく知られるのが、旧六期の尾野実信と二五期の武藤章との関係だ。尾野が教育総監部本部長、陸大校長が宇垣一成、幹事が和田亀治の時だった。宇垣は個人的な問題に関心を寄せるタイプではないが、和田は権威に弱く、あれこれ動く人だったという。大分県出身の和田が福岡県出身の尾野の依頼を受けて、熊本県出身で陸大を一回で突破、恩賜の軍刀をものにした武藤を世話したという構図だ。

このようにさまざまな経緯で姻戚関係が結ばれる。それが軍内の派閥じみたものにまで発展したことは、ごく限られていたように思う。そもそも閨閥の形成とは、門閥を維持、強化する手段だ。その門閥といわれるものが陸軍の中に確立していなかったのだから、閨閥とい

騎兵科の流れ①

騎兵科ファミリーを
形作った森岡守成

長く参謀本部に君臨した
鈴木荘六

ってもそう意味のあることではない。しかし、それでもこの姻戚関係は人間関係に影響を及ぼしているケースも散見される。

その一つの例が騎兵科を巡る人脈だ。騎兵の祖として知られる森岡正元は、高知出身で旧姓は大高坂、明治六年三月に少尉任官してから山口県の森岡家の養子となった。日本最初の騎兵部隊は、土佐の山内藩が御親兵に差し出した騎兵二個小隊だが、彼はその一員だった。また森岡家が絶えるということで、山口県出身で騎兵科、二期の森重守成が森岡家の養嗣子となった。そして森岡正元の二人の娘は、もちろん騎兵科で一期の鈴木荘六と一三期の建川美次の嫁となった。

周知のように鈴木荘六は長らく参謀総長を務め、森岡守成は朝鮮軍司令官となり、共に大将にまで上り詰めた。建川美次は二・二六事件の関係から中将で予備役に入ったが、宇垣一成を支えた一人で、のちに駐ソ大使も務めた実力者だった。この鈴木、森岡、建川のラインそのものが騎兵科の流れとなり、閑院宮載仁ともつながり陸軍に大きな影響を及ぼしている。

さらには陸士一四期の橋本虎之助、山田乙三も騎兵科の流れの一員となる。

旧藩の流れを引く地域閥の存続を図るため、閨閥を利用する動きも見られた。もちろん長州閥がその代表で、山口県人の間での婚姻や養子のやり取りが盛んだった。草創期の人で日清戦争に出征し、男爵となった三好成行は、二〇期の飯田祥二郎の岳父だ。旧四期で陸相を務めた岡市之助は京都府出身となっているが毛利藩士の出で、五期の津野一輔と福原佳哉の岳父となる。旧八期の田中義一は、参謀次長の時、大阪幼年在学中の西村敏雄を養子に迎えた。ちなみに、どういうわけか西村は陸大在学中に実家に戻っている。

大正の末頃からだが、石川閥の存在が噂されていた。もちろん前田家の存在が大きいが、姻戚も関係している。その一つの中心が千田登文だった。彼は少佐で軍を去っており、西南戦争中に歩兵第一四連隊の連隊旗手として出征したが、その時すでに軍旗を失っていたそう

騎兵科の流れ②

宇垣一成を支え続けた
建川美次

二・二六事件当時の
近衛師団長橋本虎之助

だ。千田は乃木希典より三つ年上で、西郷隆盛の首級を捜し出したことで有名になった。千田の三人の娘は、一三期の中村孝太郎、一九期の今村均、二二期の田辺盛武に嫁いだ。中村と田辺は石川県出身だが、今村は宮城県出身だ。今村と陸大二七期で同期の木村三郎が千田の実子だった縁による。この関係が石川閥とどうつながるかは定かではないものの、話の種にはなっただろう。

ビックネームのファミリーに加われば、栄達間違いなしというほど日本の陸海軍は甘くない。有力者の家と婚姻関係を結び、大成した人は、彼なら誰と結婚しても同じ結果だと評される場合がほとんどだ。岳父が野津道貫でなければ、上原勇作は三長官をそうなめにして元帥府に列せられなかったかも知れないが大将は確実だ。建川美次は鈴木荘六が義兄でなくとも、参謀本部の第一部長、第二部長を歴任しただろうし、二・二六事件がなければ大将に進んでいたはずだ。武藤章ほどの才能と迫力があれば、尾野実信が岳父でなくとも結果は同じだろう。

その一方、義父の七光りで栄達を図ろうとは、武士の風上にも置けない奴との悪評が広まると大変だ。海軍でのことだが、この好例が海兵一五期の同期、広瀬武夫と財部彪の話だ。海兵首席の財部に山本権兵衛の娘との縁談がまとまりつつある時、広瀬は財部に「実力で将来が見込める君なのに、なんで権勢の付馬になるのか」と忠告したという。しかし、都城出身の財部としては、軍務局長の山本に断わるわけにもいかず、この縁談はまとまった。財部は栄達の限りを尽くし、海相として五つの内閣に列した。実力がなければあり得ないことだが、世間は山本との関係ばかりに目を向け、薩州閥の残照としか見なかった。ここまで大きな話は陸軍ではなかったようだが、連隊長の娘をもらう話が広まり、将校団がこぞって反対するということも起きた。

ここまでならば本人に不利に働く個人的な問題に止まるだろう。ところが義父が婿を介して影響力を発揮しようとしていると見られると、組織としての防衛本能が働く。また、姻戚関係を使って情報収集を行なうこともよくあることだ。例えば海兵一五期で首相を務めた岡田啓介の義弟は、陸士六期で二・二六事件で殺害された松尾伝蔵だ。そして松尾の女婿が四四期の瀬島龍三だ。この筋で岡田は、陸軍の内情や作戦に通じていたと見ることができる。この情報源を断つということだけからも、有力者と姻戚関係のある者を中枢部から排除しようとなる。瀬島が昭和二十年七月、参謀本部部員兼軍令部部員から関東軍参謀に転出したことも、まんざらこのケースでないとは言えない。

宇垣一成の義弟となる
笠原幸雄

陸士二二期の俊才として知られていたのが、村上啓作と笠原幸雄だ。共に東京幼年、陸士は上位一ケタ、陸大は中尉で卒業の軍刀組だ。当然のことながらこの二人はエリートコースをひた走り、村上は軍務局軍事課長、笠原は参謀本部第五課長（ロシア課）の栄職に就いた。ところが、そこまでだった。笠原はごく短い間、参謀本部総務部長を務めたが、

鈴木貫太郎の実弟、鈴木孝雄

鈴木貫太郎の女婿、藤江恵輔

そのほかは二人とも外回りに終始した。臨時大量募集の一九期、幼年学校出身者のみの二〇期が挟まったことや、二・二六事件や支那事変の勃発の影響を受けて二二期は割りを食ったこともあるが、この二人に限っては姻戚関係に難があった。笠原は宇垣一成の義弟だから、敬遠されるのもわかる。村上は、旧一期の木越安綱の女婿だ。木越は陸相の時、軍部大臣は現役でなくとも可とし、部内の猛反発を受けた。しかし、この縁談は陸士同期しかも原隊が同じ近衛歩兵第三連隊の木越二郎からの話だし、木越は昭和七年三月に死去している。それでも減点主義の陸軍では問題にされた。

俊英が集まり、大将を五人も輩出した陸士一八期で、常に一選抜で進んだのが藤江恵輔だった。彼の実兄の逸志は海軍機関学校三期の海軍少将だが、その縁で鈴木貫太郎の女婿となった。ちなみに鈴木の実弟、孝雄は陸軍大将、その岳父は立見尚文だ。孝雄の二男は海兵五五期、岡田啓介の女婿となる。そして鈴木貫太郎の妻は、秩父宮雍仁の傅育係だった。鈴木家は陸海軍から宮中にまたがる華麗なる一族となる。

兵庫県の生国魂神社の宮司の家に生まれた藤江恵輔は、その出自の通り、博学で円満な人格者と語られていた。そこを買われて帝大への配属将校の最初に選ばれた藤江は、京都帝大に配置された。藤江の学識と温厚な人柄に驚いた教職員や学生は、「こんな軍人がいるのか」と語り合ったという。彼はフランス、ルーマニア、ブルガリア、スイス駐在を経験した欧州通の情報屋だが、昭和十一年八月に関東憲兵隊総務部長、続いて同司令官、さらに憲兵司令官と畑違いの職務に就いた。憲兵には人格者をということだが、左遷の色合いも濃い。

その後、藤江恵輔は第一六師団長、陸大校長をへて西部軍司令官で大将進級、東部軍司令官で改編によって第一二方面軍司令官となった。ところが在任一ヵ月、昭和二十年三月に予備役編入となった。一体、どういうことなのかと批判された人事だった。あえて推測すれば、そこに鈴木貫太郎の影が浮かび上がってくる。この頃、海軍は海上戦力を失い、残る航空戦力と地上戦力を陸軍が吸収する形で統合し、それをもって本土決戦という構想が生まれつつあった。もちろん海軍は猛反発するだろうが、その渦中の東京に大将の藤江がいては問題だとなったのだろう。ところが昭和二十年四月、鈴木貫太郎内閣となった。こうなると事情が違ってくるし、同期で陸相の阿南惟幾の意見もある。そこで藤江を召集したが、それでも東京に置くと問題だとなったようで、東北地方の第一一方面軍司令官に回された。

若手に目を向けると、三六期の多田督知がいる。彼は陸大卒業後、軍事調査部に勤務し、東京帝大経済学部の派遣学生となった。少佐の時、参謀本部の第八課（謀略課）に勤務し、大東亜戦争の開戦時は香港攻略の第二三軍の作戦主任だった。これほどの経歴の人が、なぜ終戦時、パラオの第一四師団参謀長なのか。この頃、同期の先頭グループは方面軍や軍の高級参謀を務めている。そもそも、歩兵科のエリートは師団参謀長には充てられないのが通例だった。

どうして多田督知が冷遇されたかについては、さまざまに語られていただろう。彼の原隊は歩兵第一連隊、少尉の時、私行上の問題で連隊長の東條英機に睨まれたという話もあるが、佐官になればもう時効だ。香港攻略の際、歩兵第二二八連隊の若林東一の行動が独断専行として認められるかどうかが問題となり、第三八師団と第二三軍、さらには支那派遣軍との板挟みに遭った結果とも思われる。より根深い問題は、多田は神奈川県出身でありながら、武藤信義の女婿であったことが関係しているはずだ。ビックネームのファミリーの一員になることは、諸刃の剣だということを実感させられる。

第七章

部外者の介入

「色厲而内荏、譬諸小人、其猶穿窬之盗也」
〝顔つきはいかめしいが、心が軟弱な人は、小人にたとえると盗人のようなものだ〟
「郷原徳之賊也」
〝エセ君子は道徳の盗人である〟

『論語』陽貨篇

◆不可解な左傾勢力との連帯

万世一系の天皇に帰一し、かつ大元帥として戴く武力集団、しかもソ連を第一の仮想敵国としている帝国陸軍は、強固な反共の砦であったはずだ。共産主義はもとより、社会主義と聞いただけで、過剰なまでのアレルギー反応を示す軍人が多かった。内務省の社会局長が陸軍省に用件があって訪ねたところ、「社会局とは何事だ」と玄関払いをした勇ましい人もいた。ところが陸軍中枢部に勤務するエリートの中には、左傾勢力に理解を示し、その力を借りようとした者がいたこともまた事実だ。さらに軍事のプロとしてはイデオロギーを抜きにして、優勢な白衛軍と外国干渉軍を追い払った赤衛軍の将帥達やその急速な成長ぶりに、憧憬に似た眼差しを送っていたとしても不思議ではない。

昭和陸軍混迷の始まりとなる「桜会」の趣意書には、次のような内容の記述がある。すなわち、国民には政界の暗雲を一掃し、邦家の禍根を剪除すべき勇気と決断とはなく、ただ墓穴を深くしているだけだが、左傾団体だけがその例外だとしている。これは単なる憂国警世の記述に止まるものではなかった。未遂に終わったが、「桜会」による昭和六年の三月事件では、この左傾団体を大きく計画に組み込んでいる。全国大衆党、社会民衆党、労農大衆党を主軸とする無産三派連合などによる一万人規模のデモ隊を動員し、労働組合法と労働争議調停法を審議中の国会を包囲し、その騒擾にかこつけて軍隊が出動、将官が議場に乗り込んで内閣総辞職を勧告し、組閣の大命が宇垣一成に下るよう工作して、軍が権力を手中にするというシナリオだった。

この無産三派連合の主要な人物は、赤松克麿、麻生久、亀井貫一郎、平野力三らだが、彼らが謀議にどれだけ関与したかは定かではない。ただ、亀井は深入りしていて、講演会で計画の概要を話してしまい、桜会が困惑したこともある。亀井は島根県の津和野藩の藩主の家柄で伯爵、一高、東京帝大を卒業して外務省に入った超エリートだった。それがどうして「赤い伯爵」といわれるまで左傾したかはさておき、ここでは陸軍との関係が生まれた機縁を見てみたい。亀井が一高、東京帝大に入る際、身元保証人欄に森林太郎と書かれていたそうだ。初めは学校当局も、これは誰かと首を捻り、すぐに森鷗外と気が付き話題になったという。森家は津和野藩の典医だ。これで軍人は理屈なく亀井を受け入れる。

大正九年九月、ウラジオ派遣軍参謀長だった稲垣三郎は、国際連盟陸軍代表となってジュネーブに派遣されることとなった。この時、陸軍省は稲垣と島根県の同郷で外務省にいた亀井貫一郎を参謀本部嘱託に任命し、随行させることとなった。この時、陸軍側随員の一人が稲垣と同じ騎兵科の建川美次だった。こうして主に参謀本部第二部と亀井の関係が生まれた。左傾人士として広く知られていた亀井を陸軍が受け入れた背景はこのようなことだった。

陸軍との関係の始まりがはっきりしないまま、部外者を重用したケースもある。昭和十二年五月、陸軍省は「重要産業五年計画要綱」を策定して政府に提出した。その内容だが、例えば鋼材生産では、昭和十一年には日本で四四〇万トン、満州国で四五万トン生産していたが、これを十六年には日本で九〇〇万トン、満州国で四〇〇万トンにするというものだ。この計画は、前年の昭和十一年十一月に示した「軍備充実計画ノ大綱」を裏付けるものだ。この計画推進の原動力は参謀本部第一部長の石原莞爾で、主務者は陸軍省整備局戦備課の総動員班長だった澤本理吉郎だった。澤本はソ連やポーランド駐在の経験があり、ソ連の五ヵ年計画の研究で知られていた。

民間企業を動かしての中期経済計画となれば、軍人だけでは心もとないということで、石原莞爾が強く求め、満鉄経済調査会にいた宮崎正義を参謀本部の嘱託に迎えた。宮崎の下に日満財政経済研究会を設け、これを陸軍の外郭団体として調査研究を進めさせた。宮崎は日露戦争の直後、石川県の留学生としてロシアに派遣され、帰国後は満鉄に就職したが、再びモスクワに留学している。この二度目の留学はいつだったのか不明だが、この時にソ連が進めていた五ヵ年計画を研究した。

この石原莞爾と宮崎正義の関係の始まりは、はっきりしないが、満鉄を介して生まれた関係だろう。松岡洋右は昭和十年から十四年にかけて満鉄総裁だったが、その頃、宮崎をブレーンとして使っていた。ここで陸軍と宮崎の関係が生まれた。計画経済というものの知識がある者がごく限られていた時代、宮崎を陸軍のスタッフに加えるのも当然と言えよう。しかし、宮崎の二度目のモスクワ留学は、おそらく大正十四年二月の日ソ国交回復以降だろうから、そこに問題が生じる。ソ連に取り込まれた可能性が排除できないからだ。万事秘密のソ連で経済を調査することは、諜報活動そのものだから、どうしてもダブルエージェントを疑わなければならない。そういう人物を国家の計画立案作業に加えることは危険だ。

　さらに石原莞爾は、浅原健三との関係も深かった。福岡県出身で日大専門部卒の浅原は、早くから大杉栄に師事し、過激な労働運動に携わっていた。大正九年二月の八幡製鉄所の労働争議を主導し、溶鉱炉の火を止めたことで浅原は有名人となり、国会議員にも選出された。明らかに先鋭的な社会主義者の彼を石原は、なぜ身近かに置いたのか。浅原は製鉄に詳しいから使っていると石原は語ったそうだが、かなり苦しい弁明だ。

　陸軍と浅原健三との関係の始まりは明らかではない。あえて推測すると、このようなことではないだろうか。八幡製鉄所争議の頃、小倉の歩兵第四七連隊に陸士二六期の満井佐吉がいた。相沢三郎の弁護にも立った満井は社会問題に関心が深く、三井炭鉱の争議に関与して物議を醸したこともあり、浅原と同郷だから接触したことは間違いない。社会主義運動に挺身して官憲に追われると満州に難を逃れる場合が多いが、浅原も満州に行き、満井の紹介で関東軍参謀だった片倉衷と知り合い、片倉が満州国軍政部最高顧問の多田駿に引き合わせたとしても不自然ではない。こうして浅原は、いわゆる満州派の部外ブレーンの一員となったという推測は成り立つだろう。

　昭和十二年一月、組閣の大命が宇垣一成に下ったが、石原莞爾が中心となってこれを阻止し、代わって林銑十郎内閣を誕生させた。その組閣本部に陸軍が送り込んだのは、満鉄理事の十河信二と浅原健三だった。この時、石原らの狙いは、首相よりも板垣征四郎を陸相に送り込むことだったように思える。この策謀は次官だった梅津美治郎によって阻止され、組閣本部も混乱した。良識ある人達の声では、満州派の策動も感心できることではないが、左翼活動をしていた者を組閣本部に送り込むとはどういうことかだった。このあたりから石原神話にかげりが見え始めた。

滅多に人をほめなかった石原莞爾だったが、武藤章だけは「あれは有能な男だ、彼以上の者は見当たらない」と持ち上げていた。「ただし自由主義者だ」と付け足すのを忘れなかった。ある面、武藤は石原に似ていて、「鼠を取る猫なら毛色は何でも良い」という考え方をする人だった。武藤は石原以上に強引で、機会主義的なところがあり、「武藤ではなく無道だ」とも陰口を叩かれていたものの、その実行力は誰もが認めていた。

満州国の内政通だった片倉衷

満州屋の代表、多田駿

二・二六事件後の昭和十一年六月、革新将校から目の仇にされていた武藤章は、ほとぼりが冷めるまでということで、軍事課高級課員から関東軍第二課長（情報課）に転出した。そこで乱雑な資料庫を見た武藤は奇抜な手を打った。満鉄に頼み込み、満鉄調査部にいた予備少尉を教育召集し、資料の整理に当たらせた。前述したように当時、思想問題で官憲に目を付けられていた者の多くは満州に逃れていたが、関東軍の資料庫を整理した予備少尉にはそういった者がいたはずだ。そんな連中に機密文書を扱わせてよいものかという声もあっただろう。それに対して武藤は、整頓された資料庫を示して、学識がなければできない仕事だ、文句を付けるお前にできるのかと応じた。このような考え方をする軍人もいたことは記憶されるべきだろう。

軍と一般社会のアカデミックな関係は、かなり深いものがあった。語学の委託学生も含めれば、一般大学で学んだ将校は一二〇〇人を超えている。その多くは技術と語学だったが、東京帝大文科系の派遣学生約六〇人は、左傾思想に接触せざるを得なかった。特に経済学部の六人は、その傾向が顕著だった。経済学部への派遣は大正十三年から始まっているが、この頃は経済学部と言えば「赤の巣窟」が通り相場だった。これも無理からぬことで、近代経済学の基礎となるジョン・メイナード・ケインズの著作『雇用、利子および貨幣の一般理論』の邦訳が出版されたのは昭和十六年だ。それまでの経済学といえば、マルクスとエンゲルスの一色だった。

東京帝大で経済学を学んだ六人のうち、注目され続けたのは陸士二六期の秋永月三と二七期の池田純久だった。この二人は軍需動員の中枢部にあり続け、共に綜合計画局長を務めている。秋永は昭和二年四月、池田は四年四月に東京帝大経済学部に入校したが、この頃、参謀本部第一課長（編制動員課）、軍務局軍事課長は梅津美治郎だった。そして梅津が陸軍次官を務めていた昭和十一年三月から十三年五月の間、池田は資源局企画部第一課、企画院調査官であり、秋永は十三年五月から商工省臨時物資調整局計画課長だった。そしてこの三人、そろって大分県出身だ。

　これを見て、次のようなフレームアップした勢力があった。梅津美治郎は同郷の腹心二人に東京帝大で左傾理論を学ばせ、これを手足としてなにやら策動していると決め付けた。秋永月三や池田純久の主唱する統制経済、国家総動員、さらにソ連流の五ヵ年計画というものへの批判ではなく、狙いは「梅津は赤だ」と中傷することにあった。これを盛んに言い広めたのが部外の満州派であり、特に近衛文麿の周辺に吹き込み、近衛が梅津を敬遠する一因ともなった。その結果、どういうことになったのか。

東京帝大経済学部卒の
エコノミスト池田純久

　昭和十二年六月の第一次近衛文麿内閣の改造で杉山元陸相が退任、代わって板垣征四郎が陸相となった。板垣は陸士一六期、梅津美治郎は一五期だから、板垣が陸相となれば自動的に梅津は次官退任となる。これもまた露骨ということで、まず梅津を華北の第一軍司令官転出の後、板垣の陸相就任という形にしている。この時、持ち上がりで梅津の陸相が順当な人事だったはずだ。そうなれば、事務堪能な次官は必要なく、関東軍参謀長の東條英機が次官になることもなく、彼の中央復帰もなかったことになるだろう。

昭和十四年八月、阿部信行内閣の組閣に際して、異例なことに昭和天皇は陸相には「梅津か、畑を」と八月三十日に下命した。畑俊六は同年五月に侍従武官長に就任したばかりだった。この時点で梅津美治郎はまだ第一軍司令官で、関東軍司令官になるのは九月七日だった。畑よりも梅津を陸相にするのが妥当だ。ところが梅津の関東軍司令官は内示済み、かつ彼でなければノモンハン事件で統制が乱れた関東軍司令部を立て直せないと理由を付け、陸相は畑となった。誰が見ても、政治的センスや事務能力は梅津が上であるし、陸士一六期から一二期にまで戻る高級人事はあるべきことではない。どうしてこうなったのか、「梅津は赤だ」という中傷の効果というほかない。

◆軍との関係を求めた勢力

陸軍、海軍共に軍部は、自ら垣根を張り巡らし、その中に引きこもっていたわけではない。それとは逆に進んで部外の意見や助言を求めていた。明治建軍を主導した軍人の多くは、昌平黌はもちろん藩校で学べる身分ではなかったが、格調高い文書を残している。天下を取っても辞を低くして、高名な漢学者などに朱筆を入れてもらっていたわけだ。

これは大筋において、昭和に入ってからも変わらない。昭和十六年一月に示達された「戦陣訓」は、教育総監部で作成されたものだが、軍の一人よがりの産物ではなかった。最終案ができると、土井晩翠、島崎藤村らに批判と修文を願っている。それも「御意見拝聴」という丁寧な依頼だった。そして、その意見のほとんどを受け入れたとされる。また、社会的な影響力から大衆作家への目配りも忘れなかった。昭和軍閥の代表ともされる根本博、武藤章らは、久米正雄、吉川英治、野村胡堂らと「五日会」という席を設けて意見交換の場としていた。

軍の御意見番を自認し、大東亜戦争の開戦の詔勅にも目を通したとされる徳富猪一郎（蘇峰）のような、かなり偏った歴史観を鼓吹して軍や社会をミスリードした人も多い。しかし、軍が組織として意見を求めた相手は、徳富がそうであったように、その道の権威であり、一家をなした人達であったこともまた事実だった。それが間違っていたとしても、日本の文化の限界を示すものであって、軍の責任とするのはお門違いというものだ。

より大きな禍根を残したのは、思想的にも、学識でも深化途上の者が憂国の識者として己を軍に売り込んだことだった。軍に害悪を及ぼしたかどうか判断に苦しむところだが、積極的に軍人との接触を求めた最初は安岡正篤だった。彼は陸士一〇期代の者に大きな影響を及ぼしている。安岡は東京帝大法学部政治学科卒だが、学生の頃から陽明学で一家をなしたと語られている。大学を卒業した安岡は、大学に残るでもなく、就職するでもなく、金鶏学院や国維会などを主催して社会啓蒙運動に挺身した。これは大正デモクラシーに抗する勢力として社会に受け入れられた。

周知のように陽明学は、儒学では異端派だ。「知行合一」を掲げる行動の哲学で、陽明学と聞けばすぐに慶安の乱の由比正雪、天保の乱の大塩平八郎（中斎）と勇ましい話が思い出される。ハンス・フォン・ゼークトが説くように、軍人の本質的なものは行為だから、軍人は陽明学を受け入れやすく、安岡正篤の著作『王陽明の研究』は軍内でも広く読まれていた。そして安岡自身も、軍との関係を築くことにも力を注いだ。恩師などの紹介を受けて、おもに一〇歳ほど年長の佐官を訪ねて歩いた。地方の連隊長を訪問する際などは、所轄の警察署長帯同というのだから、彼はなかなかの世渡り巧者だった。漢学に通じていると聞くと堅い人物を想像するが、彼は大阪人特有な柔らかさがあって親しみやすい。余談だが、彼は体も柔らかく、柔軟体操をして見せて人を驚かしていたという。話をして見れば、博学なことはすぐわかる。

そこで軍人の間にも安岡正篤のファンが生まれる。ところが昭和に入る頃から、少なくとも軍内での安岡の盛名にかげりが生まれる。世間がいよいよ騒がしくなると、行動の哲学を論じながらも、実際に動こうとはしない安岡を若手将校の間では「立たずの中斎」と呼ぶようになった。実際に修羅場をくぐったこともなく、側近に丸橋忠弥のような行動隊長もいない。そもそもあまりに牧野伸顕ら権力層に近くなったため、反政府運動などやれるはずもなく、そこに多くの革新的な軍人が彼に失望したわけだ。

単なる啓蒙、教化運動に止まらず、軍民一体となって国家革新、満蒙問題解決を目指す勢力が軍に接近し、軍もそれを利用する動きが起きた。その代表が大川周明だった。彼は東京帝大文学部インド哲学科の卒業だが、どういうことか西欧各国の植民地政策糾弾という専門外のテーマで法学博士をものにしている。このような人が東京裁判でA級戦犯として起訴されるほどのウルトラ・ナショナリストなのかどうかはさておき、ここではどのようにして陸軍との関係を深めたのかを見てみたい。

主に参謀本部第二部だが、海外の文献の翻訳を外注に出していた。大川周明も在学中からこの仕事をしていた。第二部長が宇都宮太郎、第四課長（欧米課）が武藤信義の時代だが、まだ若い大川がこの大物と面識を得ることはなかったろう。原稿の受け渡しなどで若手の部員と接触するが、度び重なれば親密にもなるし、東京帝大の学生となれば社会的な信用もある。大川とそんな関係になったのが、二・二六事件当時の戒厳司令官の香椎浩平、欧米通で宇垣一成の四天王と言われた建川美次らがいる。省部に勤務するエリートは、人事異動も頻繁で進級も早い。どんどん若手と入れ替わるが、先輩と親しげにしている大川に丁寧に接し、しまいには彼に師事する者も出てくる。鈴木貞一、橋本欣五郎らがそんな人達で、その結末が昭和六年の三月事件、十月事件となる。

クーデターじみたことは論外にしても、どうしても視野が狭まる軍人が部外のブレーンを持つこと自体は意味あることだ。ところが多くの職業的な活動家は、思想上の対立や金銭問題のもつれから集合離散を重ね、それに軍人が巻き込まれるとなると問題だ。上海で浪人生活を送っていた北一輝（輝次郎）を東京に呼び戻し、活動の場を与えたのは大川周明だった。ところが大正十四年八月の共済生命保険株式会社（安田生命の前身）の内紛に介入し、その謝礼金を巡って大川と北は袂を分かつどころか、罵倒し合う仲となった。これで大川寄りは統制派、北寄りは皇道派という漠然とした色分けが軍人の間にも生まれてしまった。

満州から蒙古、中国本土における諜報活動、謀略工作で軍が大陸浪人を使い、その腐れ縁が内地に持ち込まれたケースも多かった。この大陸浪人なる人たちは、玄洋社や黒龍会の流れといった一応は組織化されたものから、全く縁故がなく一人一党といった者までさまざまだった。共通していることは、多少なりとも誇大妄想ぎみで、梁山泊の一員になったかのように豪傑ぶるといったところだ。陸軍はこのような集団を現場で使っていたのだから、なんの成果も得られなかったのも当然だ。

大陸浪人の中でも困った存在が、教養の程度はさておき、内地にはなんの生活基盤もなく、一人さまよう一匹狼だ。北一輝もそんな一人だったろうし、血盟団事件の井上日召（昭）はその典型だろう。彼の自己申告によれば、大正初期に大陸に渡り蒙古独立、張作霖打倒に挺身し、事破れて北京に向かい、旅費を使い果たして坂西公館に転がり込んだのだそうだ。この坂西公館とは、参謀本部付の坂西利八郎を長とする特務機関だ。ここで中国全土の諜報活動を統括していたので、大陸浪人ならば一度は訪ねたところだ。

坂西公館から軍事探偵の仕事を与えられた井上日召は、山東省から上海、南京を渡り歩いたというが、その成果は明らかではない。面倒見の良い坂西利八郎は、帰国する井上に田中義一ら宛ての紹介状を手渡した。これがあったからこそ、井上は昭和三年から茨城県大洗に私塾を構え、青年の啓蒙教化活動に入ることができた。そしてその結果は、昭和七年二月から三月の「一人一殺」血盟団事件だった。逮捕状の出た二人を現役軍人が匿ったことからも、軍にもかなり食い込んでいたことがうかがえる。

　破滅的な生き方をする大陸浪人が帰国して、陸軍との関係を生かして国家革新運動に走るのはわかりやすい構図だ。しかし、象牙の塔で教鞭を執る者が自ら進んで軍との接触を求め、軍人の教化を探るというのは理解しにくい。天皇機関説問題から国体明徴問題に火を付けた蓑田胸喜はそんな一人だ。彼は東京帝大文学部卒で慶応大学で教職に就いており、和歌の同人誌も主宰していた。その愛読者の一人に参謀総長だった金谷範三の子息がいた。それを聞き及んだ蓑田は、参謀本部に金谷を訪ねて長口舌に及んだ。度重なる蓑田の来訪に辟易した金谷は、陸軍省新聞班に応対を任せ、陸軍に深入りさせないよう処置したという。もし、蓑田が自分は陸軍に支援されていると思うようになってから、学匪排撃ののろしを上げたならば、どのようなことになっていただろうか。

　学界で異端者扱いされていた者が、軍との関係を求め、そこに活路を求めようとすることは自然の成り行きだろう。ところが正統派の学究として高名な人までが、積極的に軍に近づき、軍学校で講演を重ね、さらには若手将校の教化に乗り出すとは意外な思いにさせられる。その代表は平泉澄だとしても異論はないだろう。平泉は福井県の白山神社の家に生まれ、東京帝大文学部の国史学科に進み、講師、助教授と順調にステップを踏み、昭和十三年に教授となっている。彼の専門は日本中世史で、宮司の家の出身らしく、社寺と社会との関係を考察した論文で博士号を取得している。

このような学究の平泉澄は、どうしたことか「歴史は芸術、信仰だ」とし、いつのまにか伝道師、さらにはアジテーターかのような存在となる。彼は宮中にまで入り込み、秩父宮雍仁に御進講を重ね、一回だけとされるが天皇にも御進講している。彼の教え子が海軍兵学校や機関学校の文官教官にいた関係で、平泉は海軍との関係が生まれ、講演に回るようになった。これを聞いた士官学校も、平泉を講演に呼ぼうということになった。陸士校長が末松茂治、幹事は東條英機の時、昭和九年四月に陸士四七期生を対象にしたのが最初だった。生徒の見事な聴講の態度に平泉はいたく感激したという。

この講演を契機として、陸士の史学教官は平泉澄の門下生を集めることとなり、陸士生徒は皇国史観一色に染め上げられたかのように思われた。また、平泉は昭和八年四月に陸士近辺の曙橋に青々塾を構えて学生の教化に努めていた。そこに陸士での講演に感激した陸士四〇期の前後の陸士予科区隊長らも加わるようになった。それまでの革命ブローカーのような浪人の粗雑な理論ではなく、長年の研究に裏付けられた史観による指導は、新鮮に感じられたことだろう。しかも平泉は二・二六事件の時、軍人の同学の士と共に陸相官邸に乗り込み、決起将校と刺し違えると語り、単なる学究の徒ではなく、実行も伴う憂国の士となり、尊敬を集めることとなった。

こうして平泉澄は軍の要望に応えて、全国行脚を始めて特攻隊の基地にも行き講演していた。では、軍人の誰もが平泉史観に傾倒したというわけでもない。彼の軍人に対する発言をやや乱暴に総括すれば、「楠正成、正行父子のように大義に殉じろ」ということだった。しかし、あまりに「死」を強調すると軍事的合理性との乖離が生じ、疑問から反発につながる。平時ならば、軍人としての心構えを楠父子を例にとって説く意味もあるだろう。しかし、戦争が本格化すれば、陸士生徒や青年将校は「人生半額」と覚悟を決めている。平均年齢五〇歳の時代、二五歳までに小隊長、中隊長として第一線で散るということだ。そういう集団に改めて覚悟を求めても余計なことだ。さらには、「そんなにすぐ死んでしまったならば、誰が残って戦うのか」と心の中で冷笑する者も多かったに違いない。

　もちろん最後まで平泉史観に心服していた人も多かったろう。そしていざ終戦となった時、玉音放送を阻止すべく宮城を占拠した事件は、青々塾生だった者が中心になって起こした。また、宮城占拠に加わらなかった青々塾生も、陛下の御前で諫死するとなったが、これに平泉澄は無言だったという。結局は皇国史観の大導師とされたものの、これが学者の限界だとしてよいだろう。

◆機密費に群がる集団

なぜ、部外者が軍との関係を深めようと近づいてくるのか。多くの場合、その狙いは機密費にある。機密費と聞くと、どこかいかがわしい感じがするが、国家予算の款項目の一つだ。その主な使い道は諜報活動の経費で、情報源の秘匿ということで領収書の必要もなく、そのため会計検査の対象外となる。それを良いことに、アウトローの部外者がこれに群がることとなる。また、軍側としても便利に使える予算として重宝していた。例えば飛行場の建設で初年度の予算が付かない。そこで飛行場には偵察機が発着する、偵察機は情報を収集する、これは諜報活動だから機密費の使用が許されるので、一時流用しようという論理の運びだ。どんな形であれ、情報と関係付ければ機密費を使えるとなって管理が杜撰になる。

機密費の不明朗さが大きな話題となったのは、田中義一による立憲政友会の買収だった。大正十四年四月、予備役に編入された田中は、すぐさま立憲政友会の総裁となるが、その持参金は三〇〇万円だったとされる。予算総額が一六億円の時代、三〇〇万円という大枚がどこから出たのか。シベリア出兵時の機密費をためこんで、その一部を買収費にあてたともっぱらだった。では、シベリア出兵時の機密費総額はどのくらいだったのか。司直の手が入れないので正確なところは判然としないが、噂では四〇〇〇万円、その半分を田中らが私物化し、そこから買収費を支出したのだともっぱらだった。

シベリア出兵となれば臨時軍事費が予算化されるから、相当な機密費が支出されただろう。しかし、私物化することは可能なのか。陸相、陸軍次官、高級副官が結託すればできる。陸軍の機密費は、陸軍省だけではなく、参謀本部、出先の関東軍、朝鮮軍、支那駐屯軍にも配分されるが、その金額を決めるのは軍務局長の補佐を受けた陸相だ。陸軍省の機密費は、多くが「次官渡し」となって陸軍次官が決裁し、実際に管理しているのは高級副官だ。もちろん、現金や小切手の出納事務は経理局の所掌だが、それがどこに回ったかは関知しない。この立憲政友会買収が水面下で進められた頃、陸相は田中義一、次官は津野一輔、高級副官は松木直亮、軍務局長は菅野尚一と長州閥のオールスターだったから、なんでも可能だった。

そして軍事課長は、迷い込んで来たような佐賀県出身の真崎甚三郎だった。それからの展開が予見できる取り合わせだった。

　これほど巨額で大仕掛けの話は珍しいが、不明朗な機密費の使用は日常的に行なわれていた。事もあろうに閣議の席で有力閣僚が陸相の肩を叩いて、「あの先生にいつものように頼む」、あの先生とは占いもする祈禱師だ。その場で断われそうだが、予算問題などでしっぺ返しをされかねないので了承する。陸軍省に帰って次官らに話すと、「あんな当たりもしない易者に例年通りの金額を渡す必要はない」となり、形だけの額を届ける。するとこの先生、届けに行った係の家に連日押しかけ、例年通りの金額を求め続ける。こんなことがまかり通り、そんな怪しげな人が閣僚を取り巻いていた、それが戦前のある一面なのだ。

高級副官として田中義一を支えた松木直亮

　もちろん多くの良識ある軍人は、諜報活動とまったく関係のない噂話をもっともらしく語る政界ゴロ、誇大妄想の大陸浪人、はては怪しげな祈禱師にまで機密費を支弁することに疑問を感じている。それでも長年の腐れ縁を断ち切るだけの度胸がない。なぜならば、機密費に群がる連中に悪評を広められれば、自分の将来に影響する。算盤片手に踊って易を見る人でも、信者の有力者に「あの人は方角が悪い、骨相も問題だ」などと吹き込めば、どういう結果になるかわからない。そこで自分の時は従来通り、後任者に機密費支弁の整理を申し送るだけに止まるのが普通だ。

それでも、諜報活動の必要経費が機密費という本来の姿に立ち戻ろうとする勇気のある人もいた。軍事課長、次官、陸相を歴任した宇垣一成は、機密費に群がる自称大物を怖がる人ではない。彼のいつもの癖で、小指で耳をかきながら聞いているふりをし、そして「金がない」の一言で撃退する。そのため「宇垣は傲慢だ」「聞いてもいないのに、どうとでも解釈できる聞き置くとしか言わない」などとの悪評が広まる。それが回り回って宮中にも広まる。昭和十三年一月、宇垣は組閣に失敗したが、その一因はこの機密費の問題にもあった。

二・二六事件後の昭和十一年三月から十三年五月まで、寺内寿一、杉山元の下で陸軍次官を務めた梅津美治郎は、陸軍省の機密費に大ナタを振るった。二・二六事件の遠因の一つに部外者との不明朗な関係が上げられ、このため機密費も見直されることとなった。梅津は怜悧な官僚タイプだから、万事厳格にやり、機密費ばかりか理由がはっきりしない予算も拒否する姿勢を示した。糧道を断たれた勢力は、口をきわめて梅津を誹謗した。前述した経済通の秋永月三と池田純久との関係まで持ち出して、「梅津は赤だ」と宣伝これ務めた。それだけが原因ではないにしろ、正統派の軍政屋だった梅津は、陸相のポストを逃すことにもつながった。

では、陸軍省の機密費とはどのくらいの金額のものだったのか。軍事課員だった人の回想によれば、昭和六年頃で一四万円だったという。陸軍費の〇・一パーセントに満たない金額だったことになる。しかし、この昭和六年に三月事件や十月事件を画策した人達によれば、陸軍省が握る機密費は三〇〇万円ほどあり、そのうちどれくらい回してくれるかで事の成否が決まるとしていた。これほど開きがあると判断に苦しむところだが、繰り越し金、予備費や会議費など流用可能なものもあるし、民間からの裏献金もあっただろうから、一〇〇万円単位の機密費を抱えていたと推察できる。

支那事変が始まってすぐの昭和十二年九月、臨時軍事費特別会計が導入されて軍事費は青天井となり、機密費も潤沢なものとなった。陸軍はこれを使って謀略工作に熱中した。たしかに人員の損耗を考えれば、機密費を使っての謀略工作の方が安上がりという考え方もできるだろう。そして一〇〇〇万円単位の巨費を投じて要人買収から寝返り、自称有力者を抱き込んでの和平工作、旧軍閥部隊の帰順工作、ついには中国紙幣を偽造して中国経済を混乱させるなどが行なわれた。前述したように汪兆銘を寝返らせた梅工作のほかは、すべて成果なしという結果に終わった。

中国に対する謀略工作も、軍事作戦の一環と言えなくもなく、結果だけを見て批判するのも問題だ。しかし、作戦とは関係のない詐欺まがいの話に軍が飛び付き、多額の機密費を支弁したとなると、軍の体面にもかかわることだ。昭和十三年十月、日本軍は広東、武漢三鎮を占領したが、中国の継戦意志は揺るがなかった。支那事変の長期化は避け得ないものとなり、日本としてはより一層の軍備強化、軍需生産の拡充に迫られることとなった。そのネックは輸入資金にあった。当時の日本は、アメリカからスクラップ、アルミ地金、工作機械、インドから銑鉄、蘭印から錫、ニューカレドニアからニッケル精鉱を輸入しなければ、軍需産業が成り立たなかった。そこに多量の石油輸入が加わる。たちまち外貨準備は底をつく。金保有高も減り続け、国内と朝鮮半島での産金高も思うようには伸びない。

さて、どうするかと考え込んでいると、夢のような話が参謀本部に舞い込んできた。アメリカの投資ファンドから数億ドルの借款が見込めるという。この話を進めるには、数百万円の運動資金が必要だが、陸軍の機密費の支弁を願いたいという。話を持ち込んだ連中の狙いは、この機密費にある。事実上、戦争状態にある日本に、巨額な投資をするファンドなどあり得ない。しかもアメリカは、日米通商航海条約の見直しを図っている時（同条約の破棄通告は昭和十四年七月）、そんな巨額の投資を認めるはずもない。ところが経済に疎い陸軍の一部は、この話に飛びついた。

明らかに詐欺とも思える話に乗る素地はできていた。昭和十三年六月から十四年八月まで、陸相は板垣征四郎だった。清濁併せ飲む中国の大人タイプだった彼の周囲には、常に怪しげな利権屋が蠢いていた。この話には、板垣と同郷の国会議員も絡み、さらには大川周明も動いていたという。これは実現性大と話を持ち込まれた参謀本部第三課（編制動員課）は舞い上がってしまい、つられて総務部長の神田正種や参謀次長の中島鉄蔵までが積極的となった。参謀本部のマターとなると軍事機密扱いになり、外務省、商工省、大蔵省は蚊帳の外で専門的な助言なしで暴走し出した。

ただ、板垣のお膝下の陸軍省は、積極的には動かなかったそうだ。機密費については慎重な東條英機が次官、軍に近づく部外者を常に警戒していた今村均が兵務局長だったからもあるが、この種の話は数多く陸軍省に持ち込まれていたので、事務レベルは冷静に判断できたからだ。「その手の話は聞き飽いた」と陸軍省は機密費の支弁を拒否した。すると参謀本部は、自前でやると頑張り、相当額の機密費が支弁された模様だ。もちろん、その成果は一切なし、単なる詐欺話で終わった。このように機密費に群がる部外者の動きは、陸軍部内の分裂をも引き起こしかねなかった。

終章にかえて　石原莞爾はなぜ挫折したのか

今にしても天才と語られる石原莞爾は、昭和十六年三月に第一六師団長を最後に予備役編入となった。諸事多難なあの頃、石原が軍を去らねばならなかったのは、東條英機陸相との確執によるものだとされている。それを否定するものではないが、石原の健康問題の方が大きな理由になるだろう。石原は「俺が対米戦争を研究し始めると体の調子が悪くなる。アメリカの神様が邪魔しているに違いない」と冗談交じりに愚痴っていたという。昭和五年、関東軍参謀の時、打撲傷で尿道を痛めて慢性尿道炎となってからは、体の不調を訴えることが多かった。もし、昭和十二年七月の支那事変突発時、参謀本部第一部長だった石原が体調万全であったならば、事変の推移はまた違ったものになっていたのではないかと思う。

最初に述べた辻政信は、頑健そのもの、鉄砲で撃たれても、爆弾を浴びても、悪性のマラリアに罹っても死なないから名を残した。世間一般よりも、軍人は体が資本だ。参謀は第一線に立たないにしろ、三日三晩の徹夜続きでも判断能力を維持できなければ役に立たない。

石原莞爾が健康で軍に残り、参謀次長、軍司令官、方面軍司令官として才幹を振るう姿を見たかったという声に同感する人は多いことだろう。しかし、石原は挫折した。ではあれほどの人がこれからという時になぜ挫折したのか。

*

広く知られているように、石原莞爾は山形県鶴岡の出身で、三河普代の名家、酒井藩一四万石の家臣の流れだ。この鶴岡、酒田一帯の庄内の人は、ものおじすることなく、初対面の人にでも気安く話すタイプの人が多いとされる。石原は若い頃、「意見具申魔」と評されたが、思ったことをすぐ口にする庄内気質の現われといえよう。それ自体は悪いことではないにしろ、寡黙こそ武人というお堅い軍人の社会では、敬遠されがちとなる。石原を理解する人は、「毒舌を吐くが毒気はない」としていたが、誰もがそう受け止めるとは限らない。それだから彼は組織の中で浮き上がってしまい、古巣の関東軍司令部でも孤立無援となってしまった。

東北地方の諸藩は、幕末に多くが朝敵に回ったこともあってか、武窓に進む者が少なく、山形県も例外ではなかった。それでも陸軍大将は小磯国昭、海軍大将は山下源太郎、黒井悌次郎、南雲忠一がいるから大健闘といったところだ。ちなみに海軍大将三人は、そろって上杉藩、米沢の出身だ。未だ旧藩意識が色濃く残る時代、先輩や後輩に同郷人が少ないことは、理屈なしで面倒を見てくれる先輩、無条件に支えてくれる後輩が少ないことを意味する。特に軍人の世界では、これは不利となる。加えて山形県は、最上川沿いの盆地の連なりという地勢からか、旧八藩ごとに固まりがちだった。前田藩すなわち石川県、鍋島藩すなわち佐賀県、島津藩すなわち鹿児島県といった一藩一県とは違って、「オール山形」という気風が生まれない。

昭和六年九月、満州事変当時の陸軍省軍務局長の小磯国昭は、新庄の出身だ。彼はA級戦犯となり巣鴨の獄中で回想録『葛山鴻爪』を記したが、満州事変の項に石原莞爾に関する記述はない。そして支那事変勃発時、小磯は朝鮮軍司令官だったが、このように書き残している。「石原大佐は満州事変の初期において、脱線居士でもある程の積極論者だったが、此度は打って変わった消極論者」との皮肉に止まる。同郷ならばもう少し書きようがあると思うが、それが山形県人であり、はたまた陸軍中枢部が満州事変での石原をどう見ていたかを示す例証でもある。

*

転勤の多い警察官の家庭に生まれた石原莞爾は、落ち着いて勉強できるようにと幼年学校に進むこととなった。この受験の際、石原は鉛筆一本だけ持参、鉛筆をかじって芯を出していたというから、誰もが目をむく。これに始まる彼の奇行は、さまざま語られている。とにかく茶目で不精者、それでいて学科は抜群、術科と素行は芳しくなくともそれを補って余りあり、仙台幼年学校を首席で卒業した。中央幼年、陸士と進むと術科や素行の比重が高まることもあって、卒業序列は共に一三番となった。四〇〇人を超える中で一〇番代だからたいしたもので、上位一ケタは「二十過ぎたら、ただの人」になりがちで、一〇番代から二〇番代が好位置だとされていた。

　支那事変が始まるまでは、隊付士官候補生や見習士官の任地は、出身地を考慮して決められていた。石原莞爾は山形の歩兵第三二連隊だが、これが彼の不運の始まりといえる。第三二連隊は明治三十一年三月に新編され、弘前の第八師団の隷下にあった。日露戦争中の明治三十八年四月、高田に第一三師団が新編された

少将時代の石原莞爾

ため、第二師団と第八師団が改編され、第三二連隊は第二師団の隷下に入った。石原は明治四十二年五月に陸士卒業だから、彼は第二師団育ちということになる。明治四十三年四月から二年間、第二師団は朝鮮駐剳となり、そのための人事と本人の希望で会津若松の第六五連隊に異動した。石原の意識としては、原隊は第六五連隊ということになる。

　大正十四年五月の軍備整理によって、第一三師団が廃止され、それに伴う改編で第三二連隊は第八師団の隷下に戻り、第六五連隊は廃止、会津若松には仙台にあった第二九連隊が入ることとなった。これで石原莞爾は、大事な原隊が消えて根無し草の心境となった。これは気持ちだけの問題ではなく、心が許せる後輩がいなくなることをも意味する。これは軍人にとって大きな痛手だ。さらにはこの軍備整理で仙台幼年学校も廃止の憂き目を見た。これらが石原の心の底に沈殿して宇垣一成への反感となり、昭和十二年一月の宇垣内閣阻止へと流れて行く。

大正四年十二月、石原莞爾は陸大三〇期に入学する。陸士同期の先頭よりも三期遅れとなるが、この遅れは隊務精励の証しとして評価される。大正七年十一月卒業、石原は次席だった。本人に言わせれば、「陸大には素行点がないから当然」なのだそうだ。ただ、この陸大の成績というものは、ある種の芸術とも言える戦術のセンスが問われるので、教官との相性が問題となる。石原の奇抜さを教官が面白がったから次席に推した節もある。才能がありながら、教官の受けが悪く埋もれた人材も多かったのだ。ともあれ陸大次席となれば注目され、風当たりも強くなる。

*

陸大を卒業した石原莞爾は、中隊長を終えて教育総監部第一課付となった。これは決して冷遇ではない。陸大二七期で次席の河辺正三も教育総監部付、それ以来、恩賜の軍刀組を教育総監部に回さなかったので、三〇期では石原を配当するというのが舞台裏の事情だった。また、定員と予算の関係で早くに海外駐在に出られるというメリットもある。すぐに海外駐在だろうから、これでもやっていろと与えられた仕事が典範令の改正の校正だったようだ。細かい仕事に音を上げた石原は我慢できず、一年もたたないうちに中国勤務を願い出た。そして漢口にあった中支那派遣隊司令部に転出となった。これが石原にとって後に尾を引く軍歴の傷となった。命のままに動くのが軍人であり、陸大の成績を鼻に掛けて我がままを言うとはとんでもないとされ、末路は哀れになりかねない。

そして漢口で石原莞爾は、板垣征四郎と運命的な出会いをする。この二人、共に第二師団育ちだが、五期違っているので部隊勤務ではすれ違いだったが、板垣が陸大三学年の時、石原は一学年だから、この頃からの付き合いはあった。短い期間にせよ石原は、中国を精力的に歩き、三井物産の社員を装って陝西省にまで入ったという。しかし、支那屋を志している板垣とは違って、石原はそれほど専門的な研究をしたとは思えない。もし彼が深く中国を知っていたならば、満州事変をあの時期に起こせなかっただろうし、支那事変の当初の対処もまた違ったものになっていただろう。

人事管理上、ドイツ語を学び、陸大恩賜組をのんびり中国旅行をさせておくわけにもいかない。そこで正統派の幕僚に育てるため、ひとまず陸大が引き取り、早々に海外駐在に出すこととなった。そして大正十一年七月から陸大付でドイツ駐在となる。海外駐在で先進国の軍事を学び、語学に磨きをかけてキャリア・アップが図れる。それに加えて、視察に訪れる大物の将官に名前と顔を覚えてもらえるのも目に見えない役得だ。海外の旅先で土産物屋に連れていくなどあれこれ世話をすれば、階級を越えた関係が生まれるものだ。

ところが石原莞爾には、そんなガイドの真似事ができない。庄内人特有な馴れ馴れしい話ぶりはさておき、すぐに皮肉や放言が飛び出す。大正十三年に陸士本部長だった真崎甚三郎がベルリンに出張した。ドイツ軍の要人との面会をセットしたものの、石原は一人でしゃべりまくり、会話に入れてもらえない真崎は、いたく心証を害したという。同じ年、科学研究所長の緒方勝一が砲兵視察団を率いてベルリンを訪れた。これを迎えた石原は、これからは大砲の時代ではなく、航空機の時代だからそっちを研究したらどうですかと語ってしまう。

なかには面白い奴だと思う人もいるだろうが、大方は大尉、少佐風情が何をぬかす、「これが陸大次席のあの野郎か」となって反感ばかりが募る。

＊

海外駐在を終えた者は、お礼奉公ということで陸大勤務となるのが通例だった。石原莞爾も帰国して大正十四年十月から陸大教官となった。学校長は学識豊かで知られる渡辺錠太郎、第一次世界大戦の戦訓を取り入れた革新的な教育が進められつつある頃だ。石原があてられたのは戦史教官、それも欧州古戦史だった。フリードリッヒ大王、ナポレオンといった分野だから、なにかと問題を起こす石原を象牙の塔に押し込めようという意図も感じられる。ベルリン時代に仕込んだ蘊蓄や日蓮宗の説教交じりの石原莞爾の授業は、それなりに好評だったという。悪く言えば戦史とは講談だから、学生はそれほど点数を気にしないでいられるからだろう。

砲兵界の重鎮、緒方勝一

陸大の革新的な教育方針は、すぐに参謀本部の反発を受け、校長の渡辺錠太郎は旭川の第七師団長に飛ばされた。代わりに陸大校長代理として乗り込んできたのは参謀次長の金谷範三で、日露戦争史に立脚する復古主義的な教育となった。また陸大幹事も多門次郎となった。石原が仙台幼年に在学中、生徒監が多門だった。昔の生徒監の目からすれば、「幼年茶目」なまま

仙台幼年学校以来の付き合いだった多門次郎

の石原には困ったものだとなるだろう。あれこれ事情はあったが、とにかく大正十年七月から石原は陸大に籍があるのだから、中佐になればどこかに転出しないと、彼の将来は閉ざされかねない。

陸士二一期の星だからか、同期を中心とする周囲があれこれ心配し、石原莞爾自身も転出先を探し出した。まず石原が相談したのが当時、軍務局徴募課にいた今村均だったという。二人は第二師団育ちで、少尉、中尉の頃からの付き合いだ。今村は少壮の頃、神経質で激高しがちな人だったというが、能力を認め合っていたのか、石原は今村宅をよく訪ねる関係だったという。相談を受けた今村は、自分と同じ一九期で関東軍の作戦主任をしている役山久義がすぐに異動になるから、その後任ではどうかとなった。結構ですと石原は答え、今村はこの話を陸軍次官の阿部信行に持ち込んだ。阿部は石原を陸大教官に採った時の陸大幹事だから、人事調整しようと請け負った。

中央で婿入り話が進んでも、受け入れる関東軍の意向が問題だ。昭和三年五月、陸大四〇期生の鮮満旅行に同行した飯村穣は、石原莞爾と同期ということもあり、この件を関東軍高級参謀だった河本大作に伝えた。河本は張作霖爆殺を画策していた頃だったが（実行は昭和三年六月四日）、役山久義の後任に石原を受け入れることに同意した。またこの時、関東軍司令官だった村岡長太郎は、仙台の歩兵第二九連隊長を務めており、石原を見知っているし、陸大次席が関東軍に来てくれるだけでも大賛成だ。こうして石原は昭和三年十月、関東軍司令部作戦主任に着任した。また昭和四年五月、満州に駐箚していた歩兵第三三連隊長の板垣征四郎が関東軍司令部の高級参謀となり、ここに満州事変の役者がそろったことになる。

*

満州事変における、関東軍作戦主任としての石原莞爾の活躍は、ここで改めて語る必要もないだろう。しかし、誰もが瞠目するような成功だったにしろ、東京と旅順、奉天、長春、吉林との連絡は確保されていたのだから、独断専行が認められる余地はない。既成事実を積み重ねる関東軍の独走、それを中央が心配そうに見守るという構図だ。中央でも対ソ戦の可能性を考慮して新たな作戦計画の立案に迫られる参謀本部第二課長の今村均、それに充当する戦力を手配する第一課長の東條英機、そして予算措置を講じる陸軍省軍務局軍事課長の永田鉄山は、不快な毎日を過ごしたことだろう。石原と東條の不仲の伏線は、この時から始ま

石原を関東軍に売り込んだ
陸士同期の飯村穣

石原を関東軍作戦主任に
引き取った河本大作

誰もが敬遠する中、手を上げて石原を受け入れた東久邇宮稔彦第２師団長

っていたと見てよい。

　ソ連の権益だった北満鉄道を越えたり、ハルピンに進出しても危惧されたソ連の介入はなかった。石原莞爾の読みが当たったことになるが、戦争はギャンブルではないのだから、結果オーライで済ますことはできない。後年、今村均はこの問題を鋭く論じている。石原の功績は認めた上で、その軍紀を乱した責任は追及しなければならないとする。そして石原を軍令系統からはずして研究部門にあてれば、彼の才能は活きるし、下克上の弊風も広まらなかったとする。これは今村の卓見で、石原が秘めている才幹をより大きく開花させるただ一つの道だったろう。

　昭和七年八月、石原莞爾は大佐に進級した。彼は大隊長、連隊付中佐をしていないので、大佐で連隊長を二年務めなければ少将進級の資格が生まれない。では、石原をどこの連隊長にするか。当時、歩兵連隊長は六八人、その三分の一が異動の時期を迎えている。どうにでもなるようなことだが、満州事変の立役者、石原の人事となると話はまた別だ。「あれは悍馬、部下にすると蹴られる」となって、どこも敬遠する。そもそも連隊長の人事となると、人事局補任課が頭ごなしに決められるものではなく、受け入れる師団長を納得させなければならない。

　そんな師団長がいるものかと悩んでいる時、「ウチがもらう」と手を上げたのが第二師団長の東久邇宮稔彦だった。東久邇宮は石原莞爾の一期上だが、陸士時代に区隊が同じになったことがあり、まんざら縁がないわけではない。また、皇族の師団長ならば、連隊長が問題を起こしても、その責任を追及されることはない。しかも、石原は第二師団育ちだから好都合ということで、昭和八年八月の定期異動で仙台の歩兵第四連隊長となった。連隊長は軍人にとっての黄金期であり、しかも昭和九年十一月に北関東で行なわれた特別大演習にも参加できたのだから、石原にとって本懐というべきだろう。それから石原は今村均が考えていたように、陸大に帰って少将教官、幹事になり、さらに昭和十六年一月に設立された総力戦研究所のような研究機関の長となっていれば、毀誉褒貶が定まらない軍歴を残すことはなかったはずだ。

*

昭和十年八月、石原莞爾は参謀本部第二課長の要職に就任した。おそらくこの人事は、年度末の三月には内定していただろう。前年の一月に陸相となった林銑十郎は、独自色を発揮しだすが、その一つが昭和九年三月、永田鉄山の軍務局長に起用だ。そして昭和十年七月には、真崎甚三郎教育総監罷免事件も起きた。このような時期に、なぜ石原を第二課長に充てたのか。満州事変後も沈滞した部内に覚醒の一石を投じたと語られているが、陸軍の中枢を担う第二課長をそんな抽象的な理由で選ぶはずはない。

人事の不文律からすれば、前任者の意向が最大限に尊重される。では、前任の鈴木率道は誰を推したのか。常識的に見て作戦班長として使った二三期の石本寅三か、二五期の下山琢磨となるだろう。しかし、部内で波風を立て続け、しかも後ろ盾の小畑敏四郎は陸大校長、真崎甚三郎は軍事参議官になった今、鈴木に発言力はない。第二課長ともなれば、補任課長や人事局長の一存で決められるものではなく、陸軍次官、参謀次長の折衝にまで発展する。昭和十年三月の時点で、陸軍次官は橋本虎之助、参謀次長は杉山元だった。満州事変中、杉山は次官、橋本は第二部長で、石原莞爾の独走には手を焼いていたのだから、この二人が彼を推すはずもないと考えるのが自然だ。

この人事の背景を語る人は寡聞にして知らない。となれば考えられるのが天の声だ。第二師団長から第四師団長に回っていた東久邇宮稔彦が直接、参謀総長の閑院宮載仁に推薦したという構図だ。前述した石原莞爾が歩兵第四連隊長となった経緯からしてもあり得る話だ。皇族からの天の声となれば、誰もが胸に何かを抱えていても、黙って呑み込まなければならない時代だ。また、皇族の総長ならばいくら石原でも、そう無茶はしないだろうという読みもあっただろう。

省部全体の雰囲気として、閉塞感を打ち破ってくれるだろうと、諸手を上げて石原莞爾を迎えたわけでもない。彼に対する好き嫌いという個人的な感情はさておき、第二課長というポストをこなせるかとの心配が先立ったはずだ。参謀本部第二課長には、プランメーカーとしての能力が求められるが、それ以上に中央官衙の事務の流れに精通していなければならない。そのため、陸大を卒業して参謀本部第一部、できれば第二課の勤務将校に採ってもらい、書類の流れを実務で憶え、さらに年度作戦計画の綴を見ながら、その補備補修をやって国軍全体を見渡す眼力を養う。しかも作戦畑は、ある種の徒弟制度が支配しており、そこで生まれた人間関係がなければ第二課長は勤まらないとされていた。

ところが石原莞爾は、大尉の時に一〇ヵ月ほど教育総監部で勤務したほか、中央官衙の勤務はない。関東軍司令部での勤務はほぼ四年に及ぶが、参謀本部とは規模の大きさと責任の重さは比較にならない。さらには心から彼の後ろ盾になってくれる大物の上司がいない。それでいて「陸大三〇期の次席」「満州事変の立役者」と誰もが彼を知っている。彼に悪感情を持つ人は、「外回りの一匹狼が勤まるはずはない。やはり野におけレンゲ草だ」と冷たく見ていただろうし、好意的な人は「経験がなくて大丈夫かな」と気を揉む。大方は「とにかくお手並み拝見」といったところだった。

昭和十年八月十二日、石原莞爾は参謀本部に着任した。この日、相沢三郎中佐が永田鉄山を斬殺、前途多難を思わせる船出となった。これ以降、石原は昭和十二年三月まで第二課長、続いて同年九月まで第一部長を務めた。この間、石原は実に大きな仕事を成し遂げた。まず、昭和十一年の二・二六事件鎮圧、同年六月には『帝国国防方針』と『用兵綱領』の改定、参謀本部の編制改正、海軍との調整ができずに成案とはならなかったが『国防国策大綱』の策定と続く。そして同年十一月に内示した『軍備充実計画ノ大綱』だ。よくぞこれほどの大事業を立て続けに形にしたと思うが、「満州事変の立役者」という看板の魔力というほかない。さらにうがって見れば、中央官衙の実情と複雑に絡み合う人脈を熟知していなかったから、理想論で押し通せたともいえよう。

石原とは満州事変以来、
ライバルとなった梅津美治郎

組織の実情をよく知らなかったからできたのは、参謀本部の編制改正だ。石原莞爾の持論の一つに、「日本には作戦計画はあっても、戦争計画がない」であり、この考え方に沿って戦争指導課を設けたのが、この参謀本部の編制改正のポイントだ。すなわち編制動員を所掌していた第一課と作戦を所掌していた第二課とを合体させて第一部第三課とする。そして第二課が戦争指導課だ。従来の防衛課の第三課は第四課となり、第一部の編制は第二課、第三課、第四課となる。従来の欧米課の第四課はロシア班を課に昇格させて第五課、欧米課は第六課、支那課は第七課となった。

この編制改正については、さまざまな評価があるだろうが、総務部の力を殺いだことだけはたしかだ。宇垣一成、阿部信行、岡本連一郎、二宮治重、梅津美治郎、東條英機という総務部系の人脈は強固なものだった。第一課を召し上げたことは、この人脈に喧嘩を売ったのも同然だ。まして梅津は、満州事変中の総務部長で石原に苦労させられたのだから、いくら冷静な梅津でも心中穏やかではなかったろう。気性の激しい東條は、古巣の第一課を潰されれば激高する。結局、梅津と東條を敵に回した石原は、苦しい立場にならざるをえなかった。

鳴り物入りで誕生した戦争指導課だったが、事務の手順を確立し、組織として定着させるという努力をしない石原莞爾の欠点が露呈し、結局は尻切れトンボに終わった。戦争指導なるものを一つの課で扱えば効率的のようだが、つかみどころのないテーマだから、部外にまで広がる多くの部署との連帯が求められる。書類を回すだけでも、入念に手順を定めておかなければならない。そんな不備もあり、支那事変勃発直後から新第二課は空回りして無視されがちとなり、結局は石原の第一部長下番を機に昭和十二年十一月、第二課は旧来の作戦課、第三課は編制動員課となり、戦争指導は第二課の班が所掌することとなった。

*

理想に向かって突き進む石原莞爾の声望は揺るぎないものに思われたが、宇垣一成内閣阻止、林銑十郎内閣推進という局面からかげりを見せ始めた。昭和十二年一月、議会で寺内寿一陸相と議員が激論となり、寺内は議会解散を主張して閣内不統一となって広田弘毅内閣は総辞職となった。後継首班の大命が下ったのは、朝鮮総督を終えたばかりの宇垣だった。これに陸軍中枢の幕僚は猛反発した。二・二六事件後の粛軍人事がようやく一段落した今、派閥色が強く、かつ三月事件に関与した疑いがある宇垣が首相とはどういうことか。また、高度国防国家への第一歩を踏み出した今、大正の軍備整理をした張本人が首相とはどうしたことかと反対する理由はなんとでも付く。本音は、宇垣という超大物が出て来たら勝手なことはできないということだ。そんな若手幕僚の声をまとめ上げて、宇垣内閣阻止の先頭に立ったのが第一部長の石原だった。

もっともらしい理屈はどうにでも付くにせよ、天皇から組閣の大命が下ったのだから、「陸相の適任者はおりませんので悪しからず」と妨害するのはどうかと思う。後に石原莞爾の信奉者の間からも、「宇垣内閣阻止は彼の千慮の一矢」との声も上がった。しかも恥の上塗りまでした。宇垣一成が組閣を断念すると、今度は林銑十郎を担ぎ出した。林は首相になったものの、政治などわかるはずもなく、昭和十二年度予算が成立すると、意味もなく衆院を解散した。そして総選挙にも勝てず、政党合同の辞職勧告を受けて総辞職という惨めな目に遭った。これでは石原の声望は地に墜ちる。

そして昭和十二年七月七日、盧溝橋事件となる。それからの経緯を見れば、第一部長として石原莞爾が強く主張した不拡大方針が正しかったと語られてきた。しかし、相手のある話だから、こちらが正論と思っていてもそれが通じるかどうかが問題だ。昭和十一年十二月の西安事件を契機として国民政府と中国共産党が接近し、十二年二月には第二次国共合作となった。こうなると反日、抗日が中国の国論を統一する手段となり、いくら日本が不拡大方針を掲げても、中国側は聞く耳を持たないということになる。余談になるが、蒋介石の身柄を拘束する西安事件を引き起こした張学良がなぜそこにいたのかと言えば、それは満州事変の結果だった。

一方、日本は居留民現地保護という難問を抱えていた。例え杉山元陸相が不拡大方針であったとしても、閣議の席で居留民保護を求められれば同意せざるを得ない。そうなると、どういう形になるにせよ、動員が必要となり、相手方はそれを宣戦布告と受け止める。実際にもそのような流れになった。昭和十二年八月に戦火が上海に飛び火すると、それはさらに加速され、際限のない動員となって日本は大陸の泥沼にはまり込んでしまった。いくら石原莞爾が大局を見据えた正論を説き、大手を広げて立ちはだかっても、この流れを止めることはできない。

加えて石原莞爾を巡る神話も通じなくなり、陸軍中枢部でも彼の主張が受け入れられなくなる雰囲気が生まれていた。石原は上司にロボットを求めるが、部下には才能と個性のある者を集めるという傾向があった。河辺虎四郎、武藤章、寺田雅雄、稲田正純らの一団だ。彼らは有能な部下にはなっても、自分を殺してまでして子分にはならない。もちろん誠心誠意、部長を支えた人もいたが、多くは陸軍省、関東軍、朝鮮軍にいる同志と連絡を取り合い、「石原さんは満州事変でうまいことをやった。今度は俺たちの番だが、それを止めるとは面妖なり」との態度だ。そして上層部は、前述した小磯国昭のように「満州事変の時は元気だったが、今度は止め男、石原も年をとったものだ」と皮肉な目で見る。まさに「因果は巡る小車」だった。

石原を誠心誠意、支え続けた
河辺虎四郎

昭和十二年八月十五日、日本政府は「中華民国断乎膺懲」と宣言、蒋介石は全国動員令を発し、共に引くに引けなくなった。そして九月二日、日本はこの紛争を北支事変から支那事変と呼称することとし、さらに同月十日には臨時軍事費特別会計を公布し、ここに石原莞爾が訴え続けた不拡大方針が完全に破綻した。九月二十三日付の臨時異動で第一部長は下村定となり、石原は関東軍参謀副長に転出となった。前任の副長の笠原幸雄は在任わずか二カ月で転出という異例な人事だが、石原に中将、師団長の道を残す恩情人事だったと見てよいだろう。

＊

この人事が行なわれた時、関東軍司令官は植田謙吉、参謀長は東條英機だった。東條と石原莞爾は、古くは一夕会の同志、少なくとも東條は石原の才能を認めていた。しかし、何事にも事務的な東條は、着任した石原に「副長は作戦、兵站関係業務での参謀長の補佐、満州国関係の業務は参謀長の専管事項」と申し渡した。満州国の生みの親は、石原であることは自他共に認めることだし、失意の者に追い打ちを掛けるようなことで、石原もカチンときたはずだ。その石原のもとには、彼の信奉者が集まり、満州国の実情を伝える。それを聞いてみれば、五族協和の建国理念などどこへやら、関東軍の威光をかさに着た日本人が闊歩しているという。いわゆる「二キ三スケ」（東條英機、星野直樹、松岡洋右、岸信介、鮎川義介）の王国と化しているというわけだ。

健康を害していたこともあり、苛立ちを隠せなくなった石原莞爾の言動は突飛なものとなり、ささいなことでも東條英機と衝突するようになる。また石原のもとに参集、陳情に訪れる部外者のことも問題となった。昭和十三年五月、東條は板垣征四郎の下の次官に転出、後任は磯谷廉介となったが、石原は彼ともうまくやれず、部内でも浮き上がってしまう。結局、失意の石原は昭和十三年八月、病気を理由に無断で帰国した。本来ならば、ここで予備役編入となるはずだったが、陸相が板垣征四郎だったので救われ、舞鶴要塞司令官に補して人目から隠すこととなった。

ほとぼりが冷めた昭和十四年八月、石原莞爾は中将に進級、京都の第一六師団長に就任する。これも板垣征四郎陸相の置き土産人事だった。板垣の後任陸相は畑俊六だが、一年足らずで辞任、その後任は東條英機となった。東條は陸相としてあれこれ石原に気を遣っていたという。関東軍時代のことは水に流そう、佐官時代の仲に戻ろうと和解の手を差し伸べたのだと思うが、それに応じる石原でもない。

京都という土地柄のせいか、政権や軍部を批判する講演会がよく開かれていた。広く知られる石原莞爾も格好な講師と招かれる。現役の軍人、しかも師団長なのだから、招かれても婉曲に断わるとか、当たり障りのない話でお茶を濁していればよいものを、石原にはそれができない。主催者側が慌てるような論陣を張る。こうなると思想的な問題に止まらず、軍紀に関わる問題に発展し、陸相が東條英機でなくとも何らかの措置を講じざるを得なくなる。結局、昭和十六年三月に石原は待命、予備役編入となり、彼の豊かな才幹が大東亜戦争に活かされることはなかった。

「才能を持たないことより、才能を持つことの方が、しばしば危険が多い。
人は蔑まれなければ、まずは嫉妬の的となる」

ナポレオン・ボナパルト『作品集』

教導団、陸士６期、歩兵科、歩兵第12連隊（丸亀）付、陸大15期、フランス駐在／麻布連隊区司令官、陸軍省副官、陸大校長、第１師団長、中将　*P.56, 57, 168, 169, 243*

・渡辺　右文（わたなべ・うぶん）

熊本幼年、陸士21期、砲兵科、陸大29期恩賜、スイス駐在／参本第６課長（鉄道船舶課）、高射砲第１連隊長、参本第３部長（運輸通信）、第15師団長、中将　*P.226*

・渡辺　錠太郎（わたなべ・じょうたろう）愛知県［明治７年〜昭和11年］

陸士８期、歩兵科、歩兵第19連隊（敦賀）、陸大17期首席、ドイツ駐在／参本第９課長（外国戦史課）、参本第４部長（戦史）、陸大校長、第７師団長、航空本部長、台湾軍司令官、教育総監、2.26事件で死亡、大将　*P.158, 188, 281*

・渡　久雄（わたり・ひさお）東京府［明治18年〜昭和14年］

府立４中卒、陸士17期、歩兵科、近衛歩兵第３連隊（東京）付、陸大25期恩賜、イギリス、アメリカ駐在／参本第４課長（欧米課）、歩兵第１連隊長、参本第２部長（情報）、第11師団長、中将　*P.189*

・山本　昇（やまもと・のぼる）福岡県
経理局衣糧課長、千住製絨廠長、北支那方面軍経理部長、主計中将　*P.188*
・山脇　正隆（やまわき・まさたか）高知県［明治19年〜昭和49年］
広島幼年、陸士18期、歩兵科、歩兵第1連隊（東京）付、陸大26期首席、ロシア駐在／参本第1課長（編制動員課）、歩兵第22連隊長、教総第1課長、整備局長、教総本部長、陸軍次官、第3師団長、駐蒙軍司令官、陸大校長、予備役、応召、ボルネオ守備軍司令官、第17軍司令官、大将　*P.108, 109, 144*

［ヨ］

・横須賀　辰蔵（よこすか・たつぞう）茨城県
陸士12期、輜重兵科／輜重兵第13、第15大隊長、近衛輜重兵大隊長、輜重兵監、中将　*P.190*
・吉川　英治（よしかわ・えいじ）神奈川県［明治25年〜昭和37年］
東京毎夕新聞社記者、作家　*P.261*
・吉積　正雄（よしづみ・まさお）広島県［明治26年〜昭和60年］
広島幼年、陸士26期、歩兵科、近衛歩兵第4連隊（東京）付、陸大35期、東京帝大政治学科卒／航空兵科転科、第4軍参謀長、内閣情報局第2部長、整備局長、軍務局長、中将　*P.127*
・吉本　貞一（よしもと・ていいち）愛媛県［明治20年〜昭和20年］
東京幼年、陸士20期、歩兵科、歩兵第12連隊（丸亀）付、陸大28期、フランス駐在／参本庶務課長、歩兵第68連隊長、第11軍参謀長、中支那派遣軍参謀長、第2師団長、関東軍参謀長、第1軍司令官、第11方面軍司令官、自決、大将　*P.58, 102, 189, 207*
・米内　光政（よない・みつまさ）岩手県［明治13年〜昭和23年］
盛岡中卒、海兵29科、海大（甲）12期、ポーランド、ドイツ駐在／「陸奥」艦長、鎮海要港部司令官、第3艦隊、佐世保鎮守府、第2艦隊、横須賀鎮守府、連合艦隊各司令長官、海相、首相、大将　*P.106*

［ワ］

・若林　東一（わかばやし・とういち）山梨県［明治45年〜昭和18年］
仙台教導学校卒、陸士52期、歩兵科、歩兵第34連隊（静岡）付／歩兵第228連隊中隊長、ガダルカナルで戦死、大尉　*P.250*
・若山　善太郎（わかやま・よしたろう）愛知県
陸士11期、工兵科、陸大22期／軍務局工兵課長、工兵学校長、工兵監、第3師団長、中将　*P.189*
・和田　亀治（わだ・かめじ）大分県［明治3年〜昭和20年］

陸軍卿、近衛都督、内相、監軍、首相、第1軍司令官、参謀総長、枢密院議長、大将、元帥 *P.37, 40〜42, 45, 230*

・山口　一太郎（やまぐち・いちたろう）静岡県［明治33年〜昭和36年］
仙台幼年、陸士33期、歩兵科、歩兵第53連隊（奈良）付、東京帝大理学部卒、勝長男／技術本部員、歩兵第1連隊中隊長、2.26事件に連座、免官、懲役 *P.180, 181, 229*

・山口　勝（やまぐち・かつ）静岡県［文久2年〜昭和13年］
幼年学校、陸士旧4期、砲兵科、山砲兵第1大隊（東京）付、ドイツ、フランス駐在／軍務局砲兵課長、重砲兵監、第10師団長、第16師団長、中将 *P.181*

・山下　源太郎（やました・げんたろう）山形県、男爵［文久3年〜昭和6年］
米沢中卒、海兵10期／「磐手」艦長、第1艦隊参謀長、海兵校長、軍令部次長、第1艦隊司令長官、連合艦隊司令長官、軍令部長、大将 *P.276*

・山下　奉文（やました・ともゆき）高知県［明治18年〜昭和21年］
広島幼年、陸士18期、歩兵科、歩兵第11連隊（広島）付、陸大28期恩賜、ドイツ駐在／軍事調査部軍政調査会幹事、歩兵第3連隊長、軍務局軍事課長、北支那方面軍参謀長、第4師団長、航空総監、関東防衛軍司令官、第25軍司令官、第1方面軍司令官、第14方面軍司令官、戦犯、法務死、大将 *P.29, 59, 98, 108, 144, 222*

・山地　元治（やまじ・もとはる）高知県、子爵［天保12年〜明治30年］
御親兵／歩兵第4、第3、第12連隊長、第6、第1師団長、西部都督、中将 *P.38*

・山田　乙三（やまだ・おとぞう）長野県［明治14年〜昭和40年］
東京幼年、陸士14期、騎兵科、騎兵第3連隊（名古屋）付、陸大24期／騎兵第26連隊長、参本第7課長（通信課）、通信学校長、参本第3部長（運輸通信）、同総務部長、陸士校長、第12師団長、第3軍司令官、中支那派遣軍司令官、教育総監、関東軍総司令官、大将 *P.64, 118, 167, 208, 245*

・山梨　半造（やまなし・はんぞう）［元治元年〜昭和19年］
陸士旧8期、歩兵科、歩兵第5連隊（青森）付、陸大8期、ドイツ駐在／第2軍参謀副長、歩兵第51連隊長、参本総務部長、教総本部長、陸軍次官、陸相、東京警備司令官、大将 *P.43, 56, 62, 76, 117, 128*

・山本　瑛一（やまもと・えいいち）和歌山県
経理局建築課長、第4師団経理部長、航空本部第3部長、主計少将 *P.188*

・山本　権兵衛（やまもと・ごんべい）鹿児島県、伯爵［嘉永5年〜昭和8年］
海軍操練所、海軍兵学寮／「高千穂」艦長、海軍省主事、軍務局長、海相、首相、大将 *P.246*

・山本　重一（やまもと・じゅういち）高知県
少候11期、歩兵科／第69師団通信隊長、第62師団独立歩兵第23大隊長、沖縄で戦死、中佐 *P.77*

東京帝大法学部卒／金鶏学院、国維会主催、大東亜省顧問　*P.261, 262*

・安田　武雄（やすだ・たけお）岡山県［明治22年〜昭和39年］

大阪幼年、陸士21期、工兵科、気球隊付、東京帝大電気科卒業、ドイツ駐在／関東軍特務部員、軍務局防備課長、航空本部第2部長、航空技術研究所長、航空総監、第1航空軍司令官、中将　*P.181, 182*

・柳川　平助（やながわ・へいすけ）佐賀県［明治12年〜昭和20年］

長崎中卒、陸士12期、騎兵科、騎兵第13連隊（習志野）付、陸大24期恩賜、欧州駐在／騎兵第20連隊長、騎兵学校長、騎兵監、陸軍次官、第1師団長、台湾軍司令官、予備役、応召、第10軍司令官、法相、中将　*P.64, 189, 241*

・柳田　元三（やなぎだ・げんぞう）長野県［明治26年〜昭和27年］

東京幼年、陸士26期、歩兵科、歩兵第18連隊（豊橋）付、陸大34期恩賜、ポーランド駐在／軍務局徴募課長、歩兵第1連隊長、ハルピン特務機関長、関東軍情報部長、第33師団長、予備役、応召、旅順要塞司令官、中将　*P.176*

・矢野　音三郎（やの・おとさぶろう）山口県［明治21年〜昭和38年］

陸士22期、歩兵科、歩兵第7連隊（金沢）付、陸大33期恩賜、イギリス駐在／歩兵第49連隊長、関東軍参謀副長、鎮海湾要塞司令官、北支那派遣憲兵隊司令官、第26師団長、公主嶺学校長、中将　*P.18, 22*

・八原　博通（やはら・ひろみち）鳥取県［明治35年〜昭和56年］

米子中卒、陸士35期、歩兵科、歩兵第63連隊（松江）付、陸大41期恩賜、アメリカ駐在／第15軍参謀、第32軍高級参謀、大佐　*P.99, 100*

・山内　静夫（やまうち・しずお）東京府

陸士9期、工兵科、東京帝大土木科卒／兵器局器材課長、陸地測量部長、技術本部第2部長、築城本部長、中将　*P.188*

・山内　正文（やまうち・まさふみ）滋賀県［明治24年〜昭和19年］

膳所中卒、陸士25期、歩兵科、歩兵第60連隊（豊橋）付、陸大36期、アメリカ駐在／駐米武官、第12軍参謀長、第15師団長、中将　*P.176*

・山内　六郎（やまうち・ろくろう）愛知県

陸士16期、歩兵科、陸大25期／歩兵第27連隊長、関西、東洋各大学配属将校、少将　*P.158*

・山岡　重厚（やまおか・しげあつ）高知県［明治15年〜昭和29年］

名古屋幼年、陸士15期、歩兵科、歩兵第22連隊（松山）付、陸大24期／陸士生徒隊長、歩兵第22連隊長、教総第2課長、軍務局長、整備局長、第9師団長、予備役、応召、第109師団長、中将　*P.144, 187*

・山岡　道武（やまおか・みちたけ）三重県［明治30年〜昭和34年］

東京幼年、陸士30期、歩兵科、歩兵第15連隊（高崎）付、陸大38期恩賜、ソ連駐在／参本第5課長（ロシア課）、独立混成第65旅団長、第1軍参謀長、少将　*P.198*

・山県　有朋（やまがた・ありとも）山口県、公爵［天保9年〜大正11年］

ルコ駐在／歩兵第29連隊長、教総第2課長、同第1課長、臨時軍事調査委員長、歩兵学校長、第4師団長、関東軍司令官、中将　*P.53, 282*

・村上　格一（むらかみ・かくいち）佐賀県［文久2年～昭和2年］
攻玉社卒、海兵11期、フランス駐在／「吾妻」艦長、教育本部第1部長、呉工廠長、第3艦隊司令長官、教育本部長、呉鎮守府長官、海相、大将　*P.50*

・村上　啓作（むらかみ・けいさく）栃木県［明治22年～昭和23年］
東京幼年、陸士22期、歩兵科、近衛歩兵第3連隊（東京）付、陸大28期恩賜、ロシア駐在／軍事課高級課員、歩兵第34連隊長、軍務局兵務課長、同軍事課長、第39師団長、科学学校長、総力戦研究所長、公主嶺学校長、第3軍司令官、中将　*P.160, 187, 247*

・村中　孝次（むらなか・たかじ）北海道［明治36年～昭和12年］
仙台幼年、陸士37期、歩兵科、歩兵第27連隊（旭川）付／陸士予科区隊長、陸大中退、2.26事件に参加、刑死、大尉　*P.15, 16, 158*

［モ］

・毛利　元道（もうり・もとみち）山口県、公爵［明治36年～昭和51年］
東京幼年、陸士37期、砲兵科、野砲兵第1連隊（東京）付／貴族院議員、野戦高射砲第35大隊長、高射学校生徒隊長、少佐　*P.46*

・森岡　正元（もりおか・まさもと）高知県
御親兵／騎兵第5、同第16連隊長、少将　*P.244*

・森岡　守成（もりおか・もりしげ）山口県［明治2年～昭和20年］
陸士2期、騎兵科、騎兵第4大隊（大阪）付、陸大13期恩賜／騎兵第16連隊長、参本第1課長（編制動員課）、軍馬補充部本部長、騎兵監、第12師団長、近衛師団長、朝鮮軍司令官、大将　*P.244*

・森田　範正（もりた・のりまさ）富山県
陸士24期、歩兵科、陸大32期／軍務局徴募課長、歩兵第15連隊長、第7歩兵団長、少将　*P.189*

・森　林太郎（もり・りんたろう）島根県［文久2年～大正11年］
鴎外、東京帝大医学部卒、ドイツ留学／軍医学校長、近衛師団、第12師団、第1師団、第2軍各軍医部長、陸軍省医務局長、軍医総監　*P.254*

［ヤ］

・役山　久義（やくやま・ひさよし）石川県
陸士19期、歩兵科、陸大26期／千葉連隊区司令官、歩兵第15連隊長、歩兵第24旅団長、少将　*P.282*

・安岡　正篤（やすおか・まさひろ）大阪府［明治31年～昭和58年］

265
・壬生　基義（みぶ・もとよし）京都府、伯爵
陸士7期、騎兵科、陸大18期／騎兵学校付、近衛師団付、侍従武官、少将　*P.232*
・宮崎　正義（みやざき・まさよし）石川県［明治26年～昭和29年］
金沢2中卒、ロシア留学／満鉄経済調査会第1部主査、日満財政経済研究会東京支部幹事、日本経済復興会常務理事　*P.255*
・宮子　実（みやし・みのる）石川県［明治36年～昭和59年］
名古屋幼年、陸士36期、砲兵科、野戦重砲兵第2連隊（三島）付、陸大47期、ソ連駐在／航空兵科転科、第3飛行集団参謀、航空士官学校生徒隊長、航空本部総務課長、航空総軍第1課長、大佐　*P.26*
・宮脇　長吉（みやわき・ちょうきち）香川県［明治13年～昭和28年］
香川師範中退、陸士15期、工兵科、工兵第5大隊（広島）付／航空兵科転科、気球隊長、衆議院議員、大佐　*P.90*
・三好　成行（みよし・しげゆき）山口県、男爵
歩兵第7連隊長、近衛歩兵第1旅団長、予備役、応召、後備第2師団長、中将　*P.245*

［ム］

・牟田口　廉也（むたぐち・れんや）佐賀県［明治21年～昭和41年］
熊本幼年、陸士22期、歩兵科、歩兵第13連隊（熊本）付、陸大29期／参本庶務課長、支那駐屯歩兵第1連隊長、第4軍参謀長、第18師団長、第15軍司令官、予備役、応召、予科士官学校長、中将　*P.111, 123*
・武藤　章（むとう・あきら）熊本県［明治25年～昭和23年］
熊本幼年、陸士25期、歩兵科、歩兵第72連隊（大分）付、陸大32期恩賜、ドイツ駐在／参本第2課（作戦課）兵站班長、同第2部第4班長（綜合班）、関東軍第1課長、参本第2課長、中支那、北支那方面軍参謀副長、軍務局長、近衛師団長、第14方面軍参謀長、戦犯、法務死、中将　*P.111, 122～124, 128, 160, 189, 243, 246, 257, 258, 261, 291*
・武藤　信義（むとう・のぶよし）佐賀県、男爵［明治元年～昭和8年］
教導団、陸士3期、歩兵科、歩兵第24連隊（福岡）付、陸大13期首席、ロシア駐在／参本第4課長（欧米課）、近衛歩兵第4連隊長、参本第2課長（作戦課）、ハルピン特務機関長、参本第1部長（作戦）、同総務部長、第3師団長、参謀次長、関東軍司令官、教育総監、関東軍司令官、大将、元帥　*P.53, 54, 64, 67～69, 169, 189, 250, 263*
・村岡　長太郎（むらおか・ちょうたろう）佐賀県［明治4年～昭和5年］
幼年学校、陸士5期、歩兵科、歩兵第13連隊（熊本）付、陸大16期恩賜、ト

務局軍事課予算班長、同高級課員、軍需省航空兵器総局総務課長、大佐　*P.26*
・松村　秀逸（まつむら・しゅういつ）熊本県［明治33年～昭和37年］
熊本幼年、陸士32期、砲兵科、野砲兵第12連隊（小倉）付、陸大40期／大本営陸軍部報道部長、内閣情報局第1部長、第59軍参謀長、少将　*P.111*
・松村　正員（まつむら・まさかず）福井県
大阪幼年、陸士17期、歩兵科、陸大28期／近衛歩兵第1連隊長、軍務局徴募課長、下関要塞司令官、中将　*P.187*
・松山　祐三（まつやま・ゆうぞう）青森県［明治22年～昭和22年］
仙台幼年、陸士22期、歩兵科、歩兵第67連隊（浜松）付／陸士生徒隊中隊長、独立守備歩兵第19大隊長、第2国境守備隊司令官、第56師団長、中将
P.162
・馬奈木　敬信（まなき・たかのぶ）福岡県［明治27年～昭和54年］
熊本幼年、陸士28期、歩兵科、歩兵第13連隊（熊本）付、陸大36期、ドイツ駐在／歩兵第79連隊長、第25軍参謀副長、第37軍参謀長、第2師団長、中将
P.90

［ミ］

・三浦　三郎（みうら・さぶろう）山口県［明治26年～昭和49年］
東京幼年、陸士25期、歩兵科、第50連隊（松本）付、陸大36期／憲兵科転科、大阪憲兵隊長、憲兵学校長、関東憲兵隊司令官、第114師団長、中将　*P.215*
・三笠宮　崇仁（みかさのみや・たかひと）［大正4年～平成28年］
学習院卒、陸士48期、騎兵科、騎兵第15連隊（習志野）付、陸大55期／参本第6（英米）課部員、航空総軍参謀、少佐　*P.14, 228*
・溝口　直亮（みぞぐち・なおよし）新潟県、伯爵［明治11年～昭和26年］
学習院卒、陸士10期、砲兵科、野砲兵第11連隊（善通寺）付、陸大20期恩賜、ドイツ駐在／軍務局砲兵課長、野砲兵第3連隊長、陸軍政務次官、少将　*P.233*
・迪宮　裕仁（みちのみや・ひろひと）＝昭和天皇［明治34年～昭和64年］
大正元年少尉、3年中尉、5年大尉、9年少佐、12年中佐、14年大佐　*P.220*
・満井　佐吉（みつい・さきち）福岡県［明治26年～昭和42年］
熊本幼年、陸士26期、歩兵科、歩兵第47連隊（小倉）付、陸大36期、ドイツ駐在／陸軍省新聞班長、2.26事件連座、免官、中佐　*P.256*
・南　次郎（みなみ・じろう）大分県［明治7年～昭和30年］
幼年学校、陸士6期、騎兵科、騎兵第6大隊（熊本）付、陸大17期／騎兵第13連隊長、軍務局騎兵課長、陸士校長、騎兵監、第16師団長、参謀次長、朝鮮軍司令官、陸相、朝鮮総督、大将　*P.57, 142, 169, 225*
・蓑田　胸喜（みのだ・むねき）熊本県［明治27年～昭和21年］
東京帝大文学部卒／慶応予科教授、原理日本社、帝大粛正期成同盟主催　*P.67,*

司法省法学校卒、陸士旧9期、歩兵科、歩兵第22連隊（松山）付、陸大9期、ロシア駐在／第4軍参謀、参本第8課長（内国戦史課）、歩兵第48連隊長、参本第2部長（情報）、第11師団長、第4師団長、サハレン派遣軍司令官、大将 *P.50*

・松井　石根（まつい・いわね）愛知県［明治11年〜昭和23年］
成城学校卒、陸士9期、歩兵科、歩兵第6連隊（名古屋）付。陸大18期首席、中国駐在／歩兵第29連隊長、ハルピン特務機関長、参本第2部長（情報）、第11師団長、台湾軍司令官、予備役、応召、上海派遣軍司令官、中支那方面軍司令官、戦犯、法務死、大将　*P.204*

・松石　安治（まついし・やすはる）福岡県［安政6年〜大正4年］
宮本洋学校卒、陸士旧6期、歩兵科、歩兵第3連隊（東京）付、陸大6期恩賜、ドイツ駐在／第1軍参謀副長、陸大幹事、参本第2部長（情報）、同第1部長（作戦）、中将　*P.43*

・松井　太久郎（まつい・たくろう）福岡県［明治20年〜昭和44年］
東筑中卒、陸士22期、歩兵科、歩兵第14連隊（小倉）付、陸大29期／大阪連隊区司令官、独立歩兵第12連隊長、張家口特務機関長、第5師団長、支那派遣軍総参謀長、第13軍司令官、中将　*P.31*

・松井　命（まつい・まこと）福井県［明治16年〜昭和45年］
名古屋幼年、陸士16期、工兵科、近衛工兵大隊（東京）付、フランス駐在／電信第1連隊長、兵器局器材課長、技術本部第2課長、築城本部長、工兵監、第4師団長、西部防衛司令官、中将　*P.188*

・松浦　淳六郎（まつうら・じゅんろくろう）福岡県［明治17年〜昭和19年］
東京幼年、陸士15期、歩兵科、歩兵第24連隊（福岡）付、陸大24期／歩兵第13連隊長、教総庶務課長、人事局長、歩兵学校長、第10師団長、中将　*P.64, 71, 102*

・松浦　寛威（まつうら・ひろたけ）福岡県
幼年学校、陸士10期、歩兵科／中央幼年学校長、第9師団長、中将　*P.102*

・松岡　洋右（まつおか・ようすけ）山口県［明治13年〜昭和21年］
オレゴン州立大学卒、外務省入省／満鉄理事、同総裁、外相　*P.255, 292*

・松尾　伝蔵（まつお・でんぞう）福井県［明治5年〜昭和11年］
福井中卒、陸士6期、歩兵科、歩兵第7連隊（金沢）付／鯖江、都城各連隊区司令官、歩兵第59連隊長、2.26事件で死亡、大佐　*P.247*

・松木　直亮（まつき・なおすけ）山口県［明治9年〜昭和15年］
幼年学校、陸士10期、歩兵科、歩兵第1連隊（東京）付、陸大19期、ドイツ駐在／歩兵第78連隊長、陸軍省副官、作戦資材整備会議幹事長、整備局長、第14師団長、大将　*P.69, 268*

・松下　勇三（まつした・ゆうぞう）鳥取県
広島幼年、陸士36期、歩兵科、陸大44期、アメリカ駐在／航空兵科転科、軍

44軍司令官、中将　*P.127, 238*
・本庄　繁（ほんじょう・しげる）兵庫県、男爵［明治9年〜昭和20年］
幼年学校、陸士9期、歩兵科、歩兵第20連隊（大阪）付、陸大19期、中国駐在／参本第5課長（兵要地誌課）、歩兵第11連隊長、張作霖軍事顧問、第10師団長、関東軍司令官、侍従武官長、自決、大将　*P.181, 203, 229*
・本多　政材（ほんだ・まさき）長野県［明治22年〜昭和39年］
東京幼年、陸士22期、歩兵科、近衛歩兵第4連隊（東京）付、陸大29期、フランス駐在／歩兵第22連隊長、教総第1課長、歩兵学校長、支那派遣軍総参謀副長、第8師団長、第20軍司令官、第33軍司令官、中将　*P.18, 23〜25, 27, 33, 34, 127, 162*
・本間　雅晴（ほんま・まさはる）新潟県［明治20年〜昭和21年］
佐渡中卒、陸士19期、歩兵科、歩兵第16連隊（新発田）付、陸大27期恩賜、イギリス駐在／陸軍省新聞班長、歩兵第1連隊長、参本第2部長（情報）、第27師団長、台湾軍司令官、第14軍司令官、戦犯、法務死、中将　*P.95, 226*

［マ］

・前田　利為（まえだ・としなり）石川県、侯爵［明治18年〜昭和17年］
学習院卒、陸士17期、歩兵科、近衛歩兵第4連隊（東京）付、陸大23期恩賜、フランス、イギリス駐在／近衛歩兵第2連隊長、参本第9課長（内国戦史課）、参本第4部長（戦史）、陸大校長、第8師団長、予備役、応召、ボルネオ守備軍司令官、航空事故死、大将　*P.62, 63, 65, 189, 233*
・牧野　伸顕（まきの・のぶあき）鹿児島県、伯爵［文久元年〜昭和24年］
開成学校中退、大久保利通次男／法制局参事官、文相、農商務相、外相、内大臣　*P.262*
・牧野　正臣（まきの・まさおみ）茨城県
陸士4期、騎兵科／騎兵第13連隊長、近衛騎兵連隊長、少将　*P.233*
・真崎　甚三郎（まざき・じんざぶろう）佐賀県［明治9年〜昭和31年］
佐賀中卒、陸士9期、歩兵科、歩兵第46連隊（大村）付、陸大19期恩賜、ドイツ駐在／教総第2課長、軍務局軍事課長、近衛歩兵第1連隊長、陸士校長、第8師団長、第1師団長、台湾軍司令官、参謀次長、教育総監、大将　*P.63〜65, 68〜72, 188, 195, 207, 225, 226, 241, 269, 280, 285, 286*
・町尻　量基（まちじり・かずもと）京都府、子爵［明治21年〜昭和20年］
名古屋幼年、陸士21期、砲兵科、近衛野砲兵連隊（東京）付、陸大29期恩賜、フランス駐在／侍従武官、近衛野砲兵連隊長、軍務局軍事課長、軍務局長、北支那方面軍参謀副長、第2軍参謀長、軍務局長、第6師団長、インドシナ駐屯軍司令官、中将　*P.232*
・町田　経宇（まちだ・けいう）鹿児島県［慶応元年〜昭和14年］

伏見宮家19代、小松宮彰仁、伏見宮貞愛、閑院宮載仁実父／*P.226*

・伏見宮　博恭（ふしみのみや・ひろやす）［明治8年～昭和21年］
海兵期前、イギリス駐在／「富士」「伊吹」艦長、海大校長、第2艦隊司令長官、佐世保鎮守府長官、軍令部総長、大将、元帥　*P.227*

・二見　秋三郎（ふたみ・あきさぶろう）神奈川県［明治28年～昭和62年］
東京幼年、陸士28期、歩兵科、歩兵第4連隊（仙台）付、陸大37期／航空兵科転科、第11軍参謀副長、第17軍参謀長、予備役、応召、羅津要塞司令官、第154師団長心得、少将　*P.30*

・古荘　幹郎（ふるしょう・もとお）熊本県［明治15年～昭和15年］
幼年学校、陸士14期、歩兵科、近衛歩兵第4連隊（東京）付、陸大21期首席、ドイツ駐在／参本第1課長（編制動員課）、近衛歩兵第2連隊長、軍務局軍事課長、人事局長、参本総務部長、同第1部長（作戦）、第11師団長、陸軍次官、航空本部長、台湾軍司令官、第21軍司令官、大将　*P.64, 189, 207*

［ホ］

・星野　直樹（ほしの・なおき）神奈川県［明治25年～昭和53年］
東京帝大法学部卒、大蔵省入省／満州国国務院総務長官、国務相、企画院総裁、内閣書記官長　*P.124, 292*

・細見　惟雄（ほそみ・これお）長野県［明治25年～昭和38年］
東京幼年、陸士25期、歩兵科、歩兵第50連隊（松本）付／陸士生徒隊中隊長、戦車学校教導隊長、戦車第1旅団長、同第1師団長、中将　*P.174*

・堀場　一雄（ほりば・かずお）愛知県［明治33年～昭和28年］
名古屋幼年、陸士34期、歩兵科、歩兵第50連隊（松本）付、陸大42期恩賜、ソ連駐在／参本第2課戦争指導班長、航空兵科転科、飛行第62戦隊長、第5航空軍参謀長、大佐　*P.97*

・本郷　忠夫（ほんごう・ただお）兵庫県［明治32年～昭和18年］
東京幼年、陸士32期、騎兵科、騎兵第14連隊（習志野）、陸大45期、中国駐在、房太郎次男／陸軍省報道部員、第51師団参謀長、ニューギニアで戦死、少将　*P.238*

・本郷　房太郎（ほんごう・ふさたろう）兵庫県［万延元年～昭和6年］
陸士旧3期、歩兵科、歩兵第6連隊（名古屋）付／歩兵第42連隊長、人事局長、教総本部長、陸軍次官、第17師団長、第1師団長、青島守備隊司令官、大将
P.127, 238, 242

・本郷　義夫（ほんごう・よしお）兵庫県［明治25年～昭和37年］
東京幼年、陸士24期、歩兵科、近衛歩兵第4連隊（東京）付、陸大31期恩賜、ドイツ駐在、房太郎長男／資源局企画部第1課長、歩兵第12連隊長、早稲田大学配属将校、航空兵科転科、第4飛行団長、第12軍参謀長、第62師団長、第

・平野　力三（ひらの・りきぞう）岐阜県［明治31年～昭和56年］
早稲田大学政経学部卒／日本農民党幹事長、皇道会常任幹事、衆議院議員
P.254
・広瀬　武夫（ひろせ・たけお）大分県［明治元年～明治37年］
海兵15期、ロシア駐在／「朝日」水雷長、戦死、中佐　*P.246*
・広瀬　猛（ひろせ・たけし）山梨県［明治15年～昭和9年］
陸士13期、歩兵科、歩兵第34連隊（静岡）付、陸大22期／歩兵第55連隊長、航空兵科転科、飛行第4連隊長、参本第4部長（戦史）、陸大校長、中将
P.189

［フ］

・福島　次郎（ふくしま・じろう）長野県
陸士14期、歩兵科、安正3男／少尉、戦死　*P.240*
・福島　安正（ふくしま・やすまさ）長野県、男爵［嘉永5年～大正8年］
開成学校中退、司法省入省、陸軍省入省／参本第3部長（運輸通信）、同第2部長（情報）、満州軍参謀、参謀次長、関東都督、大将　*P.240*
・福田　雅太郎（ふくだ・まさたろう）長崎県［慶応2年～昭和7年］
有斐学舎卒、陸士旧9期、歩兵科、歩兵第3連隊（東京）付、陸大9期、ドイツ駐在／第1軍参謀副長、参本第4課長（情報）、歩兵第38連隊長、歩兵第53連隊長、関東都督府参謀長、参本第2部長（情報）、第5師団長、参謀次長、台湾軍司令官、関東戒厳司令官、大将　*P.52*
・福原　佳哉（ふくはら・よしや）山口県［明治7年～昭和27年］
幼年学校、陸士5期、歩兵科、歩兵第1連隊（東京）付、陸大17期恩賜、フランス駐在／歩兵第57連隊長、関東軍参謀長、東京湾要塞司令官、第10師団長、中将　*P.245*
・藤江　逸志（ふじえ・いっし）兵庫県
海軍機関学校3期、恵輔実兄／機関少将　*P.248*
・藤江　恵輔（ふじえ・けいすけ）兵庫県［明治18年～昭和44年］
大阪幼年、陸士18期、砲兵科、近衛野砲兵連隊（東京）付、陸大26期、フランス駐在／京都帝大配属将校、野戦重砲兵第2連隊長、関東憲兵隊司令官、憲兵司令官、第16師団長、陸大校長、第12方面軍司令官、予備役、応召、第11方面軍司令官、大将　*P.108, 248, 249*
・藤塚　止戈夫（ふじつか・しかお）兵庫県［明治28年～昭和36年］
大阪幼年、陸士27期、歩兵科、歩兵第70連隊（篠山）付、陸大36期、ソ連駐在／航空兵科転科、飛行第65戦隊長、南方軍総参謀副長、第2軍参謀長、第6航空軍参謀長、中将　*P.90*
・伏見宮　邦家（ふしみのみや・くにいえ）［享和2年～明治5年］

駐在／参本第４課長（欧米課）、同第１課長（編制動員課）、歩兵第37連隊長、軍務局軍事課長、第４師団長、東京警備司令官、中将　*P.62, 65, 239*

・**原　嘉道**（はら・よしみち）長野県、男爵［慶応３年～昭和19年］
東京帝大法学部卒／農商務省入省、弁護士、法相、枢密院議長　*P.230*

・**坂西　一良**（ばんざい・いちろう）鳥取県［明治24年～昭和21年］
大阪幼年、陸士23期、歩兵科、歩兵第10連隊（姫路）付、陸大30期、ドイツ駐在、利八郎養嗣子／陸軍省調査班長、関東軍第１課長、歩兵第59連隊長、第35師団長、第20軍司令官、中将　*P.122*

・**坂西　利八郎**（ばんざい・りはちろう）和歌山県［明治３年～昭和25年］
幼年学校、陸士２期、砲兵科、野砲兵第６連隊（熊本）付、陸大14期恩賜、中国駐在／野砲兵第９連隊長、北京駐在（坂西公館長）、中将　*P.264*

［ヒ］

・**東久邇宮　稔彦**（ひがしくにのみや・なるひこ）［明治20年～平成２年］
東京幼年、陸士20期、歩兵科、近衛歩兵第３連隊（東京）付、陸大26期、フランス駐在／近衛歩兵第３連隊長、第２師団長、第４師団長、第２軍司令官、防衛総司令官、首相、大将　*P.102, 106, 176, 224, 285, 286*

・**樋口　季一郎**（ひぐち・きいちろう）兵庫県［明治21年～昭和45年］
大阪幼年、陸士21期、歩兵科、歩兵第１連隊（東京）付、陸大31期、ソ連駐在／東京警備司令部参謀、歩兵第41連隊長、ハルピン特務機関長、参本第２部長（情報）、第９師団長、北方軍司令官、第５方面軍司令官、中将　*P.238*

・**久松　定謨**（ひさまつ・さだこと）愛媛県、伯爵［慶応元年～昭和18年］
フランス陸士卒、歩兵科／歩兵第３連隊長、近衛歩兵第１連隊長、第５旅団長、第１旅団長、中将　*P.66, 233*

・**人見　秀三**（ひとみ・ひでぞう）山形県［明治23年～昭和21年］
陸士23期、歩兵科／歩兵第19連隊長、仙台教導学校長、久留米第１予備士官学校長、第12師団長、自決、中将　*P.175*

・**百武　晴吉**（ひゃくたけ・はるよし）佐賀県［明治21年～昭和22年］
東京幼年、陸士21期、歩兵科、歩兵第57連隊（佐倉）付、陸大33期、ポーランド駐在／参本第８課（通信課）暗号班長、ハルピン特務機関長、参本第７課長（通信課）、歩兵第78連隊長、第18師団長、通信兵監、第17軍司令官、中将　*P.30*

・**平泉　澄**（ひらいずみ・きよし）福井県［明治28年～昭和59年］
東京帝大文学部卒／同教授、朱光会、青々塾主催、白山神社宮司　*P.265～267*

・**平賀　譲**（ひらが・ゆずる）広島県、男爵［明治11年～昭和18年］
東京帝大造船学科卒／造船研究部長、技術研究所長、東京帝大総長、造船中将
P.230

幼年学校、陸士12期、砲兵科、野砲兵第1連隊（東京）付、陸大22期首席、ドイツ駐在／参本第2課作戦班長、野砲兵第16連隊長、参本第4部長（戦史）、同第1部長（作戦）、砲兵監、第14師団長、台湾軍司令官、教育総監、中支那派遣軍司令官、侍従武官長、陸相、支那派遣軍総司令官、教育総監、第2総軍司令官、大将、元帥　*P.31, 63, 118, 189, 260, 293*

・服部　卓四郎（はっとり・たくしろう）山形県［明治34年～昭和35年］
仙台幼年、陸士34期、歩兵科、歩兵第37連隊（大阪）付、陸大42期恩賜、フランス駐在／関東軍参謀、参本第2課（作戦課）作戦班長、同第2課長、陸相秘書官、参本第2課長、歩兵第65連隊長、大佐　*P.19, 21, 22, 26, 31, 91, 97, 104*

・花谷　正（はなや・ただし）岡山県［明治27年～昭和32年］
大阪幼年、陸士26期、歩兵科、歩兵第54連隊（岡山）付、陸大34期、中国駐在／歩兵第43連隊長、第1軍参謀長、第55師団長、第39軍、第18方面軍各参謀長、中将　*P.107*

・林　桂（はやし・かつら）和歌山県［明治13年～昭和36年］
幼年学校、陸士13期、歩兵科、近衛歩兵第4連隊（東京）付、陸大21期恩賜、イギリス駐在／近衛歩兵第1連隊長、軍務局軍事課長、参本第4部長（戦史）、整備局長、教総本部長、第5師団長、中将　*P.90, 188*

・林　敬三（はやし・けいぞう）石川県［明治40年～平成3年］
東京帝大法学部卒、林弥三吉長男／内務省入省、宮内庁次長、警察予備隊総監、統合幕僚会議議長、陸将　*P.239*

・林　狷之介（はやし・けんのすけ）三重県
陸士16期、砲兵科、東京帝大冶金科卒／兵器局銃砲課長、造兵廠作業部長、大阪工廠長、技術本部第1部長、少将　*P.188*

・林　銑十郎（はやし・せんじゅうろう）石川県［明治9年～昭和18年］
4高予科卒、陸士8期、歩兵科、歩兵第7連隊（金沢）付、陸大17期、イギリス駐在／歩兵第57連隊長、国際連盟陸軍代表、東京湾要塞司令官、陸大校長、教総本部長、近衛師団長、朝鮮軍司令官、教育総監、陸相、首相、大将　*P.60, 62～65, 68～70, 72, 285, 290*

・林　大八（はやし・だいはち）山形県［明治17年～昭和7年］
東京幼年、陸士16期、歩兵科、近衛歩兵第4連隊（東京）付／吉林督軍顧問、歩兵第7連隊長、戦死、少将　*P.14*

・林・仙之（はやし・なりゆき）熊本県［明治10年～昭和19年］
幼年学校、陸士9期、歩兵科、歩兵第13連隊（熊本）付、陸大20期／歩兵第3連隊長、朝鮮軍参謀長、陸士校長、教総本部長、第1師団長、東京警備司令官、大将　*P.50, 222*

・林　弥三吉（はやし・やさきち）石川県［明治9年～昭和23年］
幼年学校、陸士8期、歩兵科、歩兵第19連隊（敦賀）付、陸大17期、ドイツ

・乃木　保典（のぎ・やすすけ）山口県
陸士15期、歩兵科、希典次男／後備歩兵第1旅団副官、旅順で戦死、少尉 *P.240*

・野田　謙吾（のだ・けんご）熊本県［明治24年～昭和36年］
熊本幼年、陸士24期、歩兵科、歩兵第55連隊（佐賀）付、陸大32期／歩兵第33連隊長、歩兵学校教導連隊長、教総第2部長、人事局長、支那派遣軍総参謀副長、第14師団長、教総本部長、第51軍司令官、中将 *P.111*

・野津　道貫（のづ・みちつら）鹿児島県、侯爵［天保12年～明治41年］
御親兵／第2旅団参謀長、東京鎮台司令官、第5師団長、第1軍司令官、近衛師団長、教育総監、第4軍司令官、大将、元帥 *P.40, 46～48, 50, 242, 246*

・野村　胡堂（のむら・こどう）岩手県［明治15年～昭和38年］
野村長一、東京帝大法学部中退／報知新聞社社会部長、同文芸部長、作家 *P.261*

［ハ］

・橋本　欣五郎（はしもと・きんごろう）福岡県［明治23年～昭和32年］
熊本幼年、陸士23期、砲兵科、野砲兵第24連隊（久留米）付、陸大32期、トルコ駐在／満州里特務機関長、参本第4課ロシア班長、野戦重砲兵第2連隊長、予備役、応召、野戦重砲兵第14連隊長、大佐 *P.69, 72, 90, 111, 198, 263*

・橋本　群（はしもと・ぐん）広島県［明治19年～昭和38年］
広島幼年、陸士20期、砲兵科、近衛野砲兵連隊（東京）付、陸大28期恩賜、フランス駐在／参本第1課（編制動員課）編制班長、野砲兵第1連隊長、参本第1課長、軍務局軍事課長、鎮海湾要塞司令官、支那駐屯軍司令官、第1軍参謀長、参本第1部長（作戦）、中将 *P.22, 98, 110, 226*

・橋本　虎之助（はしもと・とらのすけ）愛知県［明治16年～昭和27年］
幼年学校、陸士14期、騎兵科、騎兵第1連隊（東京）付、陸大22期、ロシア駐在／騎兵第25連隊長、参本第4課長（欧米課）、同第2部長（情報）、関東軍参謀長、関東憲兵隊司令官、参本総務部長、陸軍次官、近衛師団長、中将 *P.16, 64, 189, 208, 245, 286*

・蓮沼　蕃（はすぬま・しげる）石川県［明治16年～昭和29年］
成城学校卒、陸士15期、騎兵科、騎兵第10連隊（姫路）付、陸大23期、イギリス駐在／騎兵第9連隊長、侍従武官、第9師団長、駐蒙軍司令官、侍従武官長、大将 *P.119, 221*

・長谷川　好道（はせがわ・よしみち）山口県、伯爵［嘉永3年～大正13年］
大阪青年学舎／歩兵第1連隊長、歩兵第12旅団長、第3師団長、近衛師団長、韓国駐箚軍司令官、参謀総長、朝鮮総督、大将、元帥 *P.37, 41, 52*

・畑　俊六（はた・しゅんろく）福島県［明治12年～昭和37年］

熊本幼年、陸士22期、砲兵科、野砲兵第6連隊（熊本）付、陸大32期／参本第3課長（要塞課）、軍務局兵務課長、野戦重砲兵第9連隊長、近衛師団長、戦犯、法務死、中将　*P.29*

・西村　敏雄（にしむら・としお）山口県［明治31年～昭和31年］
大阪幼年、陸士32期、歩兵科、歩兵第3連隊（東京）付、陸大41期首席、ソ連、ポーランド駐在／航空兵科転科、第5飛行団長、第14方面軍参謀副長、大本営第20班長（戦争指導班）、中央特種情報部長、少将　*P.215, 245*

・二宮　治重（にのみや・はるしげ）岡山県［明治12年～昭和20年］
岡山中卒、陸士12期、歩兵科、歩兵第20連隊（福知山）付、陸大22期恩賜、イギリス駐在／参本第1課長（編制動員課）、近衛歩兵第3連隊長、参本第2（情報）、総務各部長、参謀次長、第5師団長、中将　*P.57, 118, 188, 288*

［ヌ］

・沼田　多稼蔵（ぬまた・たかぞう）広島県［明治25年～昭和36年］
広島幼年、陸士24期、歩兵科、近衛歩兵第3連隊（東京）付、陸大31期、イタリア駐在／歩兵第39連隊長、第11軍参謀長、企画院第1部長、第12師団長、第2方面軍参謀長、南方軍総参謀長、中将　*P.110*

［ネ］

・根本　博（ねもと・ひろし）福島県［明治24年～昭和41年］
仙台幼年、陸士23期、歩兵科、歩兵第27連隊（旭川）付、陸大34期、中国駐在／陸軍省新聞班長、歩兵第27連隊長、第21軍参謀長、第24師団長、第3軍、駐蒙軍各司令官、中将　*P.90, 104, 200, 261*

［ノ］

・納見　敏郎（のうみ・としお）広島県
広島幼年、陸士27期、歩兵科、陸大37期／教総庶務課長、歩兵第41連隊長、憲兵科転科、憲兵司令部本部長、憲兵学校長、台湾憲兵隊司令官、第28師団長、自決、中将　*P.215*

・乃木　勝典（のぎ・かつすけ）山口県
陸士13期、歩兵科、希典長男／歩兵第1連隊小隊長、南山で戦死、少尉
P.240

・乃木　希典（のぎ・まれすけ）山口県、伯爵［嘉永2年～大正元年］
明倫校／歩兵第14連隊長心得、歩兵第1連隊長、第2師団長、第11師団長、第3軍司令官　*P.40, 240, 246*

軍総参謀副長、第13軍、第58軍各司令官、中将　*P.31*

・中村　孝太郎（なかむら・こうたろう）石川県［明治14年〜昭和22年］
幼年学校、陸士13期、歩兵科、歩兵第36連隊（鯖江）付、陸大21期／歩兵第67連隊長、朝鮮軍参謀長、人事局長、支那駐屯軍司令官、第8師団長、教総本部長、陸相、朝鮮軍司令官、東部軍司令官、大将　*P.60, 64, 65, 90, 188, 246*

・中村　次喜蔵（なかむら・じきぞう）東京府
東京幼年、陸士24期、歩兵科／予科陸士学生隊長、久留米第1予備士官学校長、第112師団長、自決、中将　*P.174*

・南雲　忠一（なぐも・ちゅういち）山形県［明治20年〜昭和19年］
米沢中卒、海兵36期、水雷学校（高）修了、海大（甲）18期／「山城」艦長、海軍大学校長、第1航空艦隊、第3艦隊各司令長官、佐世保鎮守府、呉鎮守府各長官、中部太平洋方面艦隊司令長官、サイパンで戦死、大将　*P.276*

・鍋島　直明（なべしま・なおあき）佐賀県、男爵
陸士旧3期、騎兵科／竹田宮恒久付武官、少将　*P.233*

・鍋島　英比古（なべしま・ひでひこ）佐賀県
陸士30期、輜重兵科／輜重兵第22、同第10連隊長、戦死、少将　*P.233*

・奈良　武次（なら・たけじ）栃木県、男爵［明治元年〜昭和37年］
陸士旧11期、砲兵科、近衛野砲兵連隊（東京）付、陸大13期、ドイツ駐在／軍務局砲兵課長、支那駐屯軍司令官、軍務局長、東宮武官長、侍従武官長、大将　*P.54, 62, 83, 220*

［ニ］

・西浦　進（にしうら・すすむ）和歌山県［明治34年〜昭和45年］
大阪幼年、陸士34期、砲兵科、野砲兵第22連隊（京都）付、陸大42期首席、フランス駐在／軍務局軍事課高級課員、陸相秘書官、軍事課長、支那派遣軍第3、同第1課長、大佐　*P.96, 97, 145*

・西尾　寿造（にしお・としぞう）鳥取県［明治14年〜昭和35年］
鳥取中卒、陸士14期、歩兵科、歩兵第40連隊（鳥取）付、陸大22期恩賜、ドイツ駐在／歩兵第40連隊長、教総第1課長、軍事調査委員長、参本第4部長（戦史）、関東軍参謀長、参謀次長、近衛師団長、第2軍司令官、教育総監、支那派遣軍総司令官、大将　*P.24, 187*

・西　寛二郎（にし・かんじろう）鹿児島県、子爵［弘化3年〜明治45年］
御親兵2番大隊付／歩兵第11連隊長、第2師団長、教育総監、大将　*P.46*

・西田　税（にしだ・みつぎ）鳥取県［明治34年〜昭和12年］
広島幼年、陸士34期、騎兵科、騎兵第27連隊（羅南）付／騎兵第5連隊付、予備役、2.26事件連座、刑死　*P.15, 228*

・西村　琢磨（にしむら・たくま）福岡県［明治22年〜昭和26年］

予備役、応召、第139師団長、中将　*P.26, 122, 123, 125*
・富永　信政（とみなが・のぶまさ）愛知県［明治21年～昭和18年］
名古屋幼年、陸士21期、歩兵科、近衛歩兵第3連隊（東京）付、陸大32期、ドイツ駐在／歩兵第59連隊長、教総庶務課長、広島幼年学校長、第21歩兵団長、第27師団長、第19軍司令官、アンボンで戦病死、大将　*P.106*
・外山　豊造（とやま・ぶんぞう）和歌山県［明治13年～昭和12年］
幼年学校、陸士12期、歩兵科、歩兵第8連隊（大阪）付、陸大21期／歩兵第63連隊長、参本第4課長（演習課）、朝鮮憲兵隊司令官、憲兵司令官、台湾守備隊司令官、第9師団長、中将　*P.142*
・豊田　副武（とよだ・そえむ）大分県［明治18年～昭和32年］
海兵33期、砲術学校（高）修了、海大（甲）15期、イギリス駐在／教育局第1課長、「日向」艦長、連合艦隊参謀長、教育局長、軍務局長、第2艦隊司令長官、呉、横須賀各鎮守府長官、連合艦隊司令長官、軍令部総長、大将　*P.59*

［ナ］

・中井　良太郎（なかい・りょうたろう）三重県［明治20年～昭和28年］
大阪幼年、陸士20期、歩兵科、歩兵第4連隊（仙台）付、陸大28期／人事局恩賞課長、歩兵第15連隊長、第106師団長、中将　*P.188*
・中川　泰輔（なかがわ・やすすけ）愛媛県
広島幼年、陸士17期、工兵科／兵器局器材課長、航空兵科転科、航空第2部長、航空本廠長、中将　*P.188*
・中島　今朝吾（なかじま・けさご）大分県［明治14年～昭和20年］
東京幼年、陸士15期、砲兵科、野砲兵第15連隊（国府台）付、陸大25期、フランス駐在／野砲兵第7連隊長、舞鶴要塞司令官、憲兵司令官、第16師団長、第4軍司令官、中将　*P.58*
・中島　鉄蔵（なかじま・てつぞう）山形県［明治19年～昭和24年］
仙台幼年、陸士18期、歩兵科、歩兵第29（仙台）連隊付、陸大30期、フランス駐在／参本第8課長（内国戦史課）、歩兵第77連隊長、侍従武官、参本総務部長、参謀次長、中将　*P.20, 22, 226, 272*
・永田　鉄山（ながた・てつざん）長野県［明治17年～昭和10年］
東京幼年、陸士16期、歩兵科、歩兵第3連隊（東京）付、陸大23期恩賜、ドイツ駐在／軍務局軍事課高級課員、整備局動員課長、歩兵第3連隊長、軍事課長、参本第2部長（情報）、歩兵第1旅団長、軍務局長、中将　*P.62, 64, 65, 67, 70, 110, 119, 120, 123, 160, 187, 222, 283, 285, 287*
・永津　佐比重（ながつ・さひしげ）愛知県［明治22年～昭和54年］
愛知1中卒、陸士23期、歩兵科、歩兵第18連隊（豊橋）付、陸大32期、アメリカ駐在／参本第7課長（支那課）、歩兵第22連隊長、第20師団長、支那派遣

ギリス駐在／参本第２課（作戦課）戦争指導班長、第10軍参謀、関東軍第１課長（作戦課）、戦車第１連隊長、第２方面軍参謀副長、機甲本部長、中将　*P.19〜22, 91, 121, 122, 291*

［ト］

・土肥原　賢二（どいはら・けんじ）岡山県［明治16年〜昭和23年］
仙台幼年、陸士16期、歩兵科、歩兵第15連隊（高崎）付、陸大24期、中国駐在／歩兵第30連隊長、奉天特務機関長、第14師団長、第５軍司令官、陸士校長、航空総監、第７方面軍司令官、教育総監、戦犯、法務死、大将　*P.103, 104, 167, 203*
・東條　英機（とうじょう・ひでき）岩手県［明治17年〜昭和23年］
東京幼年、陸士17期、歩兵科、近衛歩兵第３連隊（東京）付、陸大27期、ドイツ駐在、英教長男／整備局動員課長、歩兵第１連隊長、参本第１課長（編制動員課）、軍事調査委員長、関東憲兵隊司令官、関東軍参謀長、陸軍次官、航空総監、陸相、首相、参謀総長、戦犯、法務死、大将　*P.14, 17, 18, 21, 26, 29, 33, 59, 97, 101, 102, 107, 111, 123, 124, 127, 142, 144, 176, 189, 206〜208, 227, 250, 260, 266, 272, 275, 283, 288, 292, 293*
・東條　英教（とうじょう・ひでのり）岩手県［安政２年〜大正２年］
戸山学校修了、歩兵科、歩兵第14連隊（小倉）付、陸大１期優等、ドイツ駐在／参本第４部長（戦史）、歩兵第８旅団長、同第30旅団長、中将　*P.101*
・藤堂　高英（とうどう・たかひで）三重県
陸士23期、歩兵科、陸大30期／京都帝大配属将校、歩兵第46連隊長、独立混成第14旅団長、中将　*P.233*
・遠山　登（とおやま・のぼる）千葉県
陸士23期、歩兵科、陸大36期／歩兵第50連隊長、羅津要塞司令官、歩兵第24旅団長、第71師団長、中将　*P.242*
・徳川　好敏（とくがわ・よしとし）東京府、男爵［明治17年〜昭和38年］
東京幼年、陸士15期、工兵科、近衛工兵大隊（東京）付／飛行第２大隊長、航空兵科転科、飛行第１連隊長、明野、所沢各飛行学校長、航空兵団司令官、予備役、応召、航空士官学校長、中将　*P.101, 233*
・徳富　猪一郎（とくとみ・いいちろう）［文久３年〜昭和32年］
蘇峰、同志社英学校中退／国民新聞発刊、内務省参事官、大日本言論報国会長　*P.261*
・冨永　恭次（とみなが・きょうじ）長崎県［明治25年〜昭和35年］
熊本幼年、陸士25期、歩兵科、歩兵第23連隊（熊本）付、陸大35期、ソ連駐在／参本第２課長（作戦課）、関東軍第２課長、近衛歩兵第２連隊長、参本第４部長（戦史）、同第１部長（作戦）、人事局長、陸軍次官、第４航空軍司令官、

・辻　政信（つじ・まさのぶ）石川県［明治35年～昭和43年］
名古屋幼年、陸士36期、歩兵科、歩兵第7連隊（金沢）付、陸大43期恩賜／参本第1課（編制動員課）部員、陸士中隊長、参本第2課（作戦課）兵站班長、第25軍参謀、参本第2課作戦班長、第33軍参謀、ラオスで失踪、大佐　*P.13～19, 21～34, 91, 105, 122, 162, 242, 275*
・土井　晩翠（つちい・ばんすい）宮城県［明治4年～昭和27年］
土井林吉、東京帝大文学部卒／詩人、英文学者、東北帝大講師　*P.261*
・土橋　勇逸（つちはし・たけやす）佐賀県［明治24年～昭和47年］
熊本幼年、陸士24期、歩兵科、歩兵第37連隊（大阪）付、陸大32期、東京外語派遣、フランス駐在／軍事課高級課員、歩兵第20連隊長、第21軍参謀長、参本第2部長（情報）、支那派遣軍総参謀副長、第48師団長、第38軍司令官、中将　*P.111*
・筒井　正雄（つつい・まさお）愛知県［明治15年～昭和8年］
愛知2中卒、陸士13期、歩兵科、近衛歩兵第2連隊（東京）付、陸大21期恩賜、ドイツ駐在／歩兵学校教導連隊長、歩兵第3連隊長、歩兵学校教育部長、第12旅団長、東京湾要塞司令官、中将　*P.44, 90, 222*
・津野　一輔（つの・かずすけ）山口県［明治7年～昭和3年］
幼年学校、陸士5期、歩兵科、近衛歩兵第2連隊（東京）付、陸大15期、ドイツ駐在／陸相秘書官、近衛歩兵第2連隊長、軍務局軍事課長、陸士校長、教総本部長、陸軍次官、近衛師団長、中将　*P.245, 268*

［テ］

・寺内　寿一（てらうち・ひさいち）山口県、伯爵［明治12年～昭和21年］
成城学校卒、陸士11期、歩兵科、近衛歩兵第2連隊（東京）付、陸大21期、ドイツ駐在、正毅長男／近衛歩兵第3連隊長、朝鮮軍参謀長、独立守備隊司令官、第5師団長、第4師団長、台湾軍司令官、陸相、教育総監、北支那方面軍司令官、南方軍総司令官、大将、元帥　*P.65, 123, 234, 236, 239, 270, 289*
・寺内　正毅（てらうち・まさたか）山口県、伯爵［嘉永5年～大正8年］
戸山学校教則課程修了、歩兵科／陸士校長、教育総監、参謀本部次長、陸相、朝鮮総督、首相、大将、元帥　*P.37, 41, 60, 234, 236*
・寺倉　正三（てらくら・しょうぞう）岐阜県［明治22年～昭和39年］
名古屋幼年、陸士22期、歩兵科、歩兵第1連隊（東京）付、陸大31期恩賜、ドイツ駐在／独立歩兵第1連隊長、航空兵科転科、第1飛行団長、航空士官学校長、第42師団長、第27軍司令官、予備役、応召、東京歩防衛軍司令官、中将　*P.189*
・寺田　雅雄（てらだ・まさお）福井県［明治28年～昭和63年］
小浜中卒、陸士29期、歩兵科、歩兵第36連隊（鯖江）付、陸大40期首席、イ

賜、イギリス駐在／参本第８課長（内国戦史課）、軍事調査委員長、東京湾要塞司令官、第６師団長、戦犯、法務死、中将　*P.241*

・田村　怡与造（たむら・いよぞう）山梨県［安政元年〜明治36年］
陸士旧２期、歩兵科、歩兵第13連隊（熊本）付、ドイツ駐在／歩兵第９連隊長、参本第２部長（情報）、同第１部長（作戦）、同総務部長、参謀本部次長、中将　*P.102*

・田村　直臣（たむら・なおおみ）岩手県、子爵
陸士20期、歩兵科、陸大29期／歩兵第５連隊、日大配属将校、少将　*P.233*

・田村　義富（たむら・よしとみ）山梨県［明治30年〜昭和19年］
東京幼年、陸士31期、歩兵科、歩兵第１連隊（東京）付、陸大39期恩賜、フランス駐在／北支那方面軍第１課長、関東軍第１課長、同総参謀副長、第31軍参謀長、グアムで戦死、中将　*P.101*

・多門　次郎（たもん・じろう）静岡県［明治11年〜昭和９年］
幼年学校、陸士11期、歩兵科、歩兵第４連隊（仙台）付、陸大21期／歩兵第２連隊長、参本第４部長（戦史）、陸大校長、第２師団長、中将　*P.104, 222, 281*

［チ］

・秩父宮　雍仁（ちちぶのみや・やすひと）［明治35年〜昭和28年］
東京幼年、陸士34期、歩兵科、歩兵第３連隊（東京）付、陸大43期／第31連隊大隊長、大本営第２課（作戦課）戦争指導班付、少将　*P.14, 205, 221〜223, 226〜229, 248, 266*

・長　勇（ちょう・いさむ）福岡県［明治28年〜昭和20年］
熊本幼年、陸士28期、歩兵科、歩兵第56連隊（久留米）付、陸大40期、中国駐在／歩兵第74連隊長、第25軍参謀副長、第10歩兵団長、第32軍参謀長、沖縄で戦死、中将　*P.90, 111*

［ツ］

・塚田　攻（つかだ・おさむ）茨城県［明治19年〜昭和17年］
陸士19期、歩兵科、歩兵第３連隊（東京）付、陸大26期／参本第２課（作戦課）作戦班長、台湾歩兵第２連隊長、軍務局兵務課長、参本第３部長（運輸通信）、中支那方面軍参謀長、陸大校長、第８師団長、参謀次長、南方軍総参謀長、第11軍司令官、戦死、大将　*P.124*

・塚本　誠（つかもと・まこと）兵庫県［明治36年〜昭和50年］
東京幼年、陸士36期、歩兵科、歩兵第59連隊（宇都宮）付／憲兵科転科、東京憲兵隊特高第２課長、第10方面軍参謀、東部憲兵隊司令部員、大佐　*P.16*

佐 *P.105*

・立見　尚文（たつみ・なおぶみ）三重県、男爵［弘化2年～明治40年］
昌平黌、司法省入省、新撰旅団参謀副長／近衛歩兵第3連隊長、近衛師団参謀長、第8師団長、大将 *P.248*

・建川　美次（たてかわ・よしつぐ）新潟県［明治13年～昭和20年］
新潟中学卒、陸士13期、騎兵科、騎兵第9連隊（金沢）付、陸大21期恩賜、イギリス駐在／騎兵第5連隊長、参本第5課長（欧米課）、同第2部長（情報）、同第1部長（作戦）、第10師団長、第4師団長、駐ソ大使、中将 *P.90, 189, 244, 246, 254, 263*

・田中　義一（たなか・ぎいち）山口県、男爵［元治元年～昭和4年］
教導団、陸士旧8期、歩兵科、歩兵第1連隊（東京）付、陸大8期、ロシア駐在／歩兵第3連隊長、軍務局軍事課長、軍務局長、参謀次長、陸相、政友会総裁、首相　大将 *P.37, 42, 43, 49, 51, 52, 56, 69, 76, 117, 245, 264, 268*

・田中　静壱（たなか・しずいち）兵庫県［明治20年～昭和20年］
竜野中学卒、陸士19期、歩兵科、歩兵第10連隊（姫路）付、陸大28期恩賜、イギリス駐在／歩兵第2連隊長、関東憲兵隊司令官、憲兵司令官、第13師団長、第14軍司令官、第12方面軍司令官、自決、大将 *P.95, 173, 176*

・田中　新一（たなか・しんいち）新潟県［明治26年～昭和51年］
仙台幼年、陸士25期、歩兵科、歩兵第52連隊（青森）付、陸大35期、ソ連、ポーランド駐在／歩兵第59連隊長、兵務局兵務課長、軍務局軍事課長、参本第1部長（作戦）、第18師団長、ビルマ方面軍参謀長、中将 *P.26, 31, 122～124, 128*

・田中　信男（たなか・のぶお）広島県［明治24年～昭和41年］
東京幼年、陸士24期、歩兵科、歩兵第3連隊（東京）付／歩兵第211連隊長、豊橋教導学校長、第12歩兵団長、独立混成第29旅団長、第33師団長、中将 *P.175, 177*

・田中　隆吉（たなか・りゅうきち）島根県［明治26年～昭和47年］
広島幼年、陸士26期、砲兵科、山砲兵第2連隊（岡山）付、陸大34期、中国駐在／山砲兵第25連隊長、兵務局兵務課長、兵務局長、少将 *P.145, 200, 201*

・田辺　文四郎（たなべ・ぶんしろう）鳥取県
医務局衛生課長、東京第1病院長、第1師団軍医部長、軍医中将 *P.188*

・田辺　盛武（たなべ・もりたけ）石川県［明治22年～昭和24年］
広島幼年、陸士22期、歩兵科、歩兵第49連隊（甲府）付、陸大30期／整備局動員課長、歩兵第34連隊長、第10軍参謀長、第41師団長、第25軍司令官、戦犯、法務死、中将 *P.241, 246*

・谷　寿夫（たに・ひさお）岡山県［明治15年～昭和22年］
府立4中卒、陸士15期、歩兵科、近衛歩兵第1連隊（東京）付、陸大24期恩

・高松宮　宣仁（たかまつのみや・のぶひと）［明治38年～昭和62年］
海兵52期、砲術学校、海大（甲）34期／「比叡」砲術長、軍令部第1部第1課部員、横須賀砲術学校教頭、大佐　*P.227*
・高屋　庸彦（たかや・つねひこ）愛知県
陸士17期、工兵科、陸大25期／鉄道第1連隊長、参本第7課長（鉄道船舶課）、澎湖島要塞司令官、少将　*P.189*
・高山　信武（たかやま・しのぶ）千葉県［明治39年～昭和62年］
仙台幼年、陸士39期、砲兵科、横須賀重砲兵連隊付、陸大47期首席、ドイツ駐在／参本第2課（作戦課）戦力班長、軍務局軍事課高級課員、大佐　*P.31*
・財部　彪（たからべ・たけし）宮崎県［慶応3年～昭和24年］
攻玉社卒、海兵15期／「富士」艦長、第1艦隊参謀長、海軍次官、舞鶴、佐世保、横須賀各鎮守府長官、海相、大将　*P.246*
・武田　功（たけだ・いさお）宮城県［明治35年～昭和22年］
東京幼年、陸士34期、砲兵科、野戦重砲兵第4連隊（広島）付、陸大44期恩賜、ソ連駐在／参本第8課長（謀略課）、同第5課長（ロシア課）、第8方面軍参謀、大佐　*P.198*
・竹田宮　恒徳（たけだのみや・つねよし）［明治42年～平成4年］
東京幼年、陸士42期、騎兵科、騎兵第1連隊（東京）付、陸大50期／参本第2課員（作戦課）、関東軍参謀、第1総軍参謀、中佐　*P.224, 227*
・田代　皖一郎（たしろ・かんいちろう）佐賀県［明治14年～昭和12年］
熊本幼年、陸士15期、歩兵科、歩兵第46連隊（大村）付、陸大25期、中国駐在／歩兵第30連隊長、参本第6課長（支那課）、憲兵司令官、第11師団長、支那駐屯軍司令官、中将　*P.200, 201*
・多田　督知（ただ・とくち）神奈川県［明治34年～昭和38年］
小田原中学卒、陸士36期、歩兵科、歩兵第1連隊（東京）付、陸大44期、東京帝大経済学部卒／第38師団参謀、第23軍参謀、第14師団参謀長、大佐　*P.249, 250*
・多田　駿（ただ・はやお）宮城県［明治15年～昭和23年］
仙台幼年、陸士15期、砲兵科、野砲兵第18連隊（下志津）付、陸大25期、中国駐在／野砲兵第4連隊長、支那駐屯軍司令官、第11師団長、参謀次長、第3軍司令官、北支那方面軍司令官、大将　*P.104, 119, 226, 242, 256*
・立花　小一郎（たちばな・こいちろう）福岡県、男爵［文久元年～昭和4年］
陸士旧6期、歩兵科、歩兵第1連隊（東京）付、陸大5期恩賜、オーストリア駐在／人事局補任課長、第4軍参謀副長、朝鮮駐箚憲兵司令官、第19師団長、第4師団長、関東軍司令官、ウラジオ派遣軍司令官、大将　*P.50*
・橘　周太（たちばな・しゅうた）長崎県［慶応元年～明治37年］
二松学舎、陸士幼年生徒、陸士旧9期、歩兵科、歩兵第5連隊（青森）付／東宮武官、名古屋幼年学校長、第2軍管理部長、歩兵第34連隊大隊長、戦死、中

4師団参謀、第5軍参謀、参本第2課（作戦課）部員、関東軍参謀、中佐 *P.247*

・千田　貞季（せんだ・さだすえ）鹿児島県
東京幼年、陸士26期、歩兵科、貞幹長男／歩兵第44連隊長、仙台幼年学校長、混成第2旅団長、硫黄島で戦死、中将　*P.241*

・千田　貞幹（せんだ・さだもと）鹿児島県
陸士旧1期、歩兵科／歩兵第15連隊長、近衛歩兵第1連隊長、少将　*P.241*

・千田　登文（せんだ・のりぶみ）石川県
歩兵第14連隊付、歩兵第4連隊中隊長、大尉　*P.245*

[ソ]

・十河　信二（そごう・しんじ）愛媛県［明治17年～昭和56年］
東京帝大法学部卒／鉄道省入省、満鉄理事、興中公司社長、国鉄総裁　*P.257*

・園部　和一郎（そのべ・わいちろう）熊本県［明治16年～昭和38年］
熊本幼年、陸士16期、歩兵科、歩兵第23連隊（熊本）付、陸大25期恩賜、フランス駐在／歩兵第74連隊長、教総第1課長、歩兵学校長、第7師団長、中部防衛司令官、第11軍司令官、中将　*P.189*

[タ]

・高木　小三郎（たかぎ・こさぶろう）東京府
東京第2病院長、医務局医務課長、台湾軍軍医部長、軍医中将　*P.188*

・高島　友武（たかしま・ともたけ）鹿児島県、子爵
陸士旧10期、歩兵科、鞆之助養嗣子／歩兵第8連隊長、近衛歩兵第1連隊長、同第2連隊長、第19師団長、中将　*P.220*

・高島　鞆之助（たかしま・とものすけ）鹿児島県、子爵［弘化元年～大正5年］
教導団長、大阪鎮台司令官、第4師団長、陸相、中将　*P.220*

・高瀬　啓治（たかせ・けいじ）静岡県［明治38年～昭和57年］
東京幼年、陸士38期、歩兵科、近衛歩兵第4連隊（東京）付、陸大48期首席／大本営第14課（軍政課）高級課員、参本第2課（作戦課）兵站班長、同作戦班長、大佐　*P.31*

・鷹司　熙通（たかつかさ・ひろみち）京都府、公爵［安政2年～大正7年］
陸士旧2期、歩兵科、ドイツ駐在／侍従武官、侍従長、少将　*P.232*

・高橋　真八（たかはし・しんぱち）香川県
陸士11期、工兵科／工兵第1大隊長、佐世保要塞司令官、築城本部長、少将 *P.188*

・鈴木　貫太郎（すずき・かんたろう）千葉県、男爵［慶応3年～昭和23年］
攻玉社卒、海兵14期、海大将校科3期／「筑波」艦長、人事局長、兼軍務局長、海兵校長、第2艦隊司令長官、呉鎮守府長官、連合艦隊司令長官、軍令部長、侍従長、枢密院議長、首相、大将　*P.59, 222, 248, 249*
・鈴木　重康（すずき・しげやす）石川県［明治19年～昭和32年］
名古屋幼年、陸士17期、歩兵科、歩兵第35連隊（金沢）付、陸大24期、ロシア駐在／参本第2課長（作戦課）、近衛歩兵第1連隊長、参本第4部長（戦史）、同第1部長（作戦）、独立混成第11旅団長、習志野学校長、中将　*P.64*
・鈴木　宗作（すずき・そうさく）愛知県［明治24年～昭和20年］
名古屋幼年、陸士24期、歩兵科、歩兵第6連隊（名古屋）付、陸大31期首席、ドイツ駐在／歩兵第4連隊長、教総第2課長、支那派遣軍総参謀副長、参本第3部長（運輸通信）、第25軍参謀長、運輸部長、第35軍司令官、戦死、大将
P.27, 29, 106, 187
・鈴木　荘六（すずき・そうろく）新潟県［慶応元年～昭和15年］
教導団、陸士1期、騎兵科、騎兵第4大隊（大阪）付、陸大12期恩賜／第2軍参謀副長、参本第2課長（作戦課）、騎兵監、第5師団長、第4師団長、台湾軍司令官、朝鮮軍司令官、参謀総長、大将　*P.43, 53, 57, 76, 117, 169, 244, 246*
・鈴木　孝雄（すずき・たかお）千葉県［明治2年～昭和39年］
成城学校卒、陸士2期、砲兵科、野砲兵第1連隊（東京）付／野砲兵第21連隊長、軍務局砲兵課長、陸士校長、砲兵監、第14師団長、技術本部長、大将
P.222, 248
・鈴木　貞一（すずき・ていいち）千葉県［明治21年～平成元年］
京北中卒、陸士22期、歩兵科、歩兵第18連隊（豊橋）付、陸大29期、中国駐在／陸軍省新聞班長、歩兵第14連隊長、企画院調査官、第3軍参謀長、興亜院総務長官心得、企画院総裁、中将　*P.263*
・鈴木　利一（すずき・としかず）富山県
陸士36期、歩兵科、陸大46期、アメリカ駐在／駐米大使館付武官輔佐官、駐アルゼンチン公使館付武官、大佐　*P.26*
・鈴木　率道（すずき・よりみち）広島県［明治23年～昭和18年］
広島幼年、陸士22期、砲兵科、野砲兵第5連隊（広島）付、陸大30期首席、フランス駐在／参本第2課（作戦課）作戦班長、同第2課長、支那駐屯砲兵連隊長、航空兵科転科、第2軍参謀長、航空本部総務部長、航空兵団長、第2航空軍司令官、中将　*P.110, 144, 170, 189, 195, 207, 208, 214, 285, 286*

［セ］

・瀬島　龍三（せじま・りゅうぞう）富山県［明治44年～平成19年］
東京幼年、陸士44期、歩兵科、歩兵第35連隊（富山）付、陸大51期首席／第

大阪幼年、陸士36期、歩兵科、歩兵第38連隊（京都）付、陸大43期恩賜、ソ連駐在／第11軍高級参謀、大本営参謀兼連合艦隊参謀、台湾海峡で戦死、少将 *P.86*

・下村　定（しもむら・さだむ）高知県［明治20年～昭和43年］
名古屋幼年、陸士20期、砲兵科、野砲兵第14連隊（国府台）付、陸大28期首席、フランス駐在／野戦重砲兵第1連隊長、参本第4部長（戦史）、同第1部長（作戦）、東京湾要塞司令官、陸大校長、第13軍司令官、西部軍司令官、北支那方面軍司令官、陸相　大将 *P.105, 106, 176, 182*

・下山　琢磨（しもやま・たくま）福井県［明治25年～昭和32年］
東京幼年、陸士25期、歩兵科、歩兵第1連隊（東京）付、陸大33期恩賜、ドイツ駐在／参本第2課（作戦課）作戦班長、航空兵科転科、飛行第16戦隊長、航空兵団参謀長、第3飛行師団長、第5航空軍司令官、中将 *P.214, 285*

・白川　義則（しらかわ・よしのり）愛媛県、男爵［明治元年～昭和7年］
教導団、陸士1期、歩兵科、歩兵第21連隊（広島）付、陸大12期／歩兵第34連隊長、人事局長、陸士校長、第11師団長、第1師団長、陸軍次官、関東軍司令官、陸相、上海派遣軍司令官、大将 *P.53, 66, 76, 117, 222*

・白崎　嘉明（しらさき・ひろあき）福井県
陸士34期、歩兵科、陸大43期／第33軍高級参謀、第18師団参謀長、大佐 *P.33*

［ス］

・末松　茂治（すえまつ・しげはる）福岡県
陸士14期、歩兵科、陸大23期／歩兵第1連隊長、教総第1課長、陸士校長、第14師団長、予備役、応召、第114師団長、中将 *P.127, 266*

・菅野　尚一（すがの・ひさいち）山口県［明治4年～昭和28年］
幼年学校、陸士2期、歩兵科、歩兵第11連隊（広島）付、陸大13期、イギリス駐在／第3軍参謀、軍務局歩兵課長、軍務局長、第20師団長、台湾軍司令官、大将 *P.41, 53, 69, 268*

・杉原　美代太郎（すぎはら・みよたろう）東京府
陸士12期、工兵科、ドイツ駐在／軍務局航空課長、電信第1連隊長、軍務局工兵課長、同防備課長、工兵監、第7師団長、中将 *P.189*

・杉山　元（すぎやま・はじめ）福岡県［明治13年～昭和20年］
豊津中卒、陸士12期、歩兵科、歩兵第14連隊（小倉）付、陸大22期／航空兵科転科、航空第2大隊長、軍務局航空課長、同軍事課長、軍務局長、陸軍次官、参謀次長、陸大校長、教育総監、陸相、北支那方面軍司令官、参謀総長、教育総監、陸相、第1総軍司令官、自決、大将、元帥 *P.57, 59, 64, 118, 124, 135, 187, 243, 259, 270, 286, 290*

・重藤　千秋（しげとう・ちあき）福岡県［明治18年～昭和17年］
豊津中卒、陸士18期、歩兵科、歩兵第19連隊（敦賀）付、陸大30期、中国駐在／参本第5課長（支那課）、歩兵第76連隊長、台湾守備隊司令官、中将
P.90, 189
・重見　伊三雄（しげみ・いさお）山口県［明治27年～昭和20年］
東京幼年、陸士27期、歩兵科、歩兵第49連隊（甲府）付、熊雄次男／戦車第9連隊長、戦車第3旅団長、ルソンで戦死、中将　*P.240*
・重見　熊雄（しげみ・くまお）山口県
陸士旧6期、砲兵科／近衛師団参謀長、参本第8課長（内国戦史）、参本第4部長（戦史）、下関要塞司令官、中将　*P.240*
・重光　葵（しげみつ・まもる）大分県［明治20年～昭和32年］
東京帝大法学部卒／外務省入省、外務次官、駐ソ大使、駐英大使、外相　*P.59*
・四手井　綱正（してい・つなまさ）京都府［明治28年～昭和20年］
大阪幼年、陸士27期、騎兵科、騎兵第23連隊（盛岡）付、陸大34期恩賜、ドイツ駐在／侍従武官、騎兵第23連隊長、第1方面軍参謀長、第94師団長、ビルマ方面軍参謀長、関東軍総参謀副長、航空機事故で殉職、中将　*P.194*
・篠塚　義男（しのづか・よしお）大阪府［明治17年～昭和20年］
熊本幼年、陸士17期、歩兵科、歩兵第1連隊（東京）付、陸大23期恩賜、ドイツ駐在／参本庶務課長、歩兵第1連隊長、資源局企画部長、陸士校長、第10師団長、第1軍司令官、自決、中将　*P.160*
・柴　五郎（しば・ごろう）福島県［万延5年～昭和20年］
幼年学校、陸士旧3期、砲兵科、大阪鎮台山砲兵第4大隊付、イギリス駐在／野砲兵第15連隊長、佐世保要塞司令官、重砲兵第2旅団長、下関要塞司令官、第12師団長、東京衛戍総督、台湾軍司令官、自決、大将　*P.82*
・柴田　卯一（しばた・ういち）福岡県
熊本幼年、陸士21期、歩兵科／歩兵第104連隊長、第12独立守備隊長、第15師団長、予備役、応召、熊本予備士官学校長、中将　*P.177*
・柴田　信一（しばた・のぶかず）和歌山県
大阪幼年、陸士24期、歩兵科、陸大33期、ドイツ駐在／航空兵科転科、参本第2課（作戦課）航空班長、飛行第5連隊長、航空局航務課長、鉾田飛行学校長、中将　*P.189*
・柴山　兼四郎（しばやま・けんしろう）茨城県［明治22年～昭和31年］
下妻中卒、陸士24期、輜重兵科、輜重兵第14大隊（宇都宮）付、陸大34期、中国駐在／軍務局軍務課長、輜重兵監、第26師団長、陸軍次官、大本営兵站総監、中将　*P.58, 59, 204, 242*
・島崎　藤村（しまざき・とうそん）長野県［明治5年～昭和18年］
島崎春樹、明治学院卒／作家、日本ペンクラブ初代会長　*P.261*
・島村　矩康（しまむら・のりやす）高知県［明治37年～昭和20年］

参謀、軍事調査部調査班長、関東軍参謀、大佐 *P.187*

・桜井　徳太郎（さくらい・とくたろう）福岡県［明治30年～昭和55年］
熊本幼年、陸士30期、歩兵科、歩兵第36連隊（鯖江）付、陸大37期、中国駐在／歩兵第65連隊長、第212師団長、少将 *P.112*

・佐々木　到一（ささき・とういつ）福井県［明治19年～昭和30年］
広島1中卒、陸士18期、歩兵科、歩兵第11連隊（広島）付、陸大29期／歩兵第18連隊長、満州国軍政部最高顧問、支那派遣憲兵隊司令官、第10師団長、予備役、応召、第149師団長、中将 *P.90, 204*

・佐藤　幸徳（さとう・こうとく）山形県［明治26年～昭和34年］
仙台幼年、陸士25期、歩兵科、歩兵第32連隊（山形）付、陸大33期／歩兵第75連隊長、第54師団兵器部長、第31師団長、中将 *P.176, 177*

・佐藤　賢了（さとう・けんりょう）石川県［明治28年～昭和50年］
金沢1中卒、陸士29期、砲兵科、野砲兵第1連隊（東京）付、陸大37期、アメリカ駐在／軍務課国内班長、航空兵科転科、陸軍省新聞班長、軍務局軍務課長、軍務局長、第37師団長、中将 *P.90, 124, 145*

・真田　穣一郎（さなだ・じょういちろう）北海道［明治30年～昭和32年］
仙台幼年、陸士31期、歩兵科、歩兵第9連隊（大津）付、陸大39期／陸相秘書官、歩兵第86連隊長、軍務局軍事課長、同軍務課長、参本第2課長（作戦課）、同第1部長（作戦）、軍務局長、第2総軍参謀副長、中将 *P.31*

・沢田　茂（さわだ・しげる）高知県［明治20年～昭和55年］
広島幼年、陸士18期、砲兵科、野砲兵第16連隊（国府台）付、陸大26期、ロシア駐在／ハルピン特務機関長、野砲兵第24連隊長、近衛師団参謀長、第4師団長、参謀次長、第13軍司令官、中将 *P.109*

・澤本　理吉郎（さわもと・りきちろう）千葉県［明治31年～昭和42年］
東京幼年、陸士30期、砲兵科、野砲兵第18連隊（下志津）付、陸大39期恩賜、ソ連、ポーランド駐在／侍従武官、独立山砲兵第10連隊長、第33軍参謀長、少将 *P.255*

［シ］

・四方　諒二（しかた・りょうじ）兵庫県［明治29年～昭和52年］
大阪幼年、陸士29期、歩兵科、歩兵第19連隊（敦賀）付、東京外語ドイツ語科修了、東京帝大政治学科卒／憲兵科転科、憲兵司令部第2課長、東京憲兵隊長、中支那派遣憲兵司令官、少将 *P.142*

・重田　徳松（しげた・とくまつ）千葉県［明治24年～昭和34年］
千葉中卒、陸士24期、砲兵科、野砲兵第14連隊（国府台）付、陸大35期／野砲兵第10連隊長、第35師団長、砲兵監、第72師団長、第52軍司令官、中将
P.208

・近藤　信竹（こんどう・のぶたけ）大阪府［明治19年〜昭和28年］
海兵35期、砲術学校高等科、海大（甲）17期、ドイツ駐在／「金剛」艦長、連合艦隊参謀長、軍令部第1部長、同次長、第2艦隊司令長官、支那方面艦隊司令長官、大将　*P.221*

［サ］

・西園寺　公望（さいおんじ・きんもち）京都府、公爵［嘉永2年〜昭和15年］
ソルボンヌ大学卒／賞勲局総裁、枢密院議長、立憲政友会総裁、首相　*P.65*
・西郷　従吾（さいごう・じゅうご）鹿児島県、侯爵［明治36年〜昭和55年］
東京幼年、陸士36期、歩兵科、歩兵第1連隊（東京）付、陸大44期、ドイツ駐在、従徳長男／大本営第16課長（独伊課）、参本第6課（欧米課）ドイツ班長、南方軍、ビルマ方面軍、第23軍、第20軍各参謀　*P.239*
・西郷　従道（さいごう・じゅうどう）鹿児島県、侯爵［天保14年〜明治35年］
フランス留学／近衛副都督、陸軍卿代理、海相、陸相、大将、元帥　*P.239*
・西郷　従徳（さいごう・じゅうとく）鹿児島県、侯爵
陸士11期、歩兵科、従道長男／第1軍副官、大佐　*P.239*
・西郷　隆盛（さいごう・たかもり）鹿児島県［文政10年〜明治10年］
東征大総督府参謀、参議、近衛都督、大将　*P.47, 246*
・斎藤弥平太（さいとう・やへいた）香川県［明治18年〜昭和28年］
三豊中学卒、陸士19期、歩兵科、歩兵第12連隊（丸亀）付、陸大26期／整備局統制課長、歩兵第6連隊長、第101師団長、兵器本部長、第25軍司令官、中将　*P.188*
・佐伯　文郎（さえき・ぶんろう）宮城県［明治23年〜昭和42年］
仙台幼年、陸士23期、歩兵科、歩兵第32連隊（山形）付、陸大33期／歩兵第29連隊長、船舶輸送司令官、第26師団長、船舶司令官兼運輸本部長、中将　*P.103*
・酒井　鎬次（さかい・こうじ）愛知県［明治18年〜昭和48年］
名古屋幼年、陸士18期、歩兵科、近衛歩兵第4連隊（東京）付、陸大24期恩賜、フランス駐在／歩兵第22連隊長、独立混成第1旅団長、第109師団長、中将　*P.127, 160*
・酒井　隆（さかい・たかし）広島県［明治20年〜昭和21年］
大阪幼年、陸士20期、歩兵科、歩兵第38連隊（京都）付、陸大28期、中国駐在／参本第5課長（支那課）、支那駐屯軍参謀長、歩兵第23連隊長、第23軍司令官、戦犯、法務死、中将　*P.107, 204*
・坂田　義朗（さかた・よしろう）岐阜県［明治21年〜昭和8年］
東京幼年、陸士21期、歩兵科、歩兵第34連隊（静岡）付、陸大31期／朝鮮軍

量部長、工兵監、第25師団長、中将　*P.187*

［コ］

・小磯　国昭（こいそ・くにあき）山形県［明治13年～昭和25年］
山形中学卒、陸士12期、歩兵科、歩兵第30連隊（村松）付、陸大22期／歩兵第51連隊長、参本第1課長（編制動員課）、整備局長、軍務局長、陸軍次官、関東軍参謀長、第5師団長、朝鮮軍司令官、大将、朝鮮総督、首相　*P.57, 118, 169, 187, 276, 277, 291*

・香田　清貞（こうだ・きよさだ）佐賀県［明治36年～昭和11年］
熊本幼年、陸士37期、歩兵科、歩兵第1連隊（東京）付／支那駐屯軍歩兵隊付、歩兵第1旅団副官、2.26事件に関与、刑死、大尉　*P.127*

・合田　平（ごうだ・ひとし）新潟県
医務局衛生課長、東京第1衛戍病院長、軍医学校長、医務局長、軍医総監　*P.188*

・河本　大作（こうもと・だいさく）兵庫県［明治16年～昭和28年］
大阪幼年、陸士15期、歩兵科、歩兵第37連隊（大阪）付、陸大26期／参本第6課支那班長、関東軍参謀、張作霖爆殺事件で予備役、大佐　*P.106, 242, 282*

・古城　胤秀（こじょう・たねひで）鹿児島県
陸士15期、歩兵科／中央大学配属将校、陸軍省新聞班長、近衛歩兵第2連隊長、同第1連隊長、少将　*P.187*

・児玉　源太郎（こだま・げんたろう）山口県、伯爵［嘉永5年～明治39年］
大阪兵学寮／参本第1局長、陸軍次官、第3師団長、台湾総督、陸相、参謀本部次長、満州軍総参謀長、参謀総長、大将　*P.237*

・児玉　常雄（こだま・つねお）山口県［明治17年～昭和24年］
東京幼年、陸士17期、工兵科、工兵第1大隊（東京）付、東京帝大機械科卒、源太郎4男／逓信省技術課長、航空兵科転科、大日本航空会社総裁、大佐　*P.237*

・児玉　友雄（こだま・ともお）山口県［明治14年～昭和36年］
学習院卒、陸士14期、歩兵科、近衛歩兵第2連隊（東京）付、陸大22期、イギリス駐在、源太郎3男／歩兵第34連隊長、参本第10課長（外国戦史課）、朝鮮軍参謀長、下関要塞司令官、第16師団長、西部防衛司令官、予備役、応召、台湾軍司令官、中将　*P.237*

・近衛　文麿（このえ・ふみまろ）東京府、公爵［明治24年～昭和20年］
京都帝大法学部卒／内務省入省、貴族院議長、首相　*P.127, 232, 238, 259*

・小藤　恵（こふじ・さとし）高知県［明治21年～昭和18年］
東京幼年、陸士20期、歩兵科、歩兵第1連隊（東京）付、陸大31期／人事局補任課長、歩兵第1連隊長、予備役、応召、第18師団参謀長、少将　*P.242*

広島幼年、陸士17期、歩兵科、歩兵第11連隊（広島）付、陸大27期／歩兵第6連隊長、教総庶務課長、同第1課長、軍事調査部長、歩兵第2旅団長、少将　*P.189, 211*

・久邇宮　邦彦（くにのみや・くによし）［明治6年〜昭和4年］
成城学校卒、陸士7期、歩兵科、歩兵第6連隊（名古屋）付、陸大16期恩賜／歩兵第38連隊長、第15師団長、近衛師団長、大将、元帥　*P.223*

・久納　誠一（くのう・せいいち）東京府［明治20年〜昭和37年］
名古屋幼年、陸士18期、騎兵科、騎兵第1連隊（東京）付、陸大26期恩賜、フランス駐在／騎兵第28連隊長、朝鮮軍参謀長、軍馬補充部本部長、第18師団長、第22軍司令官、中将　*P.242*

・久米　正雄（くめ・まさお）長野県［明治24年〜昭和27年］
東京帝大文学部卒／小説家、劇作家　*P.261*

・久門　有文（くもん・ありぶみ）愛媛県［明治37年〜昭和17年］
西条中学卒、陸士36期、歩兵科、歩兵第8連隊（大阪）付、陸大43期恩賜、イギリス駐在／航空兵科転科、参本第2課（作戦課）航空班長、千島で戦死、大佐　*P.26*

・栗林　忠道（くりばやし・ただみち）長野県［明治24年〜昭和20年］
長野中学卒、陸士26期、騎兵科、騎兵第15連隊（習志野）付、陸大35期恩賜、アメリカ駐在／騎兵第7連隊長、兵務局馬政課長、騎兵第1旅団長、第23軍参謀長、留守近衛第2師団長、第109師団長、硫黄島で戦死、大将　*P.240*

・栗原　安秀（くりはら・やすひで）佐賀県［明治41年〜昭和11年］
名教中学卒、陸士41期、歩兵科、歩兵第1連隊（東京）付／戦車第2連隊付、歩兵第1連隊付、2.26事件に関与、刑死、中尉　*P.127, 180*

・黒井　悌次郎（くろい・ていじろう）山形県［慶応2年〜昭和12年］
攻玉社卒、海兵13期、海大（甲）5期、イギリス駐在／「敷島」艦長、第3艦隊司令長官、舞鶴鎮守府長官、大将　*P.276*

・黒木　為楨（くろき・ためもと）鹿児島県、伯爵［弘化元年〜大正12年］
御親兵1番大隊付／近衛歩兵第2連隊長、第6師団長、近衛師団長、第1軍司令官、大将　*P.40, 46*

・黒田　善治（くろだ・よしはる）福岡県、男爵
陸士2期、歩兵科／歩兵第2連隊長、近衛歩兵第4連隊長、歩兵第10旅団長、少将　*P.233*

・桑木　崇明（くわき・たかあきら）広島県［明治18年〜昭和20年］
広島幼年、陸士16期、砲兵科、野砲兵第14連隊（国府台）付、陸大26期恩賜、東京外語ロシア語課程修了、ロシア駐在／野戦重砲兵第2連隊長、参本第4課長（演習課）、同第1部長（作戦）、第110師団長、中将　*P.44, 110, 168, 189*

・桑原　四郎（くわばら・しろう）岐阜県
陸士19期、工兵科、イギリス駐在／軍務局防備課長、鉄道第3連隊長、陸地測

東京幼年、陸士43期、砲兵科、近衛野砲兵連隊（東京）付、陸大52期／駐蒙軍参謀、航空機事故で殉職、少佐　*P.223*

・喜多　誠一（きた・せいいち）滋賀県［明治19年～昭和22年］
滋賀2中卒、陸士19期、歩兵科、歩兵第36連隊（鯖江）付、陸大31期、中国駐在／歩兵第37連隊長、参本第5課長（支那課）、天津特務機関長、第14師団長、第6軍司令官、第12軍司令官、第1方面軍司令官、大将　*P.173*

・北野　憲造（きたの・けんぞう）滋賀県［明治22年～昭和35年］
大阪幼年、陸士22期、歩兵科、歩兵第38連隊（京都）付、陸大31期、ドイツ駐在／歩兵第37連隊長、朝鮮軍参謀長、支那駐屯憲兵隊長、第4師団長、第19軍司令官、陸士校長、第12方面軍司令官、中将　*P.15*

・公平　匡武（きみひら・まさたけ）山形県［明治31年～昭和19年］
東京幼年、陸士31期、砲兵科、野砲兵第18連隊（下志津）付、陸大39期、フランス駐在／野砲兵第20連隊長、第4軍参謀長、第31軍参謀副長、サイパンで戦死、中将　*P.194*

・木村　三郎（きむら・さぶろう）石川県
陸士18期、砲兵科、陸大27期／大尉時に退役　*P.246*

・木村　兵太郎（きむら・へいたろう）埼玉県［明治21年～昭和23年］
広島幼年、陸士20期、砲兵科、野砲兵第16連隊（国府台）付、陸大28期、ドイツ駐在／野砲兵第22連隊長、整備局統制課長、兵器局長、第32師団長、関東軍参謀長、陸軍次官、兵器行政本部長、ビルマ方面軍司令官、大将、戦犯、法務死　*P.108*

・清浦　奎吾（きようら・けいご）熊本県、伯爵［嘉永3年～昭和17年］
咸宜園卒／司法省入省、法相、枢密院議長、首相　*P.52*

［ク］

・草場　辰巳（くさば・たつみ）滋賀県［明治21年～昭和21年］
大阪幼年、陸士20期、歩兵科、歩兵第9連隊（大津）付、陸大27期／参本第6課長（鉄道船舶課）、歩兵第11連隊長、第2野戦鉄道司令官、関東軍野戦鉄道司令官、第52師団長、関東防衛軍司令官、第4軍司令官、予備役、応召、大陸鉄道司令官、中将　*P.189*

・櫛田　正夫（くしだ・まさお）栃木県［明治34年～昭和54年］
東京幼年、陸士35期、歩兵科、歩兵第1連隊（東京）付、陸大44期、中国駐在／大本営第14課長（軍政課）、南方軍参謀、大佐　*P.100*

・朽木　綱貞（くつき・つなさだ）京都府、子爵
陸士7期、砲兵科、東京帝大応用化学科卒／火薬研究所長、科学研究所第2課長、火工廠長、少将　*P.233*

・工藤　義雄（くどう・よしお）岡山県［明治18年～昭和15年］

・閑院宮　載仁（かんいんのみや・ことひと）［慶応元年〜昭和20年］
幼年学校、フランス留学、騎兵科／騎兵第1連隊長、騎兵第2旅団長、第1師団長、近衛師団長、参謀総長、大将、元帥　*P.54, 64, 65, 69, 72, 135, 136, 188, 220, 225, 226, 245, 286*
・閑院宮　春仁（かんいんのみや・はるひと）［明治35年〜昭和63年］
小田原中学、陸士36期、騎兵科、近衛騎兵連隊（東京）付、陸大44期、載仁長男／戦車第5連隊長、戦車第4師団長心得、少将　*P.14, 224*
・神田　正種（かんだ・まさたね）愛知県［明治23年〜昭和58年］
熊本幼年、陸士23期、歩兵科、歩兵第18連隊（豊橋）、陸大31期、ソ連駐在／参本第4課長（欧米課）、歩兵第45連隊長、教総第1課長、同第1部長、参本総務部長、第6師団長、第17軍司令官、中将　*P.272*

［キ］

・菊池　慎之助（きくち・しんのすけ）茨城県［慶応2年〜昭和2年］
教導団、陸士旧11期、歩兵科、近衛歩兵第3連隊付、陸大11期、ドイツ、ロシア駐在／第4軍参謀、陸士生徒隊長、人事局長、参本総務部長、第3師団長、参謀次長、朝鮮軍司令官、教育総監、大将　*P.53*
・菊池　武夫（きくち・たけお）宮崎県、男爵［明治8年〜昭和30年］
幼年学校、陸士7期、歩兵科、歩兵第23連隊（熊本）付、陸大18期／歩兵第64連隊長、奉天特務機関長、貴族院議員、中将　*P.67*
・木越　二郎（きごし・じろう）石川県
陸士22期、歩兵科、近衛歩兵第3連隊（東京）付、安綱次男、大佐　*P.248*
・木越　安綱（きごし・やすつな）石川県、男爵［安政元年〜昭和7年］
教導団、陸士旧1期、歩兵科、歩兵第1連隊（東京）付、ドイツ駐在／第3師団参謀長、軍務局軍事課長、軍務局長、第5師団長、第6師団長、第1師団長、陸相、中将　*P.60, 61, 248*
・岸　信介（きし・のぶすけ）山口県［明治29年〜昭和62年］
東京帝大法学部卒／農商務省入省、満州国産業部次長、商工相、衆議院議員、首相　*P.292*
・岸本　綾夫（きしもと・あやお）岡山県［明治12年〜昭和22年］
幼年学校、陸士11期、砲兵科、由良要塞砲兵連隊付、東京帝大造兵科卒業、ドイツ駐在／軍務局砲兵課長、野戦重砲兵第4連隊長、兵器局長、造兵廠長官、技術本部長、大将　*P.180, 188*
・北　一輝（きた・いっき）新潟県［明治16年〜昭和12年］
輝次郎、佐渡中学中退／中国革命同盟会、猶存社、2.26事件関与、刑死　*P.228, 263, 264*
・北白川宮　永久（きたしらかわのみや・ながひさ）［明治43年〜昭和15年］

・川上　操六（かわかみ・そうろく）鹿児島県、子爵［嘉永元年～明治 32 年］
御親兵第２大隊付、歩兵第 13 連隊長、近衛歩兵第１連隊長、参謀本部次長、征清総督府参謀長、参謀総長、大将　*P.43*
・川口　清健（かわぐち・きよたけ）高知県［明治 25 年～昭和 36 年］
大阪幼年、陸士 26 期、歩兵科、歩兵第８連隊（大阪）付、陸大 34 期／歩兵第 35 旅団長、予備役、応召、対馬要塞司令官、少将　*P.30*
・川島　義之（かわしま・よしゆき）愛媛県［明治 11 年～昭和 20 年］
松山中学、陸士 10 期、歩兵科、歩兵第 22 連隊（松山）付、陸大 20 期恩賜、ドイツ駐在／歩兵第７連隊長、参本第８課長（内国戦史課）、教総第２課長、同第１課長、人事局長、第 19 師団長、第３師団長、教総本部長、朝鮮軍司令官、陸相、大将　*P.66, 98, 189*
・河田　槌太郎（かわだ・つちたろう）北海道
陸士 23 期、歩兵科／歩兵第 44 連隊長、近衛師団歩兵団長、独立混成第 26 旅団長、第 31 師団長、中将　*P.177*
・河辺　虎四郎（かわべ・とらしろう）富山県［明治 23 年～昭和 35 年］
名古屋幼年、陸士 24 期、砲兵科、野砲兵第３連隊（名古屋）付、陸大 33 期恩賜、ポーランド駐在／近衛野砲兵連隊長、参本第２課長（戦争指導課）、航空兵科転科、第７飛行団長、第２航空軍司令官、参謀次長、中将　*P.106, 189, 194, 291*
・河辺　正三（かわべ・まさかず）富山県［明治 19 年～昭和 40 年］
高岡中学、陸士 19 期、歩兵科、歩兵第 35 連隊（金沢）付、陸大 27 期恩賜、ドイツ駐在／歩兵第６連隊長、歩兵学校教導連隊長、教総第１課長、中支那派遣軍参謀長、教総本部長、第 12 師団長、第３軍司令官、支那派遣軍総参謀長、ビルマ方面軍司令官、第 15 方面軍司令官、航空総軍司令官、大将　*P.95, 173, 279*
・川道　富士夫（かわみち・ふじお）広島県
陸士 36 期、工兵科、陸大 47 期／第 20 軍参謀、第 56 師団参謀長、大佐　*P.162*
・川村　景明（かわむら・かげあき）鹿児島県、子爵［嘉永３年～大正 15 年］
近衛歩兵第２大隊付／歩兵第４連隊長、近衛歩兵第１旅団長、第１師団長、第 10 師団長、鴨緑江軍司令官、東京衛戍総督、大将、元帥　*P.41, 46, 52*
・河村　参郎（かわむら・さぶろう）石川県［明治 29 年～昭和 22 年］
東京幼年、陸士 29 期、歩兵科、歩兵第６連隊（名古屋）付、陸大 36 期恩賜、東京帝大法学部卒、フランス駐在／軍務局軍務課長、歩兵第 213 連隊長、歩兵第９旅団長、第 224 師団長、戦犯、法務死、中将　*P.29*
・河村　董（かわむら・ただす）東京府
陸士 18 期、歩兵科、陸大 31 期／軍務局兵務課長、歩兵第 29 連隊長、独立混成第４旅団長、留守第６師団長、中将　*P.187*

・片岡　太郎（かたおか・たろう）高知県
陸士40期／陸士予科区隊長、歩兵第524連隊長、中佐　*P.16*
・片倉　衷（かたくら・ただし）福島県［明治31年～平成3年］
熊本幼年、陸士31期、歩兵科、歩兵第27連隊（旭川）付、陸大40期／歩兵第53連隊長、第33軍参謀長、第202師団長、少将　*P.256*
・華頂　博信（かちょう・ひろのぶ）東京府、侯爵［明治38年～昭和45年］
海兵53期、海大（甲）35期、伏見宮博恭三男／「鬼怒」水雷長、対潜学校教官、大佐　*P.227*
・桂　太郎（かつら・たろう）山口県、公爵［弘化4年～大正2年］
横浜語学所、ドイツ駐在／陸軍次官、第3師団長、陸相、首相、大将　*P.37, 60, 61*
・加藤　守雄（かとう・もりお）宮城県［明治24年～昭和14年］
仙台幼年、陸士24期、歩兵科、歩兵第9連隊（大津）付、陸大32期、ドイツ駐在／人事局補任課長、歩兵34連隊長、舞鶴要塞司令官、仙台幼年学校長、少将　*P.123*
・金谷　範三（かなや・はんぞう）大分県［明治6年～昭和8年］
幼年学校、陸士5期、歩兵科、歩兵第3連隊（東京）付、陸大15期恩賜、ドイツ駐在／歩兵第57連隊長、参本第2課長（作戦課）、支那駐屯軍司令官、参本第1部長（作戦）、第18師団長、参謀次長、朝鮮軍司令官、参謀総長、大将
P.53～55, 57, 169, 225, 265, 281
・金光　恵次郎（かねみつ・えじろう）岡山県［明治29年～昭和19年］
少候8期、砲兵科、野砲兵第10連隊（姫路）付／野砲兵第56連隊大隊長、拉孟で戦死、大佐　*P.77*
・蒲　穆（かば・あつし）福井県
陸士12期、騎兵科、陸大21期／騎兵第5連隊長、騎兵第3旅団長、運輸本部長、第16師団長、中将　*P.188*
・鎌田　銓一（かまた・せんいち）東京府［明治29年～昭和50年］
東京幼年、陸士29期、工兵科、工兵第3大隊（名古屋）付、京都帝大工学部卒、アメリカ駐在／兵務局防備課長、整備局交通課長、鉄道第5連隊長、大陸鉄道参謀長、第2野戦鉄道司令官、中将　*P.182*
・亀井　貫一郎（かめい・かんいちろう）島根県、伯爵［明治25年～昭和62年］
東京帝大法学部卒／外務省入省、参本特別顧問、大正15年退官、社会民衆党衆議院議員、大政翼賛会東亜部長　*P.254*
・河合　操（かわい・みさお）大分県［元治元年～昭和16年］
教導団、陸士旧8期、歩兵科、歩兵第5連隊（青森）付、陸大8期、ドイツ駐在／第4軍参謀、第3軍参謀副長、軍務局歩兵課長、人事局長、陸大校長、第1師団長、関東軍司令官、参謀総長、大将　*P.43, 55～57, 117*

東京帝大法学部卒、主計、近衛歩兵第２連隊付／経理局主計課長、被服本廠長、主計監、経理局長、主計総監　*P.188*

・尾野　実信（おの・みのぶ）福岡県［慶応元年～昭和21年］
陸士旧10期、歩兵科、歩兵第14連隊（小倉）付、陸大10期首席、ドイツ駐在／軍務局歩兵課長、歩兵第37連隊長、参本第１部長（作戦）、同総務部長、第10師団長、第15師団長、教総本部長、陸軍次官、関東軍司令官、大将　*P.52, 243, 246*

・小畑　敏四郎（おばた・とししろう）高知県［明治18年～昭和22年］
大阪幼年、陸士16期、歩兵科、近衛歩兵第１連隊（東京）付、陸大23期恩賜、ロシア駐在／参本第２課長（作戦課）、歩兵第10連隊長、参本第２課長、同第３部長（運輸通信）、陸大校長、予備役、応召、留守第14師団長、中将　*P.67, 70, 94, 119, 120, 169, 189, 195, 206～208, 286*

・小畑　英良（おばた・ひでよし）大阪府［明治23年～昭和19年］
大阪幼年、陸士23期、騎兵科、騎兵第11連隊（善通寺）付、陸大31期恩賜、イギリス駐在／参本第８課長（演習課）、騎兵第14連隊長、航空兵科転科、第５飛行集団長、第３航空軍司令官、第31軍司令官、戦死、大将　*P.108, 135, 163～165, 214*

・小原　重孝（おはら・しげたか）北海道［明治32年～昭和46年］
札幌１中、陸士32期、歩兵科、歩兵第25連隊（札幌）付、陸大24期／第25師団参謀長、歩兵第29連隊長、第２野戦鉄道司令部員、大佐　*P.90*

［カ］

・影佐　禎昭（かげさ・さだあき）広島県［明治26年～昭和23年］
市岡中学、陸士26期、砲兵科、野砲兵第４連隊（信太山）付、陸大35期恩賜、東京帝大法学部卒、中国駐在／参本第７課長（支那課）、大本営第８課長（謀略課）、軍務局軍務課長、梅機関長、第７砲兵司令官、第38師団長、中将　*P.90, 178, 202*

・笠原　幸雄（かさはら・ゆきお）東京府［明治22年～昭和63年］
東京幼年、陸士22期、騎兵科、騎兵第13連隊（習志野）付、陸大30期恩賜、ポーランド駐在／近衛騎兵連隊長、参本第５課長（欧米課）、同総務部長、第12師団長、関東軍総参謀長、第11軍司令官、中将　*P.247, 292*

・香椎　浩平（かしい・こうへい）福岡県［明治14年～昭和29年］
幼年学校、陸士12期、歩兵科、歩兵第９連隊（大津）付、陸大21期／歩兵第46連隊長、支那駐屯軍司令官、教総本部長、第６師団長、東京警備司令官、中将　*P.263*

・梶井　貞吉（かじい・ていきち）東京府
医務局衛生課長、関東軍軍医部長、第５方面軍軍医部長、軍医中将　*P.188*

支那派遣軍総参謀副長、少将　*P.97*

・岡部　直三郎（おかべ・なおさぶろう）広島県［明治20年～昭和21年］
広島幼年、陸士18期、砲兵科、野砲兵第14連隊（国府台）付、陸大27期、ポーランド駐在／野砲兵第1連隊長、陸大幹事、第1師団長、駐蒙軍司令官、陸大校長、第3方面軍司令官、北支那方面軍司令官、第6方面軍司令官、大将　*P.108, 109*

・岡村　誠之（おかむら・まさゆき）和歌山県［明治37年～昭和49年］
大阪幼年、陸士38期、歩兵科、歩兵第37連隊（大阪）付、陸大48期恩賜／南方軍参謀、駐蒙軍参謀、歩兵第149連隊長、大佐　*P.100*

・岡村　寧次（おかむら・やすじ）東京府［明治17年～昭和41年］
東京幼年、陸士16期、歩兵科、歩兵第1連隊（東京）付、陸大25期、中国駐在／歩兵第6連隊長、参本第9課長（内国戦史課）、人事局補任課長、参本2部長（情報）、第2師団長、第11軍司令官、北支那方面軍司令官、第6方面軍司令官、支那派遣軍総司令官、大将　*P.23, 67, 101, 102, 119～121, 188*

・岡本　清福（おかもと・きよとみ）石川県［明治27年～昭和20年］
名古屋幼年、陸士27期、砲兵科、野砲兵第14連隊（国府台）付、陸大37期恩賜、ドイツ駐在／野砲兵第4連隊長、参本第4部長（戦史）、同第2部長（情報）、南方軍総参謀副長、スイス公使館付武官、自決、中将　*P.145*

・岡本　連一郎（おかもと・れんいちろう）和歌山県［明治11年～昭和9年］
陸士9期、歩兵科、歩兵第27連隊（旭川）付、陸大21期恩賜、イギリス、アメリカ駐在／参本第9課長（内国戦史課）、同総務部長、参謀次長、近衛師団長、中将　*P.288*

・小川　又次（おがわ・またじ）福岡県、子爵［嘉永元年～明治42年］
大阪兵学寮／歩兵第8連隊長、第1軍参謀長、第4師団長、大将　*P.243*

・沖　直道（おき・なおみち）高知県
幼年学校、陸士14期、歩兵科、陸大24期／参本第7課長（鉄道船舶課）、歩兵第68連隊長、人事局補任課長、参本第3部長（運輸通信）、運輸本部長、少将　*P.188, 189*

・奥　保夫（おく・やすお）福岡県、伯爵
東京幼年、陸士17期、歩兵科、保鞏長男／近衛歩兵第3連隊長、予備役、応召、歩兵第128旅団長、少将　*P.237*

・奥　保鞏（おく・やすかた）福岡県、伯爵［弘化3年～昭和5年］
近衛歩兵第2連隊長、第5師団長、第1師団長、近衛師団長、第2軍司令官、参謀総長、大将、元帥　*P.40, 52, 53, 57, 237*

・音羽　正彦（おとわ・ただひこ）東京府、侯爵［大正3年～昭和19年］
海兵62期、朝香宮鳩彦次男／「陸奥」副砲長、第6根拠地隊参謀、戦死、少佐　*P.224*

・小野寺　長治郎（おのでら・ちょうじろう）宮城県［明治8年～昭和14年］

攻玉社、海兵24期、海大（甲）5期／「朝日」艦長、軍務局長、海軍次官、第2艦隊司令長官、横須賀鎮守府長官、海相、航空機事故で死去、大将　*P.191*

・大野　広一（おおの・こういち）岐阜県

陸士26期、歩兵科、陸大38期／憲兵科転科、関東憲兵隊司令官、憲兵学校長、中支派遣憲兵隊長、第11師団長、中将　*P.215*

・大庭　二郎（おおば・じろう）山口県［元治元年～昭和10年］

幼年学校、陸士旧8期、歩兵科、歩兵第3連隊（東京）付、陸大8期首席、ドイツ駐在／第3軍参謀副長、近衛歩兵第2連隊長、歩兵学校長、第3師団長、朝鮮軍司令官、教育総監、大将　*P.44, 56*

・大村　純英（おおむら・すみひで）佐賀県

陸士5期、歩兵科／歩兵第46連隊長、歩兵第23旅団長、少将　*P.233*

・大山　文雄（おおやま・あやお）岡山県［明治16年～昭和47年］

日本大学専門部卒、司法官試補／第16師団法務部長、関東軍法務部長、陸軍省法務局長、法務中将　*P.188*

・大山　巌（おおやま・いわお）鹿児島県、公爵［天保13年～大正5年］

第4旅団司令長官、参謀本部次長、陸相、第2軍司令官、参謀総長、満州軍総司令官、参謀総長、内大臣、大将、元帥　*P.40, 42, 46, 47, 230, 238*

・大山　柏（おおやま・かしわ）鹿児島県、公爵［明治22年～昭和44年］

東京幼年、陸士22期、歩兵科、近衛歩兵第4連隊（東京）付、巌次男／近衛歩兵第3連隊付、予備役、応召、第33警備大隊長、第8警備大隊長、少佐　*P.238*

・大山　高（おおやま・たかし）鹿児島県

海兵36期、巌長男、明治41年4月、馬公で「松島」爆沈で殉職　*P.238*

・岡　市之助（おか・いちのすけ）京都府、男爵［万延元年～大正5年］

大阪外語学校、陸士旧4期、歩兵科、歩兵第20連隊（大阪）付、陸大4期、ドイツ駐在／軍務局軍事課長、参本総務部長、軍務局長、陸軍次官、第3師団長、陸相、中将　*P.49, 56, 245*

・緒方　勝一（おがた・かついち）佐賀県

成城学校、陸士7期、砲兵科、東京湾要塞砲兵連隊付、フランス駐在／技術本部第1部長、砲工学校長、科学研究所長、造兵廠長官、技術本部長、大将　*P.180, 280*

・岡田　啓介（おかだ・けいすけ）福井県［明治元年～昭和27年］

開成中学、海兵15期、将校科甲2期／水雷学校長、「鹿島」艦長、人事局長、艦政本部長、海軍次官、第1艦隊司令長官、横須賀鎮守府長官、海相、首相、大将　*P.71, 247, 248*

・岡田　重一（おかだ・じゅういち）高知県［明治31年～昭和57年］

東京幼年、陸士31期、歩兵科、歩兵第11連隊（広島）付、陸大41期／参本庶務課長、同第2課長（作戦課）、歩兵第78連隊長、人事局補任課長、人事局長、

岩手中学、海兵31期、水雷学校、海大（甲）13期／「多摩」艦長、海兵校長、第3艦隊司令長官、横須賀鎮守府長官、海相、軍令部総長、大将　*P.221*

・大内　球三郎（おおうち・きゅうさぶろう）茨城県
経理学校20期／経理局建築課長、同主計課長、経理学校長、支那派遣軍経理部長、主計中将　*P.188*

・大川　周明（おおかわ・しゅうめい）山形県［明治19年～昭和32年］
東京帝大文学部卒／東亜経済調査局理事長、猶存社、行地社主催、法政大学大陸部長　*P.262, 263, 272*

・大城戸　仁輔（おおきど・じんすけ）兵庫県
経理学校21期／糧秣本廠長、経理学校長、支那派遣軍経理部長、経理中将　*P.188*

・大熊　貞雄（おおくま・さだお）山形県
仙台幼年、陸士24期、歩兵科／歩兵第67連隊長、仙台幼年校長、歩兵第53旅団長、少将　*P.174*

・大迫　三次（おおさこ・さんじ）鹿児島県
陸士14期、歩兵科、尚敏3男／戦死　*P.240*

・大迫　尚敏（おおさこ・なおとし）鹿児島県、子爵［弘化元年～昭和2年］
御親兵／歩兵第6連隊長、近衛歩兵第1連隊長、歩兵第5旅団長、参謀本部次長、第7師団長、大将　*P.46, 240*

・大沢　界雄（おおさわ・かいゆう）愛知県［安政6年～昭和4年］
陸士旧4期、歩兵科、陸大4期恩賜、ドイツ駐在／輜重兵科転科、参本第3部長（運輸通信）、由良要塞司令官、中将　*P.139*

・大島　健一（おおしま・けんいち）岐阜県［安政5年～昭和22年］
陸士旧4期、砲兵科、ドイツ駐在／参本第4部長（戦史）、同総務部長、参謀次長、陸軍次官、陸相、青島守備隊司令官、中将　*P.56, 57, 101, 189, 238*

・大島　浩（おおしま・ひろし）岐阜県［明治19年～昭和50年］
東京幼年、陸士18期、砲兵科、東京湾要塞砲兵隊付、陸大27期、ドイツ駐在、健一長男／野砲兵第10連隊長、参本第3課長（要塞課）、駐独武官、駐独大使、中将　*P.101, 189, 238*

・大島　義昌（おおしま・よしまさ）山口県、子爵［嘉永3年～大正15年］
大阪青年学舎／第1師団参謀長、歩兵第9旅団長、第3師団長、関東都督、大将　*P.237*

・大島　陸太郎（おおしま・りくたろう）山口県、子爵
東京幼年、陸士17期、歩兵科、陸大25期、ドイツ駐在、義昌長男／歩兵第4連隊長、第16師団参謀長、近衛歩兵第2旅団長、少将　*P.237*

・大杉　栄（おおすぎ・さかえ）香川県［明治18年～大正12年］
名古屋幼年中退、東京外語仏文科卒／日本社会主義同盟参画　*P.105, 256*

・大角　岑男（おおすみ・みねお）愛知県、男爵［明治9年～昭和16年］

熊本幼年、陸士20期、歩兵科、近衛歩兵第4連隊（東京）付、陸大28期／歩兵第1連隊長、予科士官学校長、第11師団長、陸士校長、第32軍司令官、戦死、大将　*P.112, 127, 176*

・後宮　淳（うしろく・じゅん）京都府［明治17年～昭和48年］
大阪幼年、陸士17期、歩兵科、歩兵38連隊（京都）付、陸大29期／歩兵第48連隊長、参本第3部長（運輸通信）、人事局長、軍務局長、第26師団長、第4軍司令官、南支那方面軍司令官、支那派遣軍総参謀長、参謀次長、第3方面軍司令官、大将　*P.64, 107, 108, 141*

・内山　英太郎（うちやま・えいたろう）鳥取県［明治20年～昭和48年］
仙台幼年、陸士21期、砲兵科、野砲兵第1連隊（東京）付、陸大32期、フランス駐在、小二郎長男／野砲兵第1連隊長、整備局整備課長、関東軍砲兵司令官、第13師団長、第3軍司令官、第12軍司令官、第15方面軍司令官、中将　*P.238*

・内山　小二郎（うちやま・こじろう）鳥取県、男爵［安政6年～昭和20年］
幼年学校、陸士旧3期、砲兵科、野砲兵第1大隊（東京）付、陸大4期首席／野砲兵第15連隊長、鴨緑江軍参謀長、東京湾要塞司令官、第15師団長、第12師団長、侍従武官長、大将　*P.82, 220, 238*

・宇都宮　太郎（うつのみや・たろう）佐賀県［文久元年～大正11年］
幼年学校、陸士旧7期、歩兵科、歩兵第5連隊（青森）付、陸大6期恩賜／歩兵第1連隊長、参本第1部長（作戦）、同第2部長（情報）、第7師団長、第4師団長、朝鮮軍司令官、大将　*P.43, 50, 51, 67, 263*

・梅津　美治郎（うめづ・よしじろう）大分県［明治15年～昭和24年］
熊本幼年、陸士15期、歩兵科、歩兵第1連隊（東京）付、陸大23期首席、ドイツ駐在／歩兵第3連隊長、参本第1課長（編制動員課）、軍務局軍事課長、参本総務部長、支那駐屯軍司令官、第2師団長、陸軍次官、第1軍司令官、関東軍総司令官、参謀総長、大将　*P.57～59, 62, 63, 108, 112, 115, 119, 127, 189, 207, 208, 222, 257, 259, 260, 270, 288*

［エ］

・遠藤　三郎（えんどう・さぶろう）山形県［明治26年～昭和59年］
仙台幼年、陸士26期、砲兵科、横須賀重砲兵連隊付、陸大34期恩賜、フランス駐在／野戦重砲兵第5連隊長、航空兵科転科、関東軍参謀副長、第3飛行団長、航空士官学校長、軍需省航空兵器総局長、中将　*P.104, 214*

［オ］

・及川　古志郎（おいかわ・こしろう）岩手県［明治16年～昭和33年］

［ウ］

・植田　謙吉（うえだ・けんきち）大阪府［明治８年～昭和33年］
東京高商中退、陸士10期、騎兵科、騎兵第12連隊（小倉）付、陸大21期／騎兵第１連隊長、支那駐屯軍司令官、第９師団長、参謀次長、朝鮮軍司令官、関東軍司令官、大将　*P.17, 18, 22, 64, 145, 208, 292*

・上原　勇作（うえはら・ゆうさく）宮崎県、子爵［安政３年～昭和８年］
大学南校、幼年学校、陸士旧３期、工兵科、工兵第１大隊（東京）付、フランス駐在／第１軍参謀副長、参本第４部長（戦史）、同第３部長（情報）、工兵監、第４軍参謀長、第７師団長、第14師団長、陸相、第３師団長、教育総監、参謀総長、大将、元帥　*P.47～55, 57, 61, 67, 68, 70, 82, 94, 135, 242, 246*

・植村　東彦（うえむら・はるひこ）茨城県［明治14年～昭和39年］
学習院、陸士13期、砲兵科、近衛野砲兵連隊（東京）付、東京帝大工学部卒／兵器局工廠課長、同銃砲課長、兵器局長、造兵廠長官、贈収賄で逮捕、中将
P.188

・上村　幹男（うえむら・みきお）山口県［明治25年～昭和21年］
広島幼年、陸士24期、歩兵科、歩兵第11連隊（広島）付、陸大33期、ドイツ駐在／歩兵第76連隊長、台湾軍参謀長、第57師団長、第４軍司令官、シベリア抑留中に自決、中将　*P.25*

・宇垣　一成（うがき・かずしげ）岡山県［明治元年～昭和31年］
成城学校、陸士１期、歩兵科、歩兵第10連隊（姫路）付、陸大14期恩賜、ドイツ駐在／教総第１課長、軍務局軍事課長、歩兵第６連隊長、参本第１部長（作戦）、同総務部長、陸大校長、第10師団長、教総本部長、陸軍次官、陸相、大将　*P.47, 49, 52～54, 57, 58, 60, 65, 69, 72, 117, 118, 128, 211, 234, 243, 244, 248, 254, 256, 263, 270, 278, 288*

・宇佐美　興屋（うさみ・おきいえ）東京府［明治16年～昭和45年］
東京幼年、陸士14期、騎兵科、騎兵第７連隊（旭川）付、陸大25期恩賜、オランダ駐在／軍務局騎兵課長、騎兵第13連隊長、騎兵集団長、騎兵監、第７師団長、侍従武官長、中将　*P.221*

・牛島　貞雄（うしじま・さだお）熊本県［明治９年～昭和35年］
教導団、陸士12期、歩兵科、歩兵第23連隊（熊本）付、陸大24期／歩兵第３連隊長、参本庶務課長、陸大校長、第19師団長、予備役、召集、第18師団長、中将　*P.98, 222*

・牛島　実常（うしじま・みつね）福岡県［明治13年～昭和34年］
陸士16期、工兵科、工兵第８大隊（弘前）付、陸大25期／第11師団参謀長、工兵学校長、工兵監、第20師団長、台湾軍司令官、中将　*P.25*

・牛島　満（うしじま・みつる）鹿児島県［明治20年～昭和20年］

・井上　三郎（いのうえ・さぶろう）山口県、侯爵［明治20年～昭和34年］
東京幼年、陸士18期、砲兵科、野砲兵第14連隊（国府台）付、陸大28期／陸軍省調査班長、科学研究所員、整備局動員課長、技術研究本部員、少将　*P.188*
・井上　達三（いのうえ・たつぞう）宮城県
陸士11期、砲兵科／兵器局銃砲課長、野戦重砲兵第4連隊長、重砲兵学校長、輜重兵監、中将　*P.140*
・井上　日召（いのうえ・にっしょう）群馬県［明治19年～昭和42年］
本名は井上昭、東洋協会専門学校中退／満鉄勤務、立正護国堂、ひもろぎ塾、護国団を主催　*P.264*
・井上　光（いのうえ・ひかる）山口県、男爵［嘉永4～明治41年］
大阪青年学舎、7番大隊（名古屋）付／歩兵第1連隊長、第3師団参謀長、第2軍参謀長、第12師団長、第4師団長、大将　*P.60*
・今井　亀次郎（いまい・かめじろう）東京府
陸士30期、陸大42期、歩兵科／綏芬河特務機関長、近衛師団参謀長、歩兵第236連隊長、旅順工大配属将校、大佐　*P.29*
・今井　清（いまい・きよし）愛知県［明治15年～昭和13年］
名古屋幼年、陸士15期、歩兵科、歩兵第6連隊（名古屋）付、陸大26期恩賜、スウェーデン、デンマーク駐在／歩兵第80連隊長、参本第4課長（欧米課）、同第2課長（作戦課）、陸大幹事、参本第1部長（作戦）、人事局長、軍務局長、第4師団長、参謀次長、中将　*P.64*
・今井　武夫（いまい・たけお）長野県［明治33年～昭和57年］
長野中学、陸士30期、歩兵科、歩兵第69連隊（富山）付、陸大40期、中国駐在／参本第7課長（支那課）、歩兵第141連隊長、大東亜省参事官、支那派遣軍総参謀副長、少将　*P.90*
・今田　新太郎（いまだ・しんたろう）奈良県［明治29年～昭和24年］
仙台幼年、陸士30期、歩兵科、近衛歩兵第4連隊（東京）付、陸大37期、中国駐在／南支那方面軍参謀、歩兵第73連隊長、第36師団参謀長、少将　*P.103*
・今村　均（いまむら・ひとし）宮城県［明治19年～昭和43年］
新発田中学、陸士19期、歩兵科、歩兵第4連隊（仙台）付、陸大27期首席、イギリス駐在／軍務局徴募課長、参本第2課長（作戦課）、歩兵第57連隊長、関東軍参謀副長、兵務局長、第5師団長、第23軍司令官、第16軍司令官、第8方面軍司令官、大将　*P.17, 90, 92～95, 97, 125, 169, 172, 173, 189, 194, 195, 206, 211, 246, 272, 282～285*
・岩松　義雄（いわまつ・よしお）愛知県［明治19年～昭和33年］
名古屋幼年、陸士17期、歩兵科、歩兵第10連隊（姫路）付、陸大30期、中国駐在／台湾歩兵第2連隊長、参本第5課長（支那課）、第15師団長、中部軍司令官、第1軍司令官、中将　*P.189, 200*

・**磯部　浅一**（いそべ・あさいち）山口県［明治38年～昭和12年］
広島幼年、陸士38期、歩兵科、歩兵80連隊（大邱）付／経理学校入校、主計転科、野砲兵第1連隊付、一等主計、2.26事件に参加、刑死　*P.15, 16, 45*
・**磯村　武亮**（いそむら・たけすけ）滋賀県［明治31年～昭和20年］
東京幼年、陸士30期、砲兵科、野砲兵第1連隊（東京）付、陸大39期首席、フランス駐在、年長男／関東軍参謀、参本第5課長（ロシア課）、野砲兵第24連隊長、ビルマ方面軍参謀副長、中部軍管区参謀副長、戦死、中将　*P.101, 198, 238*
・**磯村　年**（いそむら・とし）滋賀県［明治5年～昭和36年］
幼年学校、陸士4期、砲兵科、野砲兵第3連隊（名古屋）付、陸大14期恩賜／野砲兵第12連隊長、同第16連隊長、第18師団参謀長、参本第1課長（編制動員課）、砲工学校長、第12師団長、東京警備司令官、大将　*P.101, 238*
・**板垣　征四郎**（いたがき・せいしろう）岩手県［明治18年～昭和23年］
仙台幼年、陸士16期、歩兵科、歩兵第4連隊（仙台）付、陸大28期、中国駐在／歩兵第33連隊長、関東軍参謀、同参謀長、第5師団長、陸相、支那派遣軍総参謀長、朝鮮軍司令官、第7方面軍司令官、大将、戦犯、法務死　*P.17, 21～25, 65, 66, 93, 103, 104, 119, 167, 257, 259, 272, 279, 283, 292, 293*
・**板垣　退助**（いたがき・たいすけ）高知県、伯爵［天保8年～大正8年］
東山道先鋒総督府参謀、参議、内相　*P.38*
・**一戸　兵衛**（いちのへ・ひょうえ）青森県［安政2年～昭和6年］
東奥義塾、戸山学校、歩兵科、歩兵第1連隊（東京）付／近衛歩兵第4連隊長、歩兵第6旅団長、第17師団長、第4師団長、第1師団長、教育総監、大将　*P.135*
・**伊藤　博文**（いとう・ひろぶみ）山口県、公爵［天保12年～明治42年］
外国事務掛、首相、枢密院議長、韓国統監府総監　*P.38, 230*
・**稲垣　三郎**（いながき・さぶろう）島根県［明治3年～昭和28年］
幼年学校、陸士2期、騎兵科、騎兵第1大隊（東京）付、陸大13期恩賜、イギリス駐在／騎兵第1連隊長、騎兵第1旅団長、ウラジオ派遣軍参謀長、閑院宮家別当、中将　*P.226, 254*
・**稲田　正純**（いなだ・まさずみ）鳥取県［明治29年～昭和61年］
広島幼年、陸士29期、砲兵科、野砲兵第10連隊（姫路）付、陸大37期恩賜、フランス駐在／参本第2課長（作戦課）、阿城重砲兵連隊長、第5軍参謀長、南方軍総参謀副長、第6飛行師団長心得、第3船舶輸送司令官、第16方面軍参謀長、中将　*P.20, 22, 121, 122, 291*
・**井上　貞衛**（いのうえ・さだえ）高知県［明治19年～昭和36年］
熊本幼年、陸士20期、歩兵科、歩兵第53連隊（奈良）付／横浜高工配属将校、歩兵第5連隊長、第33歩兵団長、第69師団長、第14師団長、中将　*P.163～165*

・石川　半三郎（いしかわ・はんさぶろう）兵庫県
経理学校19期／糧秣本廠長、経理学校長、経理局長、中将　*P.188*
・石黒　貞蔵（いしぐろ・ていぞう）鳥取県［明治20年～昭和25年］
鳥取中学、陸士19期、歩兵科、歩兵第40連隊（鳥取）付／豊橋教導学校学生隊長、歩兵第2連隊長、歩兵第7旅団長、豊橋予備士官学校長、第28師団長、第6軍司令官、第29軍司令官、中将　*P.172, 173, 175*
・石田　保忠（いしだ・もりただ）石川県［明治26年～昭和19年］
広島幼年、陸士27期、歩兵科、陸大39期、保謙4男／第16師団参謀長、第32歩兵団長、第8国境守備隊長、樺太混成旅団長、中将　*P.238*
・石田　保謙（いしだ・もりてる）石川県
陸士旧1期、歩兵科／歩兵第11連隊長、歩兵第18旅団長、臨時朝鮮派遣隊司令官、少将　*P.238*
・石田　保秀（いしだ・もりひで）石川県
大阪幼年、陸士20期、騎兵科、陸大29期、ドイツ駐在、保謙次男／侍従武官、騎兵第24連隊長、騎兵第3旅団長、騎兵学校長、中将　*P.238*
・石田　保政（いしだ・もりまさ）石川県［明治23年～昭和11年］
広島幼年、陸士23期、歩兵科、歩兵第7連隊（金沢）付、陸大30期恩賜、ドイツ駐在、保謙3男／参本第9課長（内国戦史課）、少将　*P.238*
・石田　保道（いしだ・もりみち）石川県
陸士18期、砲兵科、陸大27期、ドイツ駐在、保謙長男／野砲兵第5連隊長、第12師団参謀長、鎮海湾要塞司令官、野戦重砲兵第3旅団長、少将　*P.238*
・石本　新六（いしもと・しんろく）兵庫県、男爵［安政元年～明治45年］
大学南校、幼年学校、陸士旧1期、工兵科、フランス駐在／工兵課長、築城本部長、陸軍総務長官、陸軍次官、陸相、中将　*P.48, 60, 136, 238*
・石本　寅三（いしもと・とらぞう）兵庫県［明治23年～昭和16年］
東京幼年、陸士23期、騎兵科、騎兵第14連隊（習志野）付、陸大34期首席、ドイツ駐在、新六次男／陸軍省調査班長、軍務局軍務課長、騎兵第23連隊長、兵務局長、第55師団長、中将　*P.238, 285*
・石原　莞爾（いしわら・かんじ）山形県［明治22年～昭和24年］
仙台幼年、陸士21期、歩兵科、歩兵第65連隊（会津若松）付、陸大30期恩賜、ドイツ駐在／関東軍参謀、歩兵第4連隊長、参本第2課長（作戦課、戦争指導課）、参本第1部長（作戦）、関東軍参謀副長、舞鶴要塞司令官、第16師団長、中将　*P.18, 65, 71, 93, 103, 104, 128, 144, 170, 201, 204, 206, 207, 255～257, 275～293*
・磯谷廉介（いそがい・れんすけ）兵庫県［明治19年～昭和42年］
大阪幼年、陸士16期、歩兵科、歩兵第20連隊（福知山）付、陸大27期、中国駐在／歩兵第7連隊長、教総第2課長、人事局補任課長、参本第2部長（情報）、軍務局長、第10師団長、関東軍参謀長、中将　*P.18, 22, 107, 189, 292*

仙台幼年、陸士38期、歩兵科、歩兵第1連隊（東京）付／歩兵第3連隊中隊長、2.26事件参加、大尉、刑死 *P.127, 229*

・**安藤　利吉**（あんどう・りきち）宮城県［明治17年～昭和21年］
仙台2中、陸士16期、歩兵科、歩兵第4連隊（仙台）付、陸大26期恩賜、イギリス駐在／歩兵第13連隊長、軍務局兵務課長、教総本部長、第5師団長、第21軍司令官、南支那方面軍司令官、予備役（16.1）、応召、台湾軍司令官、第10方面軍司令官、大将、自決 *P.187*

［イ］

・**飯田　貞固**（いいだ・さだたか）新潟県［明治17年～昭和52年］
仙台幼年、陸士17期、騎兵科、近衛騎兵連隊（東京）付、陸大24期、フランス、イタリア駐在／陸軍省副官、近衛騎兵連隊長、軍務局馬政課長、騎兵学校長、参本総務部長、近衛師団長、第12軍司令官、予備役、中将 *P.187*

・**飯田　祥二郎**（いいだ・しょうじろう）山口県［明治21年～昭和55年］
熊本幼年、陸士20期、歩兵科、歩兵第42連隊（山口）付、陸大27期／近衛歩兵第4連隊長、兵務局長、近衛師団長、第15軍司令官、予備役、応召、第30軍司令官、中将 *P.245*

・**飯村　穣**（いいむら・じょう）茨城県［明治21年～昭和51年］
東京幼年、陸士21期、歩兵科、近衛歩兵第3連隊（東京）付、陸大33期、ソ連駐在／参本第4課長（欧米課）、歩兵第61連隊長、陸大校長、関東軍参謀長、総力戦研究所長、第3軍司令官、南方軍総参謀長、第2方面軍司令官、憲兵司令官、中将 *P.282*

・**井口　省吾**（いぐち・しょうご）静岡県［安政2年～大正14年］
沼津兵学校、陸士旧2期、砲兵科、近衛砲兵連隊（東京）付、陸大1期、ドイツ駐在／陸大教頭、軍務局砲兵課長、同軍事課長、参本総務部長、満州軍参謀、陸大校長、第15師団長、朝鮮駐箚軍司令官、大将 *P.42, 43, 51, 169*

・**池田　純久**（いけだ・すみひさ）大分県［明治27年～昭和43年］
熊本幼年、陸士28期、歩兵科、歩兵第48連隊（久留米）付、陸大36期、東京帝大経済学部卒／企画院調査官、歩兵第45連隊長、奉天特務機関長、関東軍参謀副長、内閣綜合計画局長、中将 *P.58, 112, 259, 270*

・**諫山　春樹**（いさやま・はるき）福岡県［明治27年～平成2年］
熊本幼年、陸士27期、歩兵科、歩兵第38連隊（京都）付、陸大36期、フランス駐在／参本庶務課長、独立歩兵第11連隊長、第15軍参謀長、公主嶺教導団長、第14軍参謀長、第10方面軍参謀長、中将 *P.111*

・**石井　善七**（いしい・ぜんしち）熊本県
熊本幼年、陸士18期、砲兵科、東京帝大理学部卒業、フランス駐在／兵器局銃砲課長、科学研究所第1部長、少将 *P.85, 179*

・麻生　久（あそう・ひさし）大分県［明治24年～昭和15年］
東京帝大法学部卒／東京日日新聞記者、友愛会鉱山部長、社会大衆党書記長、衆議院議員、新体制準備委員会委員　*P.254*
・阿南　惟幾（あなみ・これちか）大分県［明治20年～昭和20年］
広島幼年、陸士18期、歩兵科、歩兵第1連隊（東京）付、陸大30期／侍従武官、近衛歩兵第2連隊長、東京幼年校長、兵務局長、人事局長、第109師団長、陸軍次官、第11軍司令官、第2方面軍司令官、航空総監、陸相、大将、自決　*P.58, 59, 108, 109, 213, 249*
・阿部　信行（あべ・のぶゆき）石川県［明治8年～昭和28年］
第4高等中学、陸士9期、砲兵科、佐世保要塞砲兵連隊付、陸大19期恩賜、ドイツ駐在／野砲兵第3連隊長、参本第1課長（編制動員課）、陸大幹事、参本総務部長、軍務局長、陸軍次官、第4師団長、台湾軍司令官、大将、首相　*P.60, 62, 63, 122, 220, 241, 282, 288*
・甘粕　正彦（あまかす・まさひこ）山形県［明治24年～昭和20年］
名古屋幼年、陸士24期、歩兵科、歩兵第51連隊（津）付／憲兵転科、麹町憲兵分隊長、大杉栄を殺害、仮釈放、大尉、終戦時に自決　*P.105*
・綾部　橘樹（あやべ・きつじゅ）大分県［明治27年～昭和55年］
熊本幼年、陸士27期、騎兵科、騎兵第12連隊（小倉）付、陸大36期首席、ソ連、ポーランド駐在／参本第1課長（編制動員課）、騎兵第25連隊長、参本第4部長（戦史）、関東軍参謀副長、第1方面軍参謀長、参本第1部長（作戦）、南方軍総参謀副長、第7方面軍参謀長、中将　*P.31, 112, 187*
・鮎川　義介（あゆかわ・よしすけ）山口県［明治13年～昭和42年］
東京帝大工学部卒／久原鉱業所社長、満州重工業開発総裁、勅選貴族院議員　*P.292*
・荒木　貞夫（あらき・さだお）東京府、男爵（明治10年～昭和41年）
日本中学中退、陸士9期、歩兵科、近衛歩兵第1連隊（東京）付、陸大19期首席、ロシア駐在／歩兵第23連隊長、参本第5課長（欧米課）、歩兵第8旅団長、憲兵司令官、参本第1部長（作戦）、陸大校長、第6師団長、教総本部長、陸相、大将、文部相　*P.64, 67～72, 187, 195, 207, 208, 222, 225, 234, 241*
・有末　精三（ありすえ・せいぞう）北海道［明治28年～平成4年］
仙台幼年、陸士29期、歩兵科、歩兵第25連隊（札幌）付、陸大36期恩賜、イタリア駐在／陸相秘書官、航空兵科転科、軍務局軍務課長、参本第2部長（情報）、中将　*P.104, 116*
・有末　次（ありすえ・やどる）北海道［明治30年～昭和18年］
上川中学、陸士31期、砲兵科、野砲兵第7連隊（旭川）付、陸大41期、イギリス駐在／参本第1課長（演習課）、大本営第20班長（研究班）、第8方面軍参謀副長、戦死、中将　*P.20, 93*
・安藤　輝三（あんどう・てるぞう）岐阜県［明治38年～昭和11年］

人名索引

凡例：参本＝参謀本部、教総＝教育総監部、陸大＝陸軍大学校、参謀本部の各課には通称を付記

[ア]

・相沢　三郎（あいざわ・さぶろう）宮城県［明治22年～昭和11年］
仙台幼年、陸士22期、歩兵科、歩兵第4連隊（仙台）付／歩兵第5連隊大隊長、歩兵第41連隊付、中佐、永田鉄山を斬殺、刑死　*P.65, 256, 287*
・青木　重誠（あおき・しげまさ）石川県［明治26年～昭和18年］
名古屋幼年、陸士25期、歩兵科、歩兵第7連隊（金沢）付、陸大32期恩賜、フランス駐在／軍務局軍事課編制班長、歩兵第7連隊長、人事局補任課長、第11軍参謀長、南方軍総参謀副長、第20師団長、中将、戦病死　*P.23, 187*
・赤松　克麿（あかまつ・かつまろ）山口県［明治27年～昭和30年］
東京帝大法学部卒／東洋経済新報記者、労働総同盟出版部長、日本共産党入党、日本国家社会党、衆議院議員、大政翼賛会企画局制度部長　*P.254*
・赤松　貞雄（あかまつ・さだお）東京府［明治33年～昭和57年］
仙台幼年、陸士34期、歩兵科、歩兵第1連隊（東京）付、陸大46期恩賜、フランス、スイス駐在／、首相秘書官、軍務局軍務課長、歩兵第157連隊長、大佐　*P.97, 116*
・秋永　月三（あきなが・つきぞう）大分県［明治26年～昭和24年］
中津中学、陸士27期、砲兵科、野砲兵第23連隊（岡山）付、陸大36期、東京帝大経済学部卒／航空兵科転科、企画院第1部長、第17軍参謀長、綜合計画局長官、中将　*P.258, 259, 270*
・秋山　好古（あきやま・よしふる）愛媛県［安政6年～昭和5年］
大阪師範卒業、陸士旧3期、騎兵科、騎兵第1大隊（東京）、陸大1期、フランス駐在／清国駐屯軍司令官、騎兵第1旅団長、騎兵監、第13師団長、近衛師団長、朝鮮駐箚軍司令官、教育総監、大将　*P.66*
・朝香宮　鳩彦（あさかのみや・やすひこ）［明治20年～昭和56年］
東京幼年、陸士20期、歩兵科、近衛歩兵第2連隊（東京）付、陸大26期／歩兵第1旅団長、近衛師団長、上海派遣軍司令官、大将　*P.102, 224*
・浅田　信興（あさだ・のぶおき）埼玉県、男爵［嘉永4年～昭和2年］
5番大隊（大阪兵学寮教導隊）付、歩兵科／歩兵第2連隊長、近衛歩兵第1旅団長、近衛師団長、第12師団長、第4師団長、教育総監、大将　*P.236*
・浅原　健三（あさはら・けんぞう）福岡県［明治30年～昭和42年］
日本大学専門部法科卒／日本労友会、九州民憲党執行委員長、衆議院議員　*P.256, 257*

主要参照文献＊防衛庁防衛研修所戦史室著『戦史叢書』関係各巻　朝雲新聞社＊小磯国昭著『葛山鴻爪』中央公論事業出版、昭和三十八年＊今村均著『私記・一軍人六十年の哀歓』正、続　芙蓉書房、昭和四十五年＊永田鉄山刊行会編『秘録　永田鉄山』芙蓉書房、昭和四十七年＊松村秀逸著『三宅坂』東光書房、昭和二十七年＊武藤章著『武藤章回想録』芙蓉書房、昭和五十六年＊額田坦著『陸軍省人事局長の回想』芙蓉書房、昭和五十二年＊田中隆吉著『日本軍閥暗闘史』静和堂書店、昭和二十二年＊大谷敬二郎著『軍閥』図書出版社、昭和四十六年＊松下芳男著『日本軍閥の興亡』芙蓉書房、昭和五十年＊赤松貞雄著『東條秘書官機密日誌』文藝春秋、昭和六十年＊西浦進著『昭和戦争史の証言』原書房、昭和五十五年＊西浦進著『昭和陸軍秘録』日本経済新聞出版社、平成二十六年＊成田篤著『陸海軍腕くらべ』大日本雄弁会出版、昭和二年＊辻政信著『十五対一』酣燈社、昭和二十五年＊森正蔵著『旋風二十年』鱒書房、昭和二十二年＊高宮太平著『軍国太平記』酣燈社、昭和二十六年＊山口重次著『悲劇の将軍　石原莞爾』世界社、昭和二十七年＊成澤米三著『石原莞爾』経済往来社、昭和四十四年＊伊藤隆著『昭和初期政治史研究』東京大学出版会、昭和四十四年＊秦郁彦著『軍ファシズム運動史』河出書房新社、昭和四十七年＊芹澤紀之著『秩父宮と二・二六』原書房、昭和四十八年＊山村文人著『虚妄の歴史』経済往来社、昭和四十九年＊上法快男編『陸軍大学校』芙蓉書房、昭和四十八年＊戸部良一著『日本陸軍と中国』講談社選書メチエ、平成十一年＊中山隆志著『関東軍』講談社選書メチエ、平成十二年＊藤井非三四著『陸軍人事』光人社NF文庫、平成二十五年＊石井正紀著『陸軍員外学生』光人社NF文庫＊陸戦学会編『近代戦争史概説』陸戦学会、昭和五十九年＊外山操編『陸海軍将官人事総覧』芙蓉書房、昭和五十六年＊秦郁彦編『日本陸海軍総合事典』東京大学出版会、平成三年

NF文庫書き下ろし作品

NF文庫

陸軍派閥

二〇一八年五月二十二日 第一刷発行
著 者 藤井非三四
発行者 皆川豪志
発行所 株式会社 潮書房光人新社
〒100-8077 東京都千代田区大手町一-七-二
電話／〇三-六二八一-九八九一㈹
印刷・製本 凸版印刷株式会社
定価はカバーに表示してあります
乱丁・落丁のものはお取りかえ致します。本文は中性紙を使用

ISBN978-4-7698-3066-5 C0195
http://www.kojinsha.co.jp

NF文庫

刊行のことば

第二次世界大戦の戦火が熄《や》んで五〇年——その間、小社は夥しい数の戦争の記録を渉猟し、発掘し、常に公正なる立場を貫いて書誌とし、大方の絶讃を博して今日に及ぶが、その源は、散華された世代への熱き思い入れであり、同時に、その記録を誌して平和の礎とし、後世に伝えんとするにある。

小社の出版物は、戦記、伝記、文学、エッセイ、写真集、その他、すでに一、〇〇〇点を越え、加えて戦後五〇年になんなんとするを契機として、「光人社ＮＦ（ノンフィクション）文庫」を創刊して、読者諸賢の熱烈要望におこたえする次第である。人生のバイブルとして、心弱きときの活性の糧《かて》として、散華の世代からの感動の肉声に、あなたもぜひ、耳を傾けて下さい。